U0274090

# 物联网的安全技术研究

申时凯　佘玉梅　著

中国原子能出版社
China Atomic Energy Press

图书在版编目（CIP）数据

物联网的安全技术研究 / 申时凯，佘玉梅著. — 北
京：中国原子能出版社，2019.12
ISBN 978 7 5221-0365-5

Ⅰ. ①物… Ⅱ. ①申… ②佘… Ⅲ. ①互联网络－应
用－安全技术－研究②智能技术－应用－安全技术－研究
Ⅳ. ①TP393.408②TP18

中国版本图书馆CIP数据核字（2019）第288127号

## 内容简介

"物联网"的概念源于互联网，它是互联网实现具体应用化的表现。近几年，物联网应用于家庭、农业、军事、医疗、交通、物流等多个领域，给人们的生产和生活带来了便利，但物联网信息安全方面也面临着巨大挑战。本书以物联网信息安全为出发点，讲解安全技术与应用，其内容包括物联网安全概述、物联网信息安全体系结构、物联网信息安全密码分析、物联网感知层安全技术分析、物联网网络层安全技术研究、物联网应用层安全技术研究、物联网信息接入安全技术研究、物联网的网络安全技术研究、物联网信息安全技术应用等。通过本书的研究，希望引起人们对物联网安全的重视，推进我国物联网安全技术的进步。

**物联网的安全技术研究**

| | |
|---|---|
| 出版发行 | 中国原子能出版社（北京市海淀区阜成路43号　100048） |
| 责任编辑 | 高树超 |
| 装帧设计 | 河北优盛文化传播有限公司 |
| 责任校对 | 冯莲凤 |
| 责任印制 | 潘玉玲 |
| 印　　刷 | 三河市华晨印务有限公司 |
| 开　　本 | 710 mm×1000 mm　1/16 |
| 印　　张 | 14.5 |
| 字　　数 | 270千字 |
| 版　　次 | 2019年12月第1版　　2019年12月第1次印刷 |
| 书　　号 | ISBN 978-7-5221-0365-5 |
| 定　　价 | 59.00元 |

发行电话：010-68452845

# 前　言

物联网起源于互联网，随着互联网的普及和计算机行业的飞速发展，物联网进入大众视野。物联网已经成为继互联网之后的第三次信息产业浪潮，作为国家新产业，物联网在大力发展。在物联网和云计算环境中，由于跨域使用资源、外包服务数据、远程检测和控制系统，使数据安全和通信安全变得更加复杂，并呈现出与以往不同的特征，需要研发新的安全技术以支撑这样的开放网络应用环境。因此，物联网安全技术也面临着严峻的挑战。针对物联网安全问题，提出解决策略并有效实施是关键所在。

近几年，物联网应用于多个领域，在给人们的生产和生活带来了便利的同时，物联网信息安全也面临着巨大挑战。本书内容包括物联网安全概述、物联网信息安全体系结构、物联网信息安全密码分析、物联网感知层安全技术分析、物联网网络层安全技术研究、物联网应用层安全技术分析、物联网信息接入安全技术研究、物联网的网络安全技术研究、物联网信息安全技术应用。通过本书的研究，希望引起人们对物联网安全的重视，推进我国物联网安全技术的进步。

全书由申时凯、佘玉梅共同写作，其中，第 1 章～第 7 章由申时凯撰写，第 8 章～第 10 章由佘玉梅撰写，云南师范大学研究生钱晓如和家明强对全书进行了仔细检查和修改。

本书的研究工作得到了中央财政支持地方高校发展专项资金项目"应用型高校教育大数据平台建设"和"物联网工程专业教学实验平台"、教育部 2017 年第二批产学合作协同育人项目"昆明学院路由交换与信息安全创新创业教育改革项目"和"物联网创新实验室建设"、云南省应用基础研究计划高校联合重点项目"协作 D2D 通信网络性能评估与增强技术研究"、昆明市物联网应用技术科技创新团队（合同编号：昆科计字 2016-2-R-07793 号）、昆明学院物联网应用技术科研创新团队

（NO.2015CXTD04）、昆明学院应用型人才培养改革创新项目——应用型本科计算机类专业实践教学基地的资助。

由于作者水平有限，书中疏漏和不足之处在所难免，恳请读者批评指正。

申时凯　佘玉梅

2019 年 2 月于昆明

# 目　录

# 第一章 物联网安全概述

物联网是现代信息技术发展到一定阶段后出现的一种聚合性应用与技术提升，将各种感知技术、现代网络技术和各种人工智能自动化技术聚合与集成应用，使人与物智慧对话，创造一个智慧的世界。随着物联网应用技术的广泛应用，物联网安全性能也受到关注。

## 第一节 物联网概述

物联网在互联网发展的基础上衍生，并与云计算、大数据等概念相结合，对海量的跨地域、跨行业、跨部门的数据和信息进行分析处理，提升对物理世界、经济社会各种活动和变化的洞察力，实现智能化的决策和控制。

### 一、物联网的定义与特点

#### （一）物联网的定义

物联网是新一代信息技术的重要组成部分，其英文名称是"The Internet of Things"。顾名思义，"物联网是物物相连的互联网"。这有两层意思：第一，物联网的核心和基础仍然是互联网，是在互联网基础上延伸和扩展的网络；第二，其用户端延伸和扩展到了任何物品与物品之间，物品与物品之间进行信息交换和通信。因此，物联网的定义是通过射频识别（RFID）、红外感应器、全球定位系统、激光扫描器等信息传感设备，按约定的协议，把任何物品与互联网相联，进行信息交换和通信，以实现对物品的智能化识别、定位、跟踪、监控和管理的一种网络。

#### （二）物联网的特点

互联网是人与人之间的网络，而物联网是物与物、物与人之间的网络。与互联网相比，物联网具如下几个特点。

1.传感信息能力较强

物联网可以利用 RFID、传感器、二维码等技术随时随地获取物体的信息，在物联网中会存在许多传感器，每一个传感器都是一个信息源。传感器有不同的类别，不同的传感器所捕获、传递的信息内容和格式会存在差异，传感器按照一定的频率周期性地采集环境信息，每一次新的采集都会得到新的数据。

2.传递功能较为强大且可靠

互联网信息量规模的扩大会导致信息维护、查找、使用的困难相应增加，所以从海量的信息中快速、方便地找到满足使用需求的信息就显得尤为重要。物联网可以通过各种电信网络与互联网的融合将物体的信息及时准确地传递出去。

3.智能处理功能

物联网可以利用云计算、模糊识别等各种智能计算技术，对海量的信息和数据进行分析和处理，对物体实施智能化的控制。

4.多角度过滤和分析

对海量的传感信息进行过滤和分析，是有效利用这些信息的关键。面对不同的应用要求，要从不同的角度进行过滤和分析。

物联网的应用前景非常广阔，包括智能家居、智能物流、智能电网、智能交通、智能医疗、智能农业、智能环保、公共安全等多个领域。这些应用的发展将带动相关设备、基础设施和系统集成产业的规模发展。以"十三五"期间规划物联网发展的几个重点领域为例，可以看到每个领域都涉及庞大的市场规模，充满了发展机遇。

## 二、物联网的体系结构

目前，公认的物联网的体系结构分为三个层次，分别是感知层、网络层（包括接入网络）和应用层（包括信息、处理、云计算等平台）。图 1-1 所示为业界常用的物联网体系结构。

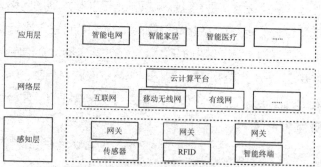

图 1-1  物联网的体系结构简图

## （一）感知层

物联网感知层的主要设备包括各种传感器、RFID、智能终端等，这些设备的主要功能是完成用户或者系统所需数据的采集及提取。传感器网络中常采用簇结构，各个传感器间可采用自组网的方式相互连接，并通过接入网关连接到互联网上；RFID技术又称为射频标签，即带有存储器的电子标签，主要是通过射频的方式将RFID中的信息传递给所需信息的载体或客户，而这种信息的传递主要是通过射频间的通信完成的；智能终端主要包括智能手机、PDA、iPad等具有智能系统同时又带有无线射频的通信设备，还可以通过移动网络厂商将数据或者信息远程传送到指定的服务器。另外，M2M的终端设备、智能物体都可视为感知层中的物体。感知层是物联网信息和数据的来源。

## （二）网络层

物联网网络层又称为传输层，该层的主要功能是完成数据与信息的传递。常见的接入技术包括有线接入及无线接入。有线接入技术已经十分成熟，并以其高稳定性被应用于日常生活中，而无线接入技术由于其低廉的部署价格及接入的便捷性在业界十分活跃。网络层也可以分为接入网、核心网及服务端系统（云计算平台、信息网络中心、数据中心等）。接入网可以是无线近距离接入，如无线局域网、紫峰（ZigBee）、蓝牙（Bluetooth）、红外等；也可以是无线远距离接入，如移动通信网络3G/4G/4G+、WiMAX等；还可以是其他接入形式，如有线网络接入（PSTN、ADSL、宽带）、有线电视、现场总线、卫星通信等。网络层的核心网通常是IPv6（IPv4）网络。网络层是物联网信息和数据的传输层，此外，网络层也具有信息存储查询、网络管理等功能。云计算平台作为海量感知数据的存储、分析平台，是物联网网络层的重要组成部分，也是应用层众多应用的基础。云计算技术的兴起为互联网用户提供了更为方便快捷的信息传递方式。总之，物联网技术中网络接入层的主要任务就是完成用户或者系统对感知层数据及信息的获取。

## （三）应用层

物联网应用层主要是用户根据不同的感知数据做出不同的反应。当前市场上兴起的云电视、智能家居、智能医疗系统等都是物联网技术的应用。物联网应用层的主要作用就是对感知层获取数据信息的应用。应用层对物联网信息和数据进行融合处理和利用，这也是物联网发展的目的。

总知，物联网体系结构的各层之间，信息不是单向传递的，也有交互、控制等，所传递的信息多种多样，其中关键的是物品的信息，包括在特定应用系统范围内能唯一标识物品的识别码和物品的静态与动态信息。

物联网涉及的新技术很多，其中的关键技术主要有射频识别技术、传感器技术、网络通信技术和云计算（传输数据计算）等。

## 第二节　物联网安全的研究背景与发展现状

### 一、物联网安全的研究背景及意义

物联网产业融合了广泛应用的现有信息化技术，需要更多的产学研机构的参与。同时，物联网产业的发展主要是以应用来推动的，需要发挥政府各个部门的积极性，明确产业方向，引导市场需求，并从政策上给予扶持，鼓励各种类型的企业积极投入研发、生产和运营。

我国政府一直高度重视信息化建设，很早就提出以信息化带动工业化，通过全面提高我国信息化水平，实现产业升级和经济增长方式的转变。早在国家"十一五"规划中，就已经对宽带无线通信网络、传感网、编码中等物联网涵盖的一些问题做了相关部署。近年来，党和国家领导人更充分认识到以物联网为主要内容的新一次信息化浪潮的迅猛发展，适时、果断地提出要加快发展我国物联网产业发展，相关政府部门对有关问题迅速做出部署。2009 年 8 月 7 日，国务院总理温家宝在无锡视察中国科学院物联网技术研发中心时指出，要尽快突破核心技术，将物联网产业发展上升到战略性新兴产业的高度。2009 年 9 月 11 日，中国传感网标准工作组正式成立。该工作组聚集了国内物联网产业的主要技术力量，制定了国家标准，积极参与国际标准提案工作，促进了国内外物联网业界同行的交流和合作，通过标准为产业发展奠定了坚实基础，提升了中国在物联网领域的国际竞争力。11 月 3 日，国务院指出要着力突破传感网、物联网关键技术。随后在 12 月 11 日，工业和信息化部（简称工信部）开始统筹部署宽带普及、三网融合、物联网及下一代互联网发展，将加快培育物联网产业列为我国信息产业发展的三大重要目标之一，制定技术产业发展规划和应用推进计划，推动发展关键传感器件、装备、系统及服务。2011 年 11 月 28 日，工业和信息化部发布了《物联网"十二五"发展规划》，进一步明确了国家"十二五"期间在物联网方面的发展目标。《物联网"十二五"发展规划》指出，要大力攻克核心技术，加快构建标准体系，协调推进产业发展，着力培育骨干企业，积极开展应用示范，合理规划区域布局，加强信息安全保障，提升公共服务能力。需要说明的是，《物联网"十二五"发展规划》将信息安全保障作为一个专门任务予以重视，其内容包括加强物联网安全技术研发，建立并完善物联网安全保障体系，加强网络基础设施安全防护建设。2013 年 9 月，国家发展和改革委（简称国家发改委）、工业和信息化部等 10 多个部门，以物联网发展部际联席会议的名义印发了顶层设计、标准制定、技术研发、应用推广、产业支撑、商业模式、安全保障、政府扶持措施、法律法规保障、人才培养等 10 个物联网发展专项行动计划，为后续有计划、有进度、有分工地落实相关工作，切实促进物联网健康发展明确了方向、目标和具体举措。

各部委也积极响应国家号召，制定相关政策，积极推动物联网发展，通过设立专项资金，为物联网应用示范工程、技术研发与产业化项目提供大力支持。国家发改委自 2011 年起，先后启动了 28 项国家物联网重大应用示范工程，2013 年 10 月又发布了《国家发展改革委办公厅关于组织开展 2014—2016 年国家物联网重大应用示范工程区域试点工作的通知》。财政部会同工业和信息化部设立了物联网发展专项资金，自 2011 年起，累计安排物联网专项资金 15 亿元，陆续支持了 500 多个研发项目，重点对以企业为主体的物联网技术研发和产业化项目进行扶持。科技部支持组建了物联网产业技术创新战略联盟。国家标准委联合国家发展和改革委支持成立了物联网国家标准基础工作组和五个行业应用标准工作组。公安部、农业部（现为农业农村部）等部门和部分中央企业实施了一批重大应用示范工程。多个地方政府加大投入力度，出台地方规划和行动方案，建立协同推进机制，积极推广物联网应用，取得了显著成效。

在中央政府和各部门的大力推动下，各地方政府积极响应。无锡、北京、上海、深圳、杭州、南京、广州等东部城市纷纷开始规划自己的物联网城市蓝图，已经制定或正在制定产业发展的推动策略和规划，大力推进物联网产业发展。其中，上海较早在全国成立了 RFID 与物联网产业联盟。2010 年，上海着手物联网产业发展规划制定工作，初步选定交通、安防、农业、医疗卫生、商贸、物流、环保、电网等八大行业开展示范应用，以产业园区和社区应用为载体，分阶段、分领域推进物联网产业发展；北京也提出以传感器、传输网络、集成服务三大领域为核心，形成产业链为产业提供支持，并以应用为先导，推动物联网在政府、社会和企业三大领域的应用，打造"感知北京"，通过物联网的逐步建立与完善，推进无线城市向智慧北京演进，打造以首都为核心的物联网中心，辐射全国，逐渐系统化、规模化和产业化，并成立了物联网产业联盟，促进物联网协同创新和应用；江苏省已将物联网列为六大新兴产业之一，并在无锡成立了物联网国家示范区和技术研发中心，旨在统一打造物联网技术研发、项目孵化、产业化及商业应用的完整产业链，推动物联网技术研发和产业化进程，加快将无锡建成国内首个"感知城市"，将江苏建成国内首个"智慧之省"；深圳也在进行物联网产业相关的研究和规划，打造"智慧深圳"。尽管从整体水平看，中西部地区由于信息产业基础条件薄弱，物联网发展相对落后，但以重庆为代表的中西部城市也在积极打造物联网。

在温家宝提出"感知中国"后，各级政府抓紧推动在政府管理、社会服务和企业应用等领域的示范工程。2009 年，工业和信息化部信息化推进司重点推进了基于 TD 的电梯监控、车辆监控和企业安全监控等 M2M 试点应用。从各地情况来看，智能交通、智能电网、智能物流、智能安防、智能物流、环境监测等领域的示范应用在北京、上海、江苏、浙江、广东等省市已初步展开。2008 年，围绕科技奥运，中关村下一代互联网产业联盟及相关企业在全球首次实现将"物联网"和 IPv6 技术全面服务于奥运会，城市网格管理、视频监控、智能交通、食品溯源、水质检测、IPv6 奥运网站等方面的成功运用在国内外产生重大影响；上海已经在世博会和浦东机场布置防入侵传感网，是国际上规模较大的物联网应用系统，世博园还在新能源接入、储能、电动汽车充放电，以及智能小区等方面建立了综合示范工程；无锡除了已将传感技术应用在太湖水质监测系统中，还将在新区的太科园建立一个传感网应用体验式主题公园，并启动建设无锡机场防入侵传感网络系统、机场安检、市民中心、新区综合保税区的应用示范工程，物联网技术的市场化应用明显加快；浙江嘉兴正在试点智能传感网车辆管理系统，主要用于交通控制；宁波港也在积极开展物联网相关应用，如给进港汽车贴上电子车牌、在港口和车辆上布置传感器，以实现"智慧物流"。

物联网系统在建设初期，由于规模有限，各个物联网示范区之间相对独立，还不能构成真正意义的互联互通，因此面临的信息安全威胁也小。随着物联网系统数量的增多和规模的增大，特别是随着这些物联网应用系统的互联互通，以及服务于这些系统的数据处理平台的集中管理，物联网安全问题将逐渐显现，而且会以雪崩效应式的影响波及物联网行业，到时候"亡羊补牢"将为时太晚，甚至无法弥补。

## 二、物联网安全发展现状

物联网概念的提出有多种途径，但最早以物联网为题的年度报告是 ITU2005 年的年度报告。物联网的概念提出之后，很多学术研究也很快在该领域开展，仅在 2008 年就出现了物联网专题国际学术会议、专著和系列研究论文等。

随着信息技术日新月异，特别是信息采集、传输技术及高性能计算机的迅速发展

6

和互联网与移动通信网的广泛应用，大规模发展传感网及相关产业的时机日趋成熟，欧美等发达国家将物联网视为未来发展的重要领域。自 2009 年以来，美欧日等发达国家纷纷提出物联网发展的战略、规划、核心技术及产业重点，促进物联网产业迅速发展，以在新一轮的信息化浪潮中占得先机。2008 年，美国提出"智慧地球"的概念，随后在 2009 年，欧盟提出了"物联网行动计划"，日本提出"i-Japan"计划，韩国在"u-Korea"战略的基础上，提出了"物联网基础设施构建基本规划"。不难看出，许多国家在物联网领域的投入和重视程度都是很大的。

在物联网安全相关方面，也有很多相关的研究成果，但由于物联网在架构上是一个新的信息技术模式，物联网安全技术在产业方面的应用还很不够。我们首先从不同侧面了解一下国际学术研究的进展情况。

### （一）物联网安全体系方面

物联网将经济社会活动、战略性基础设施资源和人们的日常生活全面架构在全球互联互通的网络上，所有活动和设施理论上透明化，一旦遭受攻击，安全和隐私将面临巨大的威胁，甚至可能引发电网瘫痪、交通失控、工厂停产等一系列恶性后果。因此实现信息安全和网络安全是物联网大规模应用的必要条件，也是物联网应用系统成熟的重要标志。

物联网的安全形态主要体现在其体系结构的各个要素上。一是物理安全，主要是传感器的安全，包括对传感器的干扰、屏蔽、信号截获等，是物联网安全特殊性的体现；二是运行安全，存在于各个要素中，涉及传感器、传输系统及处理系统的正常运行，与传统信息系统安全基本相同；三是数据安全，要求在传感器、传输系统、处理系统中的信息不会出现被窃取、被篡改、被伪造、被抵赖等性质。其中传感器与传感网所面临的安全问题比传统的信息安全更为复杂，因为传感器与传感网可能会因为能量受限的问题而不能运行过于复杂的保护体系。因此，物联网除面临一般信息网络所具有的安全问题外，还面临物联网特有的威胁和攻击，相关威胁包括：物理俘获、传输威胁、自私性威胁、拒绝服务威胁、感知数据威胁。相关攻击包括：阻塞干扰、碰撞攻击、耗尽攻击、非公平攻击、选择转发攻击、陷洞攻击、女巫攻击、洪泛攻击、信息篡改等。相关安全对策包括：加密机制和密钥管理、感知层鉴别机制、安全路由机制、访问控制机制、安全数据融合机制、容侵容错机制等。综合可知，虽然对物联网的特点、相关威胁与攻击进行了分类，但是目前还没有支持形式验证的物联网安全体系构架，显然支持形式验证安全构架是保障安全的重要基础。

在国际上，意大利罗马（Sapienza）大学的学者指出物联网在用户隐私和信息安全传输机制中存在诸多不足，如标签被嵌入任何物品，用户在没有察觉的情况下其标签被阅读器扫描，通过对物品的定位可追踪用户的行踪，使个人隐私遭到破坏；物品的详细信息在传输过程中易受流量分析、窃取、嗅探等网络攻击，导致物品信息泄露。

瑞士苏黎世大学的韦伯（R.H.Weber）指出，物联网安全体系不仅要满足抵抗攻击、数据认证、访问控制及用户隐私等要求，而且应该针对物联网感知节点易遭攻击、计算资源受限导致无法利用高复杂度的加解密算法保证自身安全等物联网安全所面临的特殊问题展开研究，并指出应该从容忍攻击方面进行研究，以应对单点故障、数据认证、访问控制和客户端的隐私保护等问题，建议对企业进行必要的风险评估与风险管理。

在 RFID 和无线传感网（WSN）等物联网相关领域，人们也进行了大量的研究工作。美国丹佛大学的特劳布（Ken Traub）等人基于 RFID 和物联网技术提出了全球物联网体系架构，并结合该架构给出了物联网信息服务系统的设计方案，为实现物联网安全架构、信息服务系统和物联网安全管理协议提供了参考。

在无线传感器认证领域中，沃特罗(R.Watro)等人首次提出了基于低指数级 RSA 的 TinyPK 实体认证方案，并采用分级的思想来执行认证的不同操作部分，TinyPK 较方便地实现了 WSN 的实体认证，但单一的节点是比较容易被捕获的。在 TinyPK 中，如果某个认证节点被捕获了，那么整个网络都将变得不安全，因为任意敌对第三方都可以通过这个被捕获的节点获得合法身份进入。本南森（Z.BenensonWSN.）等人提出的强用户认证协议可以在一定程度上解决这个问题。相对于 TinyPK，强用户认证协议有两点改进：第一，公钥算法不是采用 RSA，而是采用密钥长度更短却具有同等安全强度的椭圆曲线加密算法（ECC）；第二，认证方式不是采用传统的单一认证，而是采用强用户认证协议，安全强度较高，不过其缺点则主要体现在对节点能量的消耗过大。鲍尔（K. Bauer）提出了一种分布式认证协议，采用的是秘密共享和组群同意的密码学概念，网络由多个子群组成，每个子群配备一个基站，子群间通信通过基站进行。该方案的优点是在认证过程中没有采用任何高消耗的加 / 解密方案，而是采用秘密共享和组群同意的方式，容错性好，认证强度和计算效率高；缺点是认证时子群内所有节点均要协同通信，在发送判定包时容易造成信息碰撞。

由于低成本的 RFID 标签仅有非常有限的计算能力，所以现有的应用广泛的安全策略无法在其上实现。西班牙的洛佩兹（P. P. Lopez）等在文献中提出了一种轻量级的互认证协议，可以提供合适的安全级别并能够应用在大部分资源受限的 RFID 系统上。

国内物联网已经取得了较快的发展，但其安全领域的研究目前还处于起步阶段。

　　方滨兴院士指出，物联网的安全与传统互联网的安全有一定的异同，物联网的保护要素仍然是可用性、机密性、可鉴别性与可控性。从物联网的三个构成要素来看，物联网的安全体现在传感器、传输系统及处理系统中。就物理安全而言，主要表现在传感器的安全方面，包括对传感器的干扰、屏蔽、信号截获等，这是物联网的特殊所在；至于传输系统与处理系统中的信息安全则更为复杂，因为传感器与传感网可能会因为能量受限问题而不能运行过于复杂的保护体系。作者也曾从感知层、传输层、处理层和应用层等各个层次分析了物联网的安全需求，初步搭建了物联网的安全架构体系，并特别指出：已有的对传感网、互联网、移动网等的安全解决方案在物联网环境中不再适用，物联网这样大规模的系统在系统整合中会带来新的安全问题。

　　除此之外，还有许多关于物联网安全体系架构方面的研究，分别从不同角度阐述了物联网作为一个大系统的安全问题，各种架构之间在内涵上基本一致，但在层次划分的边界方面有所不同。

### （二）物联网感知层的轻量级加密认证技术方面

　　随着便携式电子设备的普及和 RFID、无线传感器网络等技术的发展，越来越多的应用需要解决相应的安全问题。然而，相比于传统的台式机和高性能计算机，这些设备的资源环境通常有限，如计算能力较弱、计算可使用的存储较少、能耗有限等，而传统密码算法无法很好地适用这种环境，这就使受限环境中密码算法的研究成为一个迫切需要解决的热点问题。适宜资源受限环境使用的密码算法就称为轻量级密码。

　　轻量级密码算法与经典密码算法相互影响、互相促进。一方面经典密码算法为轻量级密码算法的设计与安全性分析提供了理论支撑和技术指导；另一方面，轻量级密码"轻量级"的特点，将使一些安全性分析能够更加全面深入地展开，这个过程中可能会衍生出新问题，从而进一步带动和促进密码算法安全性分析的进展。

　　源于应用的推动，近几年轻量级密码的研究非常热门，然而对于有很多轻量级密码算法还缺乏对全面、深入的安全性分析。

　　认证技术通过服务基础设施的形式将用户身份管理与设备身份管理关联起来，实现物联网中所有接入设备和人员的数字身份管理、授权、责任追踪，以及传输消息的完整性保护，这是整个网络的安全核心和命脉。在 RFID、无线传感器网络等应用环境中，节点资源（包括存储容量、计算能力、通信带宽和传输距离等）受到比传统网络更加严格的限制，资源的严重受限使传统的计算、存储和通信开销较大的认证技术无法应用，因此轻量级认证技术成为该领域研究的热点。

　　消息认证码（MAC）是保证消息完整性和进行数据源认证的基本算法，它将密钥和任意长度的消息输入，输出一个固定长度的标签，使验证者可以校验消息的发送者是谁，以及消息在传输过程中是否被篡改。MAC 算法主要有三种构造方法，分别基于分组密码、杂凑函数或者泛杂凑函数族。为实现安全和效率的平衡，近几年出现了几种基于分组密码的 MAC 设计新结构，其中以基于约减轮数的高级加密标准 AES 为代表。

基于口令的认证密钥交换协议（PAKE）以其方便易用的独特优势而得到广泛关注。由于通信双方共享的秘密信息是易于记忆的低熵口令，这类协议在实际中可以得到广泛应用。第一个 PAKE 协议由贝拉文（Bellovin）和梅星特（Merritt）提出，这一协议成为该领域很多研究的基础。虽然 PAKE 的研究发展有多年的历史，但 PAKE 的可证明安全性理论研究及在资源受限网络协议中的应用研究却进展缓慢，主要原因在于设计从弱口令转化为强的秘密信息的机制很困难。LEAP 协议是由思科（Cisco）公司设计的轻量级认证协议，其目的是填补无线局域网标准 IEEE802 中 WEP 协议密钥管理的空白，给出了高效的解决方案。LEAP 协议是基于口令的轻量级密钥交换协议，虽然它提供了无线网络认证密钥交换的一种方式，但它却受到离线字典的攻击。如何克服这些困难，设计高效安全的轻量级鉴别机制是一个需要深入研究的问题。

国际标准化组织也正在制订轻量级密码算法的相关标准，其中包括轻量级的分组密码、流密码、数字签名等。

### （三）RFID 隐私保护技术方面

关于感知节点隐私保护，主要涉及感知节点芯片及存储器物理防护技术，感知节点数据加密存储技术，感知节点数据访问控制和双向认证技术，感知节点周边物理安全防护技术，感知节点声、光、电磁信号干扰、攻击或隐藏技术。比较突出的是 RFID 技术感知节点的隐私保护。

RFID 技术应用中因电子标签内容被泄露，被追踪、定位给人们带来了很多隐私威胁问题。随着社会的进步与发展，信息安全与个人隐私得到越来越多的重视。因此，针对 RFID 技术应用中的隐私保护问题，国内外学者开展了一定的研究。

对于 RFID 技术应用中的隐私保护主要采用两种方法，可从物理方法和逻辑方法两个方面来实现。目前的物理方法有破坏标签（Kill 标签）、屏蔽标签（法拉第网罩）、有源干扰法、阻塞标签等。逻辑方法有读取访问控制、标签认证、标签加密等。本书侧重介绍几种基于哈希（Hash）函数的逻辑方法（读取访问控制）。到目前为止，已有多种 RFID 系统安全协议提出，包括 Hash-Lock 协议、随机化

Hash-Lock 协议、Hash-Chain 协议，以及各种改进的 Hash 协议。

Kill 标签机制由标准化组织自动识别中心（Auto-ID Center）提出，其原理是完全销毁标签可以阻止追踪，但牺牲了 RFID 电子标签功能。静电屏蔽是采用金属屏蔽的方式阻止标签被读取。主动干扰无线电信号是另一种屏蔽标签的方法。标签用户可以通过一个设备主动发射无线电信号用于阻止或破坏附近 RFID 阅读器的操作。阻止标签方法是通过阻止阅读器读取标签确保消费者隐私安全。

与基于物理方法的硬件安全机制相比，基于密码技术的安全认证协议受到人们更多的青睐。典型的 RFID 安全认证包括 Hopper&Blum（HB）系列协议、噪声标签的密码交换协议、超宽带调制、物理不可克隆函数和基于单时码（One-time Codes）的加密、基于 Hash 函数的安全协议等。

霍珀（Hopper）和布卢姆（Blum）提出了基于 LPN 的 HB 协议。HB 协议执行过程简单，硬件设备易于实现，存储空间和计算负载较小。同时，HB+、HB++ 等一系列 HB 协议基于千位数据二进制向量、千位密钥向量和一些噪声位，用 1 或 0 来表示向量位元素，并满足一些限定方程，但攻击者仍有可能运用标准随机估计理论通过个别数据猜测出可能的函数，存在一定的安全隐患。

卡斯泰卢恰（Castelluccia）和阿瓦纳（Avoine）提出了基于 RFID 噪声标签的密码交换协议，其基本思想是在标签响应消息中加入噪声，这些噪声能够被可信的读写器识别并消除以恢复有用信号，攻击者因为不能正确区分出噪声和有用数据，所以不能窃取有用的信息。

超宽带调制方法是基于时分传输时隙来实现的。它的安全性在于非法攻击者很难得知有用信息是在哪个时隙发送的。该过程用到了相位调制器，也用到了跳时码伪随机序列生成器。

基于单时码的加密，其主要思想是运用假名标识来增强 RFID 标签的安全性。一个标签可以携带多个随机标识。每当标签被查询时，标签都给出了一个不同的标识。原则上，只有一个授权的读写器能够识别出两个不同的标识是否是同一个标签，以实现安全性。这种方法的缺点是，攻击者也可以通过反复地向某个标签送查询命令以使这种方法的安全性减弱。

# 第三节　物联网安全存在的问题

物联网的关键在于应用，物联网应用将深入所有人生活的方方面面。物联网应用中所面临的安全威胁及安全事故所造成的后果，将比互联网时代严重得多。物联网安全呈现大众化、平民化的特征，安全事故的危害和影响巨大。物联网应用中各处都需要安全，安全措施与成本的矛盾十分突出。实现物联网安全，还必须改变先系统后安全的思路，在物联网应用设计和实施之初，就必须同时考虑应用和安全。将两者从一开始就紧密结合，系统地考虑感知、网络和应用的安全，才能更好地解决各种物联网安全问题，应对物联网安全的新挑战。下面从五个方面阐述物联网信息安全的问题。

## 一、物联网安全特征

与传统网络相比，物联网发展带来的安全问题将更为突出，要强化安全意识，把安全放在首位，超前研究物联网产业发展可能带来的安全问题。物联网安全除了要解决系统信息安全的问题之外，还需要克服成本、复杂性等新的挑战。总的来说，物联网安全的主要特点表现在四个方面：大众化、轻量级、非对称和复杂性。

### （一）大众化

物联网时代，当每个人习惯于使用网络处理生活中的所有事情时，当人们习惯于网上购物、网上办公的时候，信息安全就与我们的日常生活紧密结合在一起了。物联网时代如果出现了安全问题，那么每个人都将面临重大损失。只有当安全与人们的利益相关的时候，所有人才会重视安全，也就是所谓的"大众化"。

### （二）轻量级

物联网中需要解决的安全威胁数量庞大，并且与人们的生活密切相关。物联网安全必须是轻量级、低成本的安全解决方案。只有这种轻量级的思路，普通大众才可能接受。轻量级解决方案正是物联网安全的一大难点，安全措施的效果必须要好，同时要低成本，这样的需求可能会催生出一系列安全新技术。

### （三）非对称

物联网中，各个网络边缘的感知节点的能力较弱，但是其数量庞大，而网络中心的信息处理系统的计算处理能力非常强，整个网络呈现出非对称的特点。物联网安全在面向这种非对称网络的时候，需要将能力弱的感知节点的安全处理能力与网络中心强的处理能力结合起来，采用高效的安全管理措施，使其形成综合能力，从而能够从整体上发挥出安全设备的效能。

### （四）复杂性

物联网安全十分复杂，从目前可认知的观点出发可以知道，物联网安全所面临的威胁、要解决的安全问题、所采用的安全技术，不仅在数量上比互联网大很多，而且可能出现互联网安全所没有的新问题和新技术。物联网安全涉及信息储存、信息传输和信息处理等多个方面，并且更加强调用户隐私。物联网安全各个层面的安全技术都需要综合考虑，系统的复杂性将是一大挑战，但也将呈现大量机遇。

## 二、物联网安全现状

目前，国内外学者针对物联网的安全问题开展了相关研究，在物联网感知、传输和处理等各个环节均开展了相关工作，但这些研究大部分是针对物联网的各个层次的，还没有形成完整、统一的物联网安全体系。

在感知层，感知设备有多种类型，为确保其安全性，目前主要是进行加密和认证工作，利用认证机制避免标签和节点被非法访问。感知层加密已经有了一定的技术手段，但是还需要提高安全等级，以应对更高的安全需求。

在传输层，主要研究节点到节点的机密性，利用节点与节点之间严格的认证，保证端到端的机密性，利用密钥有关的安全协议支持数据应用层的安全传输。目前的主要研究工作是数据库安全访问控制技术，但还需要研究其他的一些相关安全技术，如信息保护技术、信息取证技术、数据加密检索技术等。

在物联网安全隐患中，用户隐私的泄露是危害用户的极大安全隐患，所以在考虑对策时，首先要对用户的隐私进行保护。目前，主要通过加密和授权认证等方法来加密，只有拥有解密密钥的用户才能读取通信中的用户数据及用户的个人信息，这样能够保证传输过程中不被人监听。但是，加密数据的使用变得极为不方便，因此需要研究支持密文检索和运算的加密算法。

另外，物联网核心技术掌握在世界上比较发达的国家手中，而它们始终会对没有掌握物联网核心技术的国家造成安全威胁，所以要解决物联网的安全隐患问题，我国应该加大投入力度，深入开发研究，攻克技术难关，争取掌握物联网安全的核心技术。

## 三、物联网安全威胁

人们可以通过物联网感知各方面的信息，同时可以通过物联网实现各种应用。通过互联网，人们可以远程感知和控制类似家电、交通、能源及金融等设施和服务。在物联网提供这些便利的同时，人们对物联网的强大感到担忧。物联网在网络的每个层次上都存在威胁：感知层方向有终端设备的物理安全、信息的传输安全、隐私泄露等问题，网络层方面有数据破坏、身份假冒及信息泄露等安全问题，应用层方面有身份假冒、非法接入、越权操作等安全问题。目前，国内外对物联网体系架构的研究是三层的架构体系，即感知层、网络层、应用层。下面分别从感知层、网络层和应用层对其面临的安全威胁进行分析。

### （一）感知层安全威胁

如果感知节点所感知的信息不采取安全防护或者安全防护的强度不够，则这些信息很可能被第三方非法获取，这种信息泄密在某些时候可能造成很大的危害。由于安全防护措施的成本因素或者使用便利性等因素，很可能某些感知节点不会或者采取简单的信息安全防护措施，这样将导致大量的信息被公开传输，很可能引起严重后果。感知层普遍的安全威胁是某些普通节点被攻击者控制之后，其与关键节点交互的所有信息都将被攻击者获取。攻击者的目的是除了窃听信息外，还可能通过其控制的感知节点发出错误信息，从而影响系统的正常运行。感知层安全措施必须能够判断和阻断恶意节点，并且需要在阻断恶意节点后，保障感知层的连通性。

### （二）网络层安全威胁

物联网网络层的网络环境与目前的互联网网络环境一样，也存在安全挑战，并且由于其中涉及大量异构网络的互联互通，跨网络安全域的安全认证等方面的安全威胁更加严重。网络层很可能面临非授权节点非法接入的问题，如果网络层不采取网络接入控制措施，就很可能被非法接入，其结果可能是网络层负担加重或者传输错误信息。互联网或者下一代网络将是物联网网络层的核心载体，互联网遇到的各种攻击仍然存在，甚至会更多，需要有更好的安全防护措施和抗灾机制。物联网终端设备处理能力和网络能力差异巨大，应对网络攻击的防护能力也有很大差别，传统的互联网安全方案难以满足需求，也很难采用通用的安全方案解决所有问题，必须针对具体需求来制定多种安全方案。

### （三）应用层安全威胁

物联网应用层涉及各方面的应用，智能化是重要特征。智能化应用能够很好地处理海量数据，满足人们的使用需求。物联网会把海量数据智能处理的结果转化为对实体的智能控制，所以安全性贯穿于数据链始终。在数据智能处理过程中涉及并行计算、数据融合、语义分析、数据挖掘、云计算等核心技术，其中云计算尤为重要，云计算承担着海量数据的高效存储及智能计算的任务。这些新兴技术的使用会给攻击者提供截取、篡改数据的机会，同时会利用软件系统的漏洞、缺陷，对密钥进行破解，达到非法访问数据库系统的目的，造成重大损失。

由于物联网应用中会涉及大量个人隐私，特别是定位技术的出现，使公众的隐私安全性显得尤为突出。攻击者会利用窃取通信数据来收集相关个人隐私信息（位置、出行、消费、通信等），给公众带来个人安全和财产损失的隐患。攻击者还可能会篡改、伪造信息，以合法身份进行不法行为。

## 四、物联网安全需求

在物联网系统中，主要的安全威胁来自以下几个方面：物联网传感器节点接入过程的安全威胁、物联网数据传输过程的安全威胁、物联网数据处理过程的安全威胁、物联网应用过程中的安全威胁等。这些威胁是全方位的，有些来自物联网的某一个层次，有些来自物联网的多个层次。根据安全威胁的来源与途径的多样化和普遍化，我们可以将物联网的安全需求归结为如下几个方面：物联网接入安全、物联网通信安全、物联网数据隐私安全和物联网应用系统安全。

### （一）物联网接入安全

在接入安全中，感知层的接入安全是一个感知节点不能被未经过认证授权的节点或系统访问。这涉及感知节点的信任管理、身份认证、访问控制等方面的安全需求。在感知层，由于传感器节点受到能量和功能的制约，其安全保护机制较差，并且由于传感器网络尚未完全实现标准化，消息和数据传输协议没有统一的标准，从而无法提供一个统一的完善的安全保护体系。因此，传感器网络除了可能遭受同现有网络相同的安全威胁外，还可能受到恶意节点的攻击、传输的数据被监听或破坏、数据的一致性差等安全威胁。

### （二）物联网通信安全

由于物联网中的通信终端呈指数增长，而现有的通信网络承载能力有限，当大量的网络终端节点接入现有网络时，将会给通信网络带来更多的安全威胁。首先，大量终端节点接入会带来网络拥塞，而网络拥塞会给攻击者带来可乘之机，从而对服务器产生拒绝服务攻击；其次，由于物联网中的设备传输的数据量较小，一般不会采用复杂的加密算法来保护数据，从而可能导致数据在传输过程中遭到攻击和破坏；最后，感知层和网络层的融合也会带来一些安全问题。另外，在实际应用中大量使用无线传输技术，而且大多数设备都处于无人值守的状态，使信息安全得不到保障，信息很容易被窃取和恶意跟踪，而隐私信息的外泄和恶意跟踪给用户带来了极大的安全隐患。

### （三）物联网数据安全

随着物联网的发展和普及，数据呈现爆炸式增长，个人和企业追求更高的计算性能，软、硬件维护费用日益增加，使个人和企业的设备无法满足需求。因此，云计算、网格计算、普适计算等应运而生。虽然这些新型计算模式解决了个人和企业的设备需求，但也使企业承担着对数据失去直接控制的危险。因此，针对数据处理中外包数据的安全与隐私保护技术就显得尤为重要。由于传统的加密算法在对密文的计算、检索方面表现得不尽人意，研究可以在密文状态下进行检索和运算的加密算法就显得十分必要了。

另外，物联网数据处理过程中依托的服务器系统，由于面临着病毒、木马等恶意软件的攻击，使物联网在构建数据处理系统时需要充分考虑安全协议的使用、防火墙的应用和病毒查杀工具的配置等。物联网计算系统的安全除了要面临来自内部的攻击以外，还可能面临来自网络的外部攻击，如分布式入侵攻击（Distributed Denial of Service，DDoS）和高级持续性威胁（Advanced Persistent Threat，APT）攻击。

### （四）物联网应用系统安全

物联网的应用领域非常广泛，渗透到了现实生活中的各行各业。由于物联网本身的特殊性，其应用安全问题除了现有网络应用中常见的安全威胁外，还存在更为特殊的应用安全问题。在物联网应用中，除了传统网络的安全需求（如认证、授权、审计等）外，还包括物联网应用数据的隐私安全需求、服务质量需求和应用部署安全需求等。

## 五、物联网安全标准

物联网设备安全问题突出的原因有很多。一方面，是这类设备的智能化、网络化发展速度快；另一方面，对这些设备的信息安全保护技术发展不够成熟，没有安全保护和检测标准。因此，许多物联网终端设备面临着很大的网络安全风险。

在电子通信领域，许多标准规范的诞生是在相关技术和产业基本成熟后，为约束小众、鼓励互联互通而形成的，是一种水到渠成的结果。例如，TCP/IP 通信协议标准是计算机数据通信领域的行业标准，逐步成为默认的国际标准，导致后来国际标准化组织提出的 OSI 标准框架模型很少有人用。

随着物联网技术和产业的发展，物联网安全问题逐渐成为影响物联网产业健康发展的关键瓶颈，物联网安全标准不能等待行业的相关技术和产品成熟后再制定。一方面，这个等待周期会很长，其间的物联网安全问题就会对物联网产业发展产生严重影响；另一方面，行业自行发展的物联网安全技术将会出现百花齐放的局面，一段时间后，很难区分好与坏，而且后期标准的出台可能影响一些自身的安全保护技术已经成熟的物联网设备，这对生产厂商来说是不公平的。因此，物联网安全标准应该尽早制定。在这种背景下，国家在有关机构的组织下，先后起草了多个有关物联网安全的标准规范，这些标准草案今后对物联网设备和物联网系统的安全保护无疑会起到重要的指导作用。

为了防止将来在标准制定方面过于细化，物联网安全标准应有界限，不宜覆盖太多的技术细节，应该以安全性能为标准的目的，放宽对功能（即安全技术）的标准化要求：第一，物联网安全保护技术应鼓励个性化；第二，个性化的物联网设备安全保护测评标准；第三，对身份鉴别功能进行测评；第四，数据保密性测评和数据完整性测评；第五，数据保密性存在性测评方法；第六，数据完整性存在性测评方法。

# 第二章　物联网信息安全体系结构研究

随着物联网的发展其安全问题将更为突出，要强化安全意识，把安全放在首位，超前研究物联网产业发展可能带来的安全问题。物联网安全除了要解决系统信息安全的问题之外，还需要克服成本、复杂性等新的挑战。物联网安全面临的新挑战主要包括需求与成本的矛盾，安全复杂性进一步加大，信息技术发展本身带来的问题，以及物联网系统攻击的复杂性和动态性仍较难把握等方面。

## 第一节　物联网安全体系结构概述

物联网结构复杂、技术繁多，面临的安全威胁的种类也就比较多。结合物联网的安全架构来分析感知层、传输层、处理层及应用层的安全威胁与需求，不仅有助于选取、研发适合物联网的安全技术，更有助于系统地建设完整的物联网安全体系。经过对需求的分析，可以归纳出安全架构安全检测服务的理念：集中控制、统一管理、全面分析、快速响应，如图 2-1 所示。

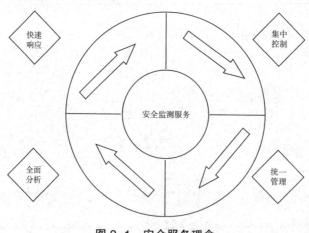

图 2-1　安全服务理念

## 一、物联网安全整体结构

物联网融合了传感网络、移动通信网络和互联网，也面临这些网络存在的安全问题。与此同时，由于物联网是一个由多种网络融合而成的异构网络，因此物联网不仅存在异构网络的认证、访问控制、信息存储和信息管理等安全问题，而且其设备还具有数量庞大、复杂多元、缺少有效监控、节点资源有限、结构动态离散等特点，这就使其安全问题较其他网络更加复杂。

与互联网相比，物联网的通信对象扩大到了物品。根据功能的不同，物联网网络体系结构大致可以分为三个层次：底层是用来采集信息的感知层，中间层是数据传输的网络层，顶层则是应用 / 中间件层。由于物联网安全的总体需求是物理安全、信息采集安全、信息传输安全和信息处理安全的综合，安全的最终目标是确保信息的机密性、完整性、真实性和数据新鲜性。物联网的安全机制应当建立在各层技术特点和面临的安全威胁的基础之上。

## 二、感知层安全体系结构

感知层安全体系结构如图 2-2 所示，突出了管理层面在整个感知层安全体系中的地位，并将技术层面纳入管理层面中，充分说明了安全技术的实现依赖于管理手段及制度上的保证，与管理要求相辅相成。体系中还将检测体系作为整个感知层安全体系的支撑，在检测体系中融合了对管理体系和技术体系的检测要求。技术层面的要求基本涵盖了当前感知层网络中存在的技术方面的主要问题。感知层安全体系的管理层面主要包括节点管理和系统管理两部分要求，其中节点管理具体包括节点监管、应急处理和隐私防护，系统管理具体包括风险分析、监控审计和备份恢复；技术层面主要包括节点安全和系统安全两部分要求，其中节点安全具体包括抗干扰、节点认证、抗旁路攻击和节点外联安全，系统安全具体包括安全路由控制、数据认证和操作系统安全。检测体系主要包括安全保证检查、节点检测、系统检测、旁路攻击检测和路由攻击检测。

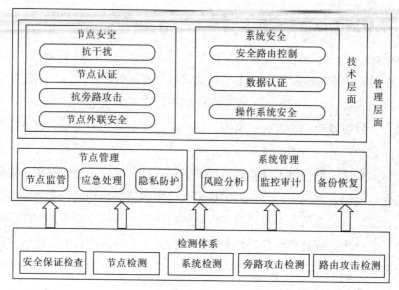

图 2-2　感知层安全体系结构

## 三、传输层安全体系结构

随着计算机网络的普及与发展，网络为我们创造了一个可以实现信息共享的新环境，但是由于网络的开放性，如何在网络环境中保障信息的安全始终是人们关注的焦点。在网络出现的初期，网络主要分布在一些大型的研究机构、大学和公司，由于网络使用环境的相对独立和封闭性，网络内部处于相对安全的环境，在网络内部传输信息基本不需要太多的安全措施。随着网络技术的飞速发展，尤其是互联网的出现和以此为平台的电子商务的广泛应用，如何保证信息在互联网的安全传输，特别是敏感信息的保密性、完整性已成为一个重要问题，也是当今网络安全技术研究的一个热点。

在许多实际应用中，网络由分布在不同站点的内部网络和站点之间的公共网络组成。每个站点配有一台网关设备，由于站点内网络的相对封闭性和单一性，站点内网络对传输信息的安全保护要求不大。两个站点之间的网络属于公共网络，网络相对开放，使用情况复杂，因此需要对站点间公共网络传输的信息进行安全保护，如图 2-3 所示。

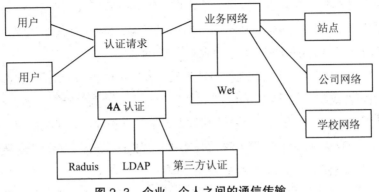

**图 2-3　企业、个人之间的通信传输**

在网络层中，IPSec 可以提供端到端的网络层安全传输，但是它无法处理位于同一端系统中的不同用户的安全需求，因此需要在传输层和更高层提供网络安全传输服务来满足这些要求。而传输层安全协议的特点就是基于两个传输进程间的端到端安全服务，保证两个应用之间的保密性和安全性，为应用层提供安全服务。Web 浏览器是将 HTTP 和 SSL 结合起来，因为技术实现简单，所以在电子商务中也有应用。在传输层中使用的安全协议主要是安全套接字层协议（Secure Socket Layer，SSL）。

SSL 是由网景公司（Netscape）设计的一种开放协议，它指定了一种在应用程序协议（如 HTTP、Telnet、NNTP、FTP）和 TCP/IP 之间提供数据安全性分层的机制。SSL 为 TCP/IP 连接提供数据加密、服务器认证、消息完整性检验及可选的客户机认证。SSL 的主要目的是保证两个通信应用程序之间的私密信和可靠性，这个过程通过握手协议、记录协议、警告协议来完成。

## 四、网络层安全体系结构

物联网网络层主要用于把感知层收集的信息安全可靠地传输到应用层，然后根据不同的应用需求进行处理，即网络层主要是网络基础设施，包括互联网、移动网和一些专业网（如国家电力专用网、广播电视网）等。在信息传输过程中，可能经过一个或多个不同架构的网络进行信息交接。例如，电话座机与手机之间的通话就是一个典型的跨网络架构的信息传输实例。在信息传输过程中，跨网络传输是很正常的，在物联网环境中这一现象更加突出，而且很可能在正常且普通的事件中产生信息安全隐患。

物联网不仅要面对移动通信网络和互联网带来的传统网络安全问题，而且由于物联网由大量的自动设备构成，缺少人对设备的有效管控，并且终端数量庞大，设备种类和应用场景复杂，这些因素都对物联网网络安全造成了新的威胁。相对传统单一的

TCP/IP 网络技术而言，所有的网络监控措施、防御技术不仅面临着结构更复杂的网络数据，同时面临着更高的实时性要求，在网络通信、网络融合、网络安全、网络管理、网络服务和其他相关学科领域将面临一个新的挑战。

在网络层，异构网络的信息交换将成为安全性的脆弱点，特别是在网络认证方面难免存在中间人攻击和其他类型的攻击，如异步攻击、合谋攻击等，这些攻击都需要有更好的安全防护措施。信息在网络中传输时，很可能被攻击者非法获取到相关信息，甚至篡改信息，必须采取保密措施进行加密保护。网络层面临的安全问题构架如下。

### （一）来自物联网接入方式的安全问题

物联网的传输层采用各种网络，如移动互联网、有线网、Wi-Fi、WiMAX 等各种无线接入技术。接入层的异构性使如何为终端提供移动性管理以保证异构网络间节点漫游和服务的无缝移动成为研究的重点，其中安全问题的解决将得益于切换技术和位置管理技术的进一步研究。另外，物联网接入方式将主要依赖于移动通信网络。移动通信网络中移动站与固定网络端之间的所有通信都是通过无线接口来传输的，然而无线接口是开放的，任何使用无线设备的个体均可以通过窃听无线信道来获得其中传输的信息，甚至可以修改、插入、删除或重传其中传输的信息，达到假冒移动用户身份以欺骗网络端的目的。因此，移动网络存在严重的无线窃听、身份假冒、数据篡改等不安全因素。

### （二）来自物联网终端自身的安全问题

随着物联网业务终端日益智能化，终端的计算和存储能力不断增强，物联网应用更加丰富，这些应用同时增加了终端感染病毒、木马或恶意代码入侵的渠道。一旦终端被入侵成功，之后通过网络传播就变得非常容易。病毒、木马或恶意代码在物联网内具有更大的传播性、更高的隐蔽性、更强的破坏性，相比单一的通信网络而言也更加难以防范，带来的安全威胁也会更大。同时，网络终端自身系统平台缺乏完整的保护和验证机制，平台软、硬件模块容易被攻击者篡改，内部各个通信接口缺乏机密性和完整性保护，在此之上传递的信息容易被窃取或篡改。如果物联网终端丢失或被盗，那么其中存储的私密信息也将面临泄露的风险。

### （三）来自核心网络的安全

未来，全 IP 化移动通信网络和互联网以及下一代互联网将是物联网网络的核心载体，大多数物联网业务信息要利用互联网传输。移动通信网络和互联网的核心网络具有相对完整的安全保护能力，但对于一个全 IP 化开放性网络，仍将面临传统的 DoS 攻击、DDoS 攻击、假冒攻击等网络安全威胁，且由于物联网业务节点数量将大大超过以往任何服务网络，并以分布式集群方式存在，在大量数据传输时将使承载网络堵塞，产生拒绝服务攻击。

## 五、应用层安全体系结构

在现代社会物联网应用极为普遍，不仅很多企事业单位的发展依赖物联网平台，而且很多高档社区的建立也基于物联网的应用。实际上，从构建伊始，物联网应用层的安全架构并不完善，甚至可以说岌岌可危。为了能够将物联网应用层的安全框架搭建起来，相关领域的研究人员耗费了不少资源。就以物联网模式下的物流信息系统的安全管理模式来看，无论是电子标签还是 RFID 技术的普及应用，都需要安全管理为其扫清障碍。

在现代人的日常生活中，物联网的应用频率越来越高，安全平台的搭建迫在眉睫。实际上，物联网应用层的安全架构及相关技术已经与平台对接，包括认证与密钥管理机制、安全路由协议、入侵检测、数据安全与隐私保护技术等，这些都是为了构建完善的物联网安全架构所做出的努力。尽管如此，面向物联网应用层的安全架构仍不能面面俱到，对此，业界专家提出一种基于安全代理的感知层安全模型，为依托物联网平台运作的各个应用终端提供优化服务。

目前，面向物联网应用层安全架构的构建拟整合云服务，并且通过科学分析网络信息数据，保障物联网环境安全，云计算项目与物联网应用层安全架构的整合实践是拓展该领域发展空间的重要策略。总之，随着现代科技的发展，即便科技将人们的隐私公之于众，甚至使人们的信息时刻都可能面临恶意的侵袭，而 IT 业界的管理者正在紧锣密鼓地钻研并实践面向物联网应用层的安全管理措施，在平台之上构建起超级物联网应用体系模型，进而为广大物联网用户保驾护航。

# 第二节　物联网安全技术措施

作为一种多网络融合的网络，物联网安全涉及各个网络的不同层次，在这些独立的网络中已实际应用了多种安全技术，特别是移动通信网和互联网的安全研究已经经历了较长时间，但对物联网中的感知网络来说，由于资源的局限性，使安全研究的难度较大。下面就针对物联网感知层安全技术问题进行讨论。

## 一、密钥管理机制

密钥系统是安全的基础，是实现感知信息隐私保护的手段之一。它的安全需求主要体现在以下几个方面。

### （一）密钥生成或更新算法的安全性

利用该算法生成的密钥应具备一定的安全强度，不能被网络攻击者轻易破解或者花很小的代价破解，即加密后应保障数据包的机密性。

### （二）前向私密性

对中途退出传感器网络或者被俘获的恶意节点，在周期性的密钥更新或者撤销后无法再利用先前所获知的密钥信息生成合法的密钥继续参与网络通信，即无法参与报文解密或者生成有效的可认证的报文。

### （三）后向私密性和可扩展性

新加入传感器网络的合法节点可以利用新分发或者周期性更新的密钥参与网络的正常通信，即进行报文的加/解密和认证行为等，而且能够保障网络是可扩展的，即允许大量新节点的加入。

### （四）抗同谋攻击

在传感器网络中，若干节点被俘获后，其所掌握的密钥信息可能会造成网络局部范围的泄密，但不应对整个网络的运行造成破坏性或损毁性的后果，即密钥系统要能够抗同谋攻击。

## 二、数据处理与隐私性

物联网的数据要经过信息感知、获取、汇聚、融合、传输、存储、挖掘、决策和控制等处理流程，而末端的感知网络几乎要涉及上述信息处理的全过程，只是由于传感节点与汇聚点的资源限制，在信息的挖掘和决策方面不占据主要位置。物联网应用不仅面临信息采集的安全性问题，也要考虑信息传送的私密性问题，要求信息不能被篡改和被非授权用户使用，还要考虑网络的可靠、可信和安全问题。物联网能否大规模推广应用，在很大程度上取决于其是否能够保障用户数据和隐私的安全。就传感网而言，在信息的感知采集阶段就要进行相关的安全处理，如对 RFID 采集的信息进行轻量级的加密处理后，再传送到汇聚节点。这里要关注的是对光学标签的信息采集处理与安全，作为感知端的物体身份标识，光学标签显示了其独特的优势，而虚拟光学的加密解密技术为基于光学标签的身份标识提供了手段。基于软件的虚拟光学密码系统由于可以在光波的多个维度进行信息的加密处理，具有比一般传统的对称加密系统更高的安全性，而数学模型的建立和软件技术的发展极大地推动了该领域的研究和应用推广。数据处理过程中涉及基于位置的服务与信息处理过程中的隐私保护问题。国际计算机协会（ACM）于 2008 年成立了空间信息特别兴趣小区（Special Interest Group on Spatial Information, SIGSPATIAL），致力于空间信息理论与应用研究。基于位置的服务是物联网提供的基本功能，是定位、电子地图、基于位置的数据挖掘和发现、自适应表达等技术的融合。

## 三、安全路由协议

物联网的路由要跨越多类网络，有基于 IP 地址的互联网路由协议，有基于标识的移动通信网和传感网的路由算法，因此我们至少要解决两个问题，一是多网融合的路由问题，二是传感网的路由问题。前者可以考虑将身份标识映射成类似的 IP 地址，建立基于地址的统一路由体系；后者是鉴于传感网计算资源的局限性和易受到攻击的特点，要设计抗攻击的安全路由算法。目前，国内外学者提出了多种无线传感器网络路由协议，这些路由协议最初的设计目标通常是以最小的通信、计算、存储开销完成节点间的数据传输，但是这些路由协议大多没有考虑到安全问题。实际上，由于无线传感器节点具有电量有限、计算能力有限、存储容量有限等特点，使它极易受到各类攻击。无线传感器网络路由协议常受到的攻击主要包括：虚假路由信息攻击、选择性转发攻击、污水池攻击、虫洞攻击、Hello 洪泛攻击、确认攻击等。

## 四、认证与访问控制

认证指使用者采用某种方式来证明自己确实是自己宣称的某人，网络中的认证主要包括身份认证和消息认证。身份认证可以使通信双方确信对方的身份并交换会话密钥。保密性和及时性是认证密钥交换中的两个重要问题，为了防止假冒和会话密钥的泄密，用户标识和会话密钥这样的重要信息必须以密文的形式传送，这就需要事先已有能用于这一目的的主密钥或公钥。因为可能存在消息重放，所以及时性非常重要。在最坏的情况下，攻击者可以利用重放攻击威胁会话密钥或者成功假冒另一方。消息认证中主要是接收方希望能够保证其接收的消息确实来自真正的发送方，有时收发双方不同时在线，如在电子邮件系统中，电子邮件消息发送到接收方的电子邮件中，并一直存放在邮箱中直至接收方读取为止。广播认证是一种特殊的消息认证形式，在广播认证中，一方广播的消息被多方认证。传统的认证是区分不同层次的，网络层的认证就负责网络层的身份鉴别，业务层的认证就负责业务层的身份鉴别，两者独立存在。但是在物联网中，业务应用与网络通信紧紧地绑在一起，认证有其特殊性。例如，当物联网的业务由运营商提供时，那么就可以充分利用网络层认证的结果，而不需要进行业务层的认证；当业务是敏感业务时（如金融类业务），一般业务提供者会不信任网络层的安全级别，而使用更高级别的安全保护，这个时候就需要做业务层的认证；而当业务是普通业务时，如气温采集业务等，业务提供者认为网络认证已经足够，那么就不再需要业务层的认证。在物联网的认证过程中，传感网的认证机制是重要的研究部分，无线传感器网络中的认证技术主要包括基于轻量级公钥算法的认证技术、预共享密钥的认证技术、随机密钥预分布的认证技术、利用辅助信息的认证、基于单向散列函数的认证技术等。以下对其中的部分技术进行分析。

（一）基于轻量级公钥算法的认证技术

鉴于经典的公钥算法需要高计算量，在资源有限的无线传感器网络中不具有可操作性。当前有一些研究正致力于对公钥算法进行优化设计使其能适应于无线传感器网络，但在能耗和资源方面还存在很大的改进空间，如基于 RSA 公钥算法的 TinyPK 认证方案，以及基于身份标识的认证算法等。

（二）基于预共享密钥的认证技术

SNEP 方案中提出两种配置方法：一是节点之间的共享密钥，二是每个节点和基站之间的共享密钥。这类方案使用每对节点之间共享一个主密钥，可以在任何一对节点之间建立安全通信，缺点表现为扩展性和抗捕获能力较差，任意一节点被俘获后就会暴露密钥信息，进而导致全网络瘫痪。

（三）基于单向散列函数的认证方法

该类方法主要用在广播认证中，由单向散列函数生成一个密钥链，利用单向散列函数的不可逆性，保证密钥不可预测。通过某种方式依次公布密钥链中的密钥，可以对消息进行认证。

## 五、入侵检测与容侵容错技术

容侵就是指在网络中存在恶意入侵的情况下，网络仍然能够正常运行。无线传感器网络的安全隐患在于网络部署区域的开放特性及无线电网络的广播特性，攻击者往往利用这两个特性，通过阻碍网络中节点的正常工作，进而破坏整个传感器网络的运行，降低网络的可用性。无人值守的恶劣环境导致无线传感器网络缺少传统网络中物理上的安全，传感器节点很容易被攻击者俘获、毁坏或攻击。现阶段，无线传感器网络的容侵技术主要集中于网络的拓扑容侵、安全路由容侵及数据传输过程中的容侵机制。无线传感器网络可用性的另一个要求是网络的容错性。一般意义上的容错性是指在故障存在的情况下系统不失效，仍然能够正常工作的特性。无线传感器网络的容错性指的是当部分节点或链路失效后网络能够进行传输数据的恢复或者网络结构自愈，从而尽可能减小节点或链路失效对无线传感器网络功能的影响。由于传感器节点在能量、存储空间、计算能力和通信带宽等诸多方面都受限，而且通常工作在恶劣的环境中，网络中的传感器节点经常会出现失效的状况。因此，容错性成为无线传感器网络中一个重要的设计因素，容错技术也是无线传感器网络研究的一个重要领域。

### 六、决策与控制安全

物联网的数据是一个双向流动的信息流，一是从感知端采集物理世界的各种信息，经过数据的处理，存储在网络的数据库中；二是根据用户的需求，进行数据的挖掘、决策和控制，实现与物理世界中任何互联物体的互动。在数据采集处理中，我们讨论了相关的隐私性等安全问题，而决策控制又将涉及另一个安全问题，如可靠性等。

## 第三节　物理安全威胁与防范措施

物联网源于互联网，因此物联网继承了互联网的物理特性，物联网中也存在物理安全威胁。下面介绍物联网的物理安全威胁与防范措施。

### 一、物理安全概述

物理安全主要是指通过物理隔离来实现网络安全，并有效防范，如网络入侵和网络诈骗。物理隔离是指内部网不直接或间接地连接公共网络。物理安全的目的是保护路由器、工作站、网络服务器等硬件实体和通信链路免受自然灾害、人为破坏和搭线窃听攻击等。例如，只有使内部网和公共网物理隔离，才能真正保证党政机关的内部信息网络不受来自互联网的黑客攻击，此外物理隔离也为政府内部网划定了明确的安全边界，使网络的可控性增强，便于内部管理。

在实行物理隔离之前，我们针对网络的信息安全有许多措施，如在网络中增加防火墙、防病毒系统，对网络进行入侵检测、漏洞扫描等。但由于其复杂性与有限性，这些在线分析技术无法满足某些机构（如军事机构、政府机构、金融机构等）提出的高度数据安全要求，而且此类基于软件的保护是一种逻辑机制，对于逻辑实体而言极易被操纵，后面的逻辑实体指黑客、内部用户等。正因为如此，我们的涉密网不能把机密数据的安全完全寄托在用概率来做判断的防护上，必须有一道绝对安全的大门，保证涉密的信息不被泄露和破坏，这就是物理隔离所起的作用。

## 二、环境安全威胁与防范

因为物联网节点通常都是采用无人值守的方式，并且都是物联网设备部署完毕之后，再将网络连接起来，所以，如何对物联网设备进行远程业务信息配置和签约信息配置就成了一个值得思考的问题。与此同时，多样化且数据容量庞大的物联网平台必须要有统一且强大的安全管理平台，否则各式各样的物联网应用会立即将独立的物联网平台淹没，这样很容易将业务平台与物联网网络两者之间的信任关系割裂开来，产生新的安全问题。对于核心网络的传输与信息安全问题，虽然核心网络所具备的安全保护能力相对较为完整，但是由于物联网节点都是以集群方式存在的，并且数量庞大，这很容易使大量的物联网终端设备数据同时发送而造成网络拥塞，从而产生拒绝服务攻击。另外，目前物联网网络的安全架构往往都是基于人的通信角度来进行设计的，并不是从人机交互性的角度出发的，这样就破坏了物联网设备间的逻辑关系。

## 三、设备安全问题与策略

物联网的设备有：条码、射频识别、传感器、全球定位系统、激光扫描器等信息传感设备。物联网是由机器构成的庞大的设备集群，在网络安全方面产生的问题主要有物联网安全本地节点的问题、节点信息在网络中的传输安全问题、核心网络的信息安全问题、物联网中业务安全的问题。

### （一）物联网安全本地节点的问题

物联网的机器节点大多在无人监控的场所进行部署，它是用机器代替人来完成复杂问题的处理，因此也就导致这些节点可以人为地通过更换软硬件来破坏机器。

### （二）节点信息在网络中的传输安全问题

由于物联网中的节点对于数据的传送没有统一的协议，并且它的功能相对比较简单，因此也就不能生产复杂、统一的安全保护模式。

### （三）核心网络的信息安全问题

节点核心网的安全体系比较完整，但是核心网也是由各个节点组成的，且以集群的方式形成数目庞大的节点群，所以当大量数据进行传播时会导致网络堵塞产生网络假死。

### （四）物联网中业务安全的问题

大部分的物联网都是事先部署节点然后进行网络连接的，连接后各个节点是没有人员监控的，当用户利用物联网进行业务往来时就存在安全问题，因此提供一个统一、强大的安全管理平台就成了一个新的问题。

针对以上物联网安全问题，可以采用以下策略和技术来解决：

在物联网的不同层中应用不同的技术分层解决，主要安全技术有用户权限认证、数据加密技术、数据访问控制、保护隐私和信息传输安全等技术。不同的技术需要应用到物联网的不同层次中去，如用户权限认证需要应用到网络传输层中，通过数字认证的方式来识别客户身份是否合法，以此来达到客户信息安全保护的目的。另外一种方案是通过数字水印技术来识别用户的电子签名，这种方法更加安全可靠，当发生争议的时候，我们可以通过用户数字水印进行核查。数据加密技术主要应用于物联网底层，保护感知层的数据安全。数据访问控制技术主要应用于物联网的网络层，以保护数据的传输安全。隐私保护和信息传输安全技术主要用于物联网的应用层，以保护用户信息的安全。随着网络信息化的飞速发展，物联网作为其升级换代的产物，将会更广泛地应用于人们的生活及工作中，因此物联网的安全策略和技术显得尤为重要。只有充分保证系统稳定、网络安全、平台具有保护功能，物联网才能有更好地发展。

## 四、RFID 系统及物理层安全

RFID 系统一般由三部分组成：标签（Tag）、读写器（Reader）及后端数据库（Back-end Database）。

实现 RFID 安全性机制所采用的方法主要有三大类：物理机制、密码机制、物理机制和密码机制两者相结合的方法。本书介绍的物理机制主要有 Kill 命令机制、休眠机制、阻塞机制、静电屏蔽、主动干扰等。物理机制通常用于一些低成本的标签中，因为这些标签难以采用复杂的密码机制来实现与标签读写器之间的安全通信。下面分别加以介绍。

### （一）Kill 命令机制

由自动识别中心提出的 Kill 命令机制是解决信息泄露的一个最简单的方法。从物理上毁坏标签，一旦对标签实施了 Kill 命令，标签便不能再次使用（禁用状态）。例如，超市结账时，可禁用附着在商品上的标签。但是，如果 RFID 标签用于标识图书馆中的书籍，当书籍离开图书馆后，这些标签是不能被禁用的，这是因为当书籍归还后，还需要使用相同的标签再次标识书籍。

### （二）休眠机制

让标签处于睡眠状态，而不是禁用，以后可以使用唤醒口令将其唤醒。困难在于唤醒口令需要和标签相关联，于是就需要一个口令管理系统。但是，当标签处于睡眠状态时，不可能直接使用空中接口将特定的标签和特定的唤醒口令相关联。因此，需要另一种识别技术，如条形码，以标识用于唤醒的标签，这显然是不理想的。

### （三）阻塞机制

隐私比特"0"表示标签接受无限制的公共扫描，隐私比特"1"表示标签是私有的。当商品生产出来，并在购买之前，即在仓库、运输、存储货价的时候，标签的隐私比特设置为"0"。换句话说，任何读写器都可以扫描它们。当消费者购买了使用 RFID 标签的商品时，销售终端设备将隐私比特设置为"1"。

### （四）静电屏蔽

静电屏蔽法也称为法拉第网罩。由于无线电波可被传导材料做成的电容屏蔽，将贴有 RFID 标签的商品放入由金属网罩或金属箔片组成的容器中，所以阻止标签和读写器通信。由于每件商品都需要使用一个网罩，因此提高了成本。

### （五）主动干扰

标签用户通过一个设备主动广播无线电信号用于阻止或破坏附近的 RFID 读写器操作。但该方法可能干扰附近其他合法的 RFID 系统，甚至会阻塞附近其他无线电信号系统。

## 五、数据存储介质的安全

随着计算机技术的发展，USB 接口成为其必备的接口之一，USB 通用串行总线，是一种连接外部串行设备的技术标准，即计算机系统接驳外围设备（如 U 盘、移动硬盘、键盘、鼠标、打印机等）的输入／输出接口标准。

USB 接口的传输速度高达 480 Mb/s，和串口 115 200 b/s 的速度相比，相当于串口速度的 4000 多倍，完全能满足需要大量数据交换的外设的要求。同时，所有的 USB 外设利用通用的连接器可简单方便地连入计算机中，其安装过程高度自动化，既不必打开机箱插入插卡，也不必考虑资源分配，更不用关掉计算机电源，即可实现热插拔。因此，通过 USB，使用以 U 盘为代表的移动存储介质来交换数据，极大地方便了数据交换，提高了存储的便利性，因而获得了广泛应用。但是其方便性也给我们带来了更大的安全风险。

移动存储介质常用于开放环境中，易于丢失，存储的数据易于传播和复制，自身缺乏有效的审计和监管手段，整个数据移动通道的安全保密工作难以保障。一旦发生数据泄露与丢失，将会给部门或个人造成不可估量的经济损失，甚至可能是政治损失。因此，针对移动介质的安全解决方案成为当务之急。

多年来，U盘作为一种方便、流行的存储介质，其应用越来越广泛，几乎人人必备。然而，通过U盘的资料丢失、泄密、传播病毒等安全事件也越来越多，主要的问题如下：

第一，任意U盘在终端上的使用，造成管理混乱，资料丢失；

第二，U盘频繁地在不同终端应用，成了病毒传播的主要载体之一；

第三，对U盘上文件的使用没有跟踪审计。

所以，要做到数据存储的安全，必须做到以下几点：

第一，对数据进行加密管理；

第二，对文件进行删除；

第三，禁止移动介质自动播放。

# 第四节　无线局域网WLAN物理层安全协议

物联网中的感知层终端系统，如RFID读写器、无线传感器网络的网关节点及智能手机都可以通过无线局域网连接到互联网，因此需要考虑无线局域网的安全。

## 一、IEEE 802.11标准中的物理层特点

目前，WLAN的主流标准是IEEE 802.11系列标准。IEEE 802.11标准的物理层的参数特点如表2-1所示。

表2-1　IEEE 802.11标准的物理层的参数特点

| 规范参数 | 802.11 | 802.11b | 802.11g | 802.11a |
|---|---|---|---|---|
| 工作频段/GHz | 2.4 | 2.4 | 2.4 | 5 |
| 扩频方式 | DSSS/FHSS | DSSS | DSSS/OFDM | OFDM |
| 速率/（Mb/s） | 1/2 | 2/5.5/11 | 11/54 | 54 |
| 通信方式 | 半双工 | | | |

续　表

| 规范参数 | 802.11 | 802.11b | 802.11g | 802.11a |
|---|---|---|---|---|
| 距离 | 100 m ～ 20 km（依天线定） | | | |

802.11 标准规定的物理层相当复杂，1997 年制定了第一部分，叫做 802.11，1999 年又制定了剩下的部分，即 802.11a 和 802.11b。

802.11 的物理层有以下三种实现方法。

第一种，调频扩展（Frequency Hopping Spread Spectrum，FHSS）是扩频技术中常用的一种。它使用 2.4 GHz 的 ISM 频段（即 2.4000 ～ 2.4835 GHz），共有 79 个信道可供跳频使用。第一个频道的中心频率为 2.402 GHz，以后每隔 1 MHz 一个信道。因此，每个信道可使用的带宽为 1 MHz。当使用二元高斯移频键控 GFSK 时，基本接入速率为 1 Mb/s；当使用四元（GFSK）时，接入速率为 2 Mb/s。

第二种，直接序列扩频（Direct Sequence Spread Spectrum，DSSS）是另一种重要的扩频技术。它也使用 2.4GHz 的 ISM 频段。当使用二元相对移相键控时，基本接入速率为 1 Mb/s；当使用四元相对移相键控时，接入速率为 2 Mb/s。

第三种，红外线（Infra Red，IR）的波长为 850 ～ 950 nm，可用于室内传送数据。

接入速率为 1 Mb/s。

802.11a 的物理层工作在 5 GHz 频带，不采用扩频技术，而是采用正交频分复用（Orthogonal Frequency Division Multiplexing，OFDM），它也叫做多载波调制技术（载波数可多达 52 个），可以使用的数据率为 6、9、12、18、24、36、48 和 56 Mb/s。

802.11b 的物理层使用工作在 2.4 GHz 的直接序列扩频技术，数据率为 5.5 Mb/s 或 11 Mb/s。

## 二、IEEE 802.11 标准中的 MAC 层

IEEE 802.11 标准设计了独特的 MAC 层，如图 2-4 所示。它通过协调功能（Coordination Function）确定基本服务集 BSS 中的移动站在什么时间能发送数据或接收数据。802.11 的 MAC 层在物理层的上面，包括两个子层。在下面的一个子层是分布协调功能（Distributed Coordination Function，DCF）。DCF 在每一个节点使用 CSMA 机制的分布式接入算法，让各个站通过争用信道来获取发送权，因此 DCF 向上提供争用服务。另一个子层叫做点协调功能 PCF（Point Coordination

Function）。PCF 是选项，自组网络就没有 PCF 子层。 PCF 使用集中控制的接入算法（一般在接入点 AP 实现集中控制），用类似于探询的方法将发送数据权轮流交给各个站，从而避免了碰撞的产生。对于时间敏感的业务，如分组话音，就应使用提供无争用服务的点协调功能 PCF。

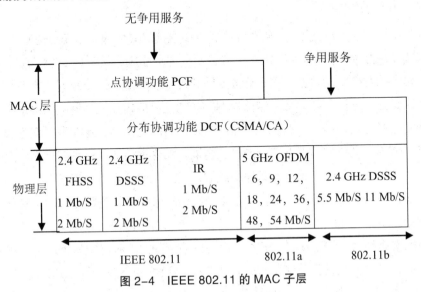

图 2-4　IEEE 802.11 的 MAC 子层

为了尽量避免碰撞，802.11 规定，所有的站在完成发送后，必须再等待一段很短的时间（继续侦听）才能发送下一段，这段时间的通称是帧间间隔 IFS（Inter Frame Space）。帧间间隔的长短取决于该站打算发送的帧的类型。高优先级帧需要等待的时间较短，因此可优先获得发送权，但低优先级帧就必须等待较长的时间。若低优先级帧还没来得及发送，而其他站的高优先级帧已发送到媒体，则媒体变为忙态，因而低优先级帧就只能再推迟发送了，这样就减少了发生碰撞的机会。

常用的三种帧间间隔如下：

第一，SIFS，即短（Short）帧间间隔，长度为 28 $\mu$s。，是最短的帧间间隔，用来分隔开属于一次对话的各帧。一个站应当能够在这段时间内从发送方式切换到接收方式。

第二，PIFS，即点协调功能帧间间隔（比 SIFS 长），是为了在开始使用 PCF 方式时（在 PCF 方式下使用，没有争用）优先获得接入媒体中。PIFS 的长度是 SIFS 加一个时隙（Slot）长度（其长度为 50$\mu$s），即 78 $\mu$s。时隙的长度是这样确定的：在一个基本服务集 BSS 内，当某个站在一个时隙开始时接入媒体，那么在下一个时隙开始时，其他站就都能检测出信道已转变为忙态。

第三，DIFS，即分布协调功能帧间间隔（最长的 IFS），在 DCF 方式中用来发送数据帧和管理帧，DIFS 的长度比 PIFS 再增加一个时隙长度，因此 DIFS 的长度为 128 μs。

## 三、CSMA/CA 协议

虽然 CSMA/CD 协议已成功地应用于有线连接的局域网，但无线局域网 WLAN 却不能简单地搬用 CSMA/CD 协议。这主要有两个原因：第一，CSMA/CD 协议要求一个站点在发送本站数据的同时必须不间断地检测信道，以便发现是否有其他的站也在发送数据，这样才能实现"碰撞检测"的功能，但在无线局域网的设备中要实现这个功能花费过大；第二，即使能够实现碰撞检测的功能，并且在发送数据时检测到信道是空闲的，在接收端仍然有可能发生碰撞，即碰撞检测对无线局域网是没有用处的。产生这种结果是由无线信道本身决定的，具体来说，是由于无线电波能够向所有方向传播，并且其传播距离受限。当电磁波在传播过程中遇到障碍物时，其传播距离就更加受到限制。除以上两个原因外，无线信道还由于传输条件特殊，造成信号强度的动态范围非常大，致使发送站无法使用碰撞检测的方法来确定是否发生了碰撞。

因此，无线局域网不能使用 CSMA/CD，而只能使用改进的 CSMA 协议。改进的办法是将 CSMA 增加一个碰撞避免（Collision Avoidance）功能。IEEE 802.11 中就使用 CSMA/CA 协议，而且在使用 CSMA/CA 的同时增加使用确认机制。

CSMA/CA 协议的原理，如图 2-5 所示。欲发送数据的站先检测信道，在 802.11 标准中规定了在物理层的空中接口进行物理层的载波监听。通过收到的相对信号强度是否超过一定的门限数值就可以判定是否有其他的移动站在信道上发送数据。

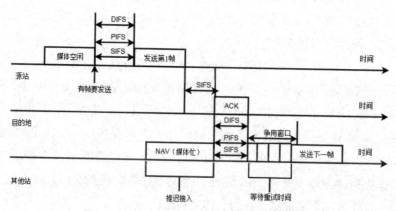

图 2-5　802.11 CSMA/CA 协议工作原理图

当源站发送第一个 MAC 帧时，若检测到信道空闲，则在等待一段时间 DIFS 后就可以发送。为什么信道空闲还要再等待呢？这是考虑到可能有其他的站有高优先级的帧要发送。如果有，就要让高优先级帧先发送。现在假定没有高优先级帧要发送，因而源站发送了自己的数据帧。目的站若正确收到此帧，则经过时间间隔 SIFS 后，向源站发送确认帧 ACK。若源站在规定时间内没有收到确认帧 ACK（由重传计时器控制这段时间），就必须重传此帧，直到收到确认为止，或者经过若干次的重传失败后放弃发送。

802.11 标准还采用了一种叫做虚拟载波监听（Virtual Carrier Sense）的机制，这就是让源站将它要占用信道的时间（包括目的站发回确认帧所需的时间）通知给所有其他站，以便使其他所有站在这一段时间内都停止发送数据，这样就大大减少了碰撞机会。在"虚拟载波监听"机制中，其他站不是因为监听信道，而是由于收到了"源站的通知"才不发送数据。这种效果相当于其他站都监听了信道。所谓"源站的通知"就是源站在其 MAC 帧首部中的第二个字段"持续时间"中填入了在本帧结束后还要占用信道多少时间（以微秒为单位），包括目的站发送确认帧所需的时间。

当一个站检测到正在信道中传送的 MAC 帧首部的"持续时间"字段时，就调整自己的网络分配向量（Network Allocation Vector，NAV）。NAV 指出了必须经过多少时间才能完成数据帧的这次传输，使信道转入空闲状态。信道从忙态变为空闲时，任何一个站要发送数据帧前，不仅都必须等待一个 DIFS 的间隔，还要进入争用窗口，并计算随机退避时间以便重新试图接入信道。在信道从忙态转为空闲时，各站就要执行退避算法，这样做就减少了发生碰撞的概率。802.11 中使用了二进制指数退避算法，但实际应用中的具体做法会稍有不同。

退避算法是第 $i$ 次的退避就在 $2^{2+i}$ 个时隙中随机地选择一个，即第 1 次退避是在 8 个时隙（而不是 2 个）中随机选择一个，第 2 次退避是在 16 个时隙（而不是 4 个）中随机选择一个。

应当指出的是，当一个站要发送数据帧时，仅在下面的情况下才不使用退避算法：检测到信道是空闲的，并且这个数据帧是要发送的第一个数据帧。除此以外的所有情况，都必须使用退避算法：

（1）在发送第一个帧之前检测到信道处于忙态。

（2）在每一次的重传后.

（3）在每一次的成功发送后。

### 四、对信道进行预约的 RTS/CTS 协议

请求发送 / 允许发送（RTS/CTS）协议主要用来解决"隐藏终端"问题。IEEE 802.11 提供了如下解决方案。在参数配置中，若使用 RTS/CTS 协议，同时设置传送上限字节数，一旦待传送的数据大于此上限值时，即启动 RTS/CTS 握手协议。为了更好地解决隐蔽站带来的碰撞问题，802.11 允许要发送数据的站对信道进行预约。如图 2-6（a）所示，源站 A 在发送数据帧之前先发送一个短的控制帧，叫做请求发送 RTS（Request To Send），它包括源地址、目的地址和这次通信（包括相应的确认帧）所需的持续时间。若媒体空闲，则目的站 B 就发送一个响应控制帧，叫做允许发送 CTS（Clear To Send），如图 2-6（b）所示，它包括这次通信所需的持续时间（从 RTS 帧中将此持续时间复制到 CTS 帧中）。A 收到 CTS 帧后就可发送其数据帧。下面讨论在 A 和 B 两个站附近的一些站将做出的反应。

C 处于 A 的传输范围内，但不在 B 的传输范围内。因此，C 能够收到 A 发送的 RTS，但经过一小段时间后，C 不会收到 B 发送的 CTS 帧。这样，在 A 向 B 发送数据时，C 也可以发送自己的数据给其他的站而不会干扰 B。但请注意，C 收不到 B 的信号表明 B 也收不到 C 的信号。

再观察 D，D 收不到 A 发送的 RTS 帧，但能收到 B 发送的 CTS 帧。D 知道 B 将要和 A 通信，D 在 A 和 B 通信的一段时间内不能发送数据，因而不会干扰 B 接收 A 发来的数据。

至于 E，它能收到 RTS 和 CTS，因此 E 和 D 一样，在 A 发送数据帧和 B 发送确认帧的整个过程中都不能发送数据。可见这种协议实际上就是在发送数据帧之前先对信道进行预约一段时间。

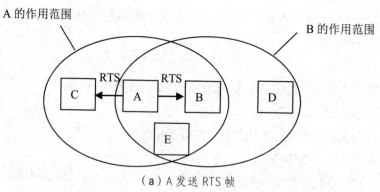

（a）A 发送 RTS 帧

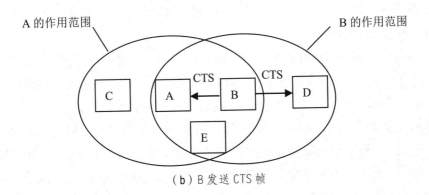

（b）B 发送 CTS 帧

图 2-6 CSMA/CA 协议中的 RTS 和 CTS 帧

## 五、WAPI 协议

WAPI（Wireless LAN Authentication and Privacy Infrastructure）无线局域网鉴别和保密基础结构，是一种安全协议，同时也是中国无线局域网安全强制性标准。

WAPI 包括两部分：WAI（WLAN Authentication Infrastructure）和 WPI（WLAN Privacy Infrastructure）。WAI 和 WPI 分别实现对用户身份的鉴别和对传输业务数据的加密，其中 WAI 采用公开密钥密码体制，利用公钥证书来对 WLAN 系统中的 STA 和 AP 进行认证；WPI 则采用对称密码算法实现对 MAC 层 MSDU 的加 / 解密操作。

WAPI 像红外线、蓝牙、GPRS、CDMA1X 等协议一样，是无线传输协议的一种，只不过 WAPI 是应用于无线局域网（WLAN）中的一种传输协议而已，它与 802.11 传输协议是同一领域的技术。WAPI 是我国首个在计算机宽带无线网络通信领域自主创新并拥有知识产权的安全接入技术标准，也是中国无线局域网强制性标准中的安全机制。

与 Wi-Fi 的单向加密认证不同，WAPI 双向均认证，从而保证了传输的安全性。WAPI 安全系统采用公钥密码技术，鉴权服务器 AS 负责证书的颁发、验证与吊销等，无线客户端与无线接入点 AP 上都安装有 AS 颁发的公钥证书，作为自己的数字身份凭证。当无线客户端登录至无线接入点 AP 时，在访问网络之前必须通过鉴别服务器 AS 对双方进行身份验证。根据验证的结果，持有合法证书的移动终端才能接入持有合法证书的无线接入点 AP。

无线局域网鉴别与保密基础结构（WAPI）系统中包含两部分：WAI 鉴别及密钥管理、WPI 数据传输保护。

无线局域网保密基础结构（WPI）对 MAC 子层的 MPDU 进行加、解密处理，分别用于 WLAN 设备的数字证书、密钥协商和传输数据的加解密，从而实现设备的身份鉴别、链路验证、访问控制和用户信息在无线传输状态下的加密保护。WAPI 无线局域网鉴别基础结构（WAI）不仅具有更加安全的鉴别机制、更加灵活的密钥管理技术，而且实现了整个基础网络的集中用户管理，从而满足了更多用户和更复杂的安全性要求。而 WAPI 由于采用了更加合理的双向认证加密技术，比 802.11 更为先进，WAPI 采用国家密码管理委员会办公室批准的公开密钥体制的椭圆曲线密码算法和秘密密钥体制的分组密码算法，实现了设备的身份鉴别、链路验证、访问控制和用户信息在无线传输状态下的加密保护。此外，WAPI 从应用模式上分为单点式和集中式两种，可以彻底扭转目前 WLAN 采用多种安全机制并存且互不兼容的现状，从根本上解决了安全问题和兼容性问题。所以我国强制性地要求相关商业机构执行 WAPI 标准能更有效地保护数据的安全。

另外，设备间互联是运营商必须要考虑的问题。当前，虽然许多厂商的产品都宣称通过了 Wi-Fi 兼容性测试，但各厂商所提出和采用的安全解决方案不同。例如，安奈特（AT-WR2411 无线网卡）提供的是多级的安全体系，包括扩频编码和加密技术，安全的信息通过 40 位和 128 位的 WEP（Wired Equivalent Privacy）加密方法；而 3Com 的无线网卡如果和 3Com 11 Mb/s 无线局域网 Access Point 6000 配合使用，则可以使用高级的动态安全链路技术，该技术与共享密钥的方案不同，它会自动为每一个会话生成一个 128 位的加密密钥。这样，由于缺乏统一的安全解决方案标准，导致了不同的 WLAN 设备在启用安全功能时无互通，会造成运营商的设备管理极其复杂，需要针对不同的安全方案开发不同的用户管理功能，导致运营和维护成本大大增加，也不利于保护投资，而用户因为无法在不同的安全接入点（Access Point，AP）间漫游，从而也降低了客户的满意度。

当然，还要考虑利益方面的问题。我国是个经济蓬勃发展的发展中国家，许多产品都拥有巨大的发展空间，尤其是高科技产品，但是，在以前，我国在高科技产品方面丧失了很多机会，由于极少有自主核心技术和业界标准的产品，造成了颇为被动的局面，如 DVD 要被外国人收取大量的专利费，GPRS、CDMA1X 等标准都掌握在外国人手里。

# 第三章　物联网信息安全密码分析

密码技术是现代信息安全技术的基础，加密、数字签名、认证等都与密码技术有着密切的关系。通过密码算法，用户不仅可以保护自己的敏感数据，还可以进行安全可靠的网络交易、网络支付，建立网络上的信任关系。本章主要研究简单的密码学理论，以方便读者对后续内容的理解。

## 第一节　密码学体制与分类

密码技术作为一门新的学科形成于 20 世纪 70 年代，这是计算机科学蓬勃发展和推动的结果。随着其他技术的发展，一些具有潜在密码应用价值的技术也逐渐得到了密码学家极大的重视并加以利用，出现了一些新的密码技术，如混沌密码、量子密码等，这些新的密码技术正在逐步走向实用化。

研究各种加密方案的科学称为密码编码学（Cryptography），而研究密码破译的科学称为密码分析学（Cryptanalysis）。密码学作为数学的一个分支，是密码编码学和密码分析学的统称，其基本思想是对信息进行一系列的处理，使未授权者不能获得其中的真实含义。

一个密码系统也称密码体制（Cryptosystem），有五个基本组成部分，如图 3-1 所示。

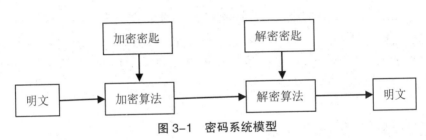

图 3-1　密码系统模型

明文：是加密输入的原始信息，通常用 m 表示。全体明文的集合称为明文空间，通常用 M 表示。

密文：是明文经过加密变换后的结果，通常用 c 表示。全体密文的集合称为密文空间，通常用 C 表示。

密钥：是参与信息变换的参数，通常用 k 表示。全体密钥的集合称为密钥空间，通常用 K 表示。

加密算法：是将明文变成密文的变换函数，即发送者加密消息时所采用的一组规则，通常用 E 表示。

解密算法：是将密文变成明文的变换函数，即接收者解密消息时所采用的一组规则，通常用 D 表示。

加密：是将明文 M 用加密算法 E 在加密密钥 $K_e$ 的控制下变换成密文 C 的过程，表示为 $C = EK_e(M)$。

解密：是将密文 C 用解密算法 D 在解密密钥 $K_d$ 的控制下变换成明文 M 的过程，表示为 $M = DK_d(C)$，并要求 $M = DK_d(K_e(M))$，即用加密算法得到的密文用一定的解密算法总能够恢复成为原始的明文。

对称密码体制：当加密密钥 $K_e$ 与解密密钥 $K_d$ 是同一把密钥，或者能够相互较容易地推导出来时，该密码体制被称为对称密码体制。

非对称密码体制：当加密密钥 $K_e$ 与解密密钥 $K_d$ 不是同一把密钥，且解密密钥不能通过加密密钥计算出来（至少在假定合理的长时间内）时，该密码体制被称为非对称密码体制。

在密码学中，通常假定加密密钥和解密算法是公开的，密码体制的安全性只系于密钥的安全性，这就要求加密算法本身要非常安全。如果提供了无穷的计算资源，依然无法攻破，则称这种密码体制是无条件安全的。除了一次一密之外，无条件安全是不存在的，因此密码系统用户所要做的就是尽量满足以下条件：第一，破译密码的成本超过密文信息的价值；第二，破译密码的时间超过密文信息有用的生命周期。如果满足上面两个条件之一，则可以认为密码系统实际上是安全的。

加密技术除了隐写术以外可以分为古典密码和现代密码两大类。古典密码一般是以单个字母为作用对象，具有久远的历史；现代密码则以明文的二元表示作为作用对象，具备更多的实际应用价值。

# 第二节　分组密码分析

## 一、DES

美国国家标准局（NBS）于 1973 年向社会公开征集一种用于政府机构和商业部门的加密算法，经过评测和一段时间的试用，美国政府于 1977 年颁布了数据加密标准（Data Encryption Standard，DES）。DES 是分组密码的典型代表，也是第一个被公布出来的标准算法，曾被美国国家标准局确定为联邦信息处理标准（FIPS PUB 46），使用广泛，特别是在金融领域，曾是密码体制事实上的世界标准。

DES 是一种分组密码，明文、密文和密钥的分组长度都是 64 位，并且是面向二进制的密码算法。DES 处理的明文分组长度为 64 位，密文分组长度也是 64 位，使用的密钥长度为 56 位（实际上函数要求一个 64 位的密钥作为输入，但其中用到的只有 56 位，另外 8 位可以用作奇偶校验或完全随意设置）。DES 是对合运算，它的解密过程和加密相似，解密时使用与加密同样的算法，不过子密钥的使用次序则要与加密相反。DES 的整个体制是公开的，系统的安全性完全靠密钥保密。

DES 算法的加密过程经过了三个阶段：第一阶段，64 位的明文在一个初始置换 IP 后，比特重排产生了经过置换的输入，明文组被分成右半部分和左半部分，每部分 32 位，以 $R_0$ 和 $L_0$ 表示；第二阶段是对同一个函数进行 16 轮迭代，称为乘积变换或函数 f。这个函数将数据和密钥结合起来，本身既包含换位又包含替代函数，输出为 64 位，其左边和右边两个部分经过交换后得到预输出。第三阶段，预输出通过一个逆初始置换 $IP^{-1}$ 算法就生成了 64 位密文结果。由于 DES 的运算是对合运算，所以解密和加密可以共用同一个运算，只是子密钥的使用顺序不同。

DES 在总体上应该说是极其成功的，但在安全上也有不足之处。

第一，密钥太短：IBM 原来的 Lucifer 算法的密钥长度是 128 位，而 DES 采用的是 56 位，显然太短了。1998 年 7 月 17 日电子前沿基金会（Electronic Frontier Foundation，EFF）宣布，他们使用一台价值 25 万美元的改装计算机，只用了 56 小时就穷举出一 DES 密钥。1999 年 EFF 将该穷举速度提升到了 24 小时。

第二，存在互补对称性。将密钥的每一位取反，用原来的密钥加密已知明文得到密文分组，那么用此密钥的补密钥加密此明文的补便可得到密文分组的补。这表明对

DES 的选择明文攻击仅需要测试一半的密钥，穷举攻击的工作量也就相应减半了。

除了上述两点之外，DES 的半公升性也是人们对 DES 颇有微词的地方。后来虽然推出了 DES 的改进算法，如三重 DES，即 3DES，将密钥长度增加到 112 位或 168 位，增强了安全性，但效率降低了。

## 二、AES

高级加密标准（Advanced Encryption Standard，AES）作为传统对称加密标准 DES 的替代者，于 2001 年正式发布为美国国家标准（FIST PUBS 197）。

AES 采用的 Rijndael 算法是一个迭代分组密码，其分组长度和密钥长度都是可变的，只是为了满足 AES 的要求才限定处理的分组大小为 128 位，而密钥长度为 128 位、192 位或 256 位，相应的迭代轮数 N 为 10 轮、12 轮、14 轮。Rijndael 汇聚了安全性能、效率、可实现性和灵活性等优点，其最大的优点是可以给出算法的最佳差分特性的概率，并分析算法抵抗差分密码分析及线性密码分析的能力。Rijndael 对内存的要求非常低且操作简单，使它很适合用于受限的环境中，并可抵御强大的和实时的攻击。

在安全性方面，Rijndael 加密、解密算法不存在像 DES 里出现的弱密钥，因此在加密、解密过程中，对密钥的选择就没有任何限制，并且根据目前的分析，Rijndael 算法能够有效抵抗现有已知的攻击。

# 第三节　公钥密码体制

公钥密码学与其之前的密码学完全不同。首先，公钥密码算法基于数学函数而不是之前的替代和置换。其次，公钥密码学是非对称的，它使用两个独立的密钥。公钥密码学在消息的保密性、密钥分配和认证领域都有着极其重要的意义。

## 一、RSA

RSA 公钥密码算法是由美国麻省理工学院（MIT）的李维斯特（Rivest），夏米尔（Shamir）和阿德曼（Adleman）在 1978 年提出的，其算法的数学基础是初等数论的欧拉定理，其安全性建立在大整数因子分解的困难性之上。

RSA 密码体制的明文空间 $M$ = 密文空间 $C$ = $Za$ 整数，其算法描述如下。

密钥的生成：选择两个互异的大素数 $p$ 和 $q$（保密），计算 $n=pq$（公开）$\psi(n)$

$=（p-1）（q-1）（保密），选择一个随机整数 $e$（$0<e<\psi（n）$），满足 gcd（$e\psi（n）$）$=l$（公开）。计算 $d=e^{-1}\mathrm{mod}\psi（n）$（保密）。确定公钥 $K_e=\{e,n\}$，私钥 $K_d=\{d,p,q\}$，即 $\{d,l\}$。

加密：$C=M^e \bmod n$

解密：$M=C^d \bmod n$

由于 RSA 密码安全、易懂，既可用于加密，又可用作数字签名，因此 RSA 方案是唯一被广泛接受并实现的通用公开密钥密码算法，许多国家标准化组织，如 ISO、ITU 和 SWIFT 等都已接受 RSA 作为标准。Internet 网的 E-mail 保密系统 PGP（Pretty Good Privacy）及国际 VISA（威士）和 MASTER（万事达）组织的电子商务协议（Secure Electronic Transaction，SET 协议）中都将 RSA 密码作为传送会话密钥和数字签名的标准。

## 二、ElGamal 和 ECC

ElGamal 密码是除了 RSA 密码之外最有代表性的公开密钥密码。ElGamal 密码建立在离散对数的困难性之上。由于离散对数问题具有较好的单向性，所以离散对数问题在公钥密码学中得到了广泛应用。除了 ElGamal 密码外，Diffie-Heilman 密钥分配协议和美国数字签名标准算法 DSA 等也都是建立在离散对数问题之上的。ElGamal 密码改进了 Diffie 和 Heilman 的基于离散对数的密钥分配协议，提出了基于离散对数的公开密钥密码和数字签名体制。由于 ElGamal 密码的安全性建立在 GF（$p$）离散对数的困难性之上，而目前尚无求解 GF（$p$）离散对数的有效算法，所以 $p$ 足够大时，ElGanml 密码是很安全的。

椭圆曲线密码体制（Elliptic Curve Cryptography，ECC）通过"元素"和"组合规则"组成群的构造方式，使群上的离散对数密码较 RSA 密码体制而言能更好地对抗密钥长度攻击，使用椭圆曲线公钥密码的身份加密系统能够较好地抵御攻击，是基于身份加密的公钥密码学在理论上较为成熟的体现。由于椭圆曲线密码学较难，我们在这里不详细介绍。

## 三、公钥密码体制应用

大体上说，可以将公开密钥密码系统的应用分为如下三类。

### （一）机密性的实现

发送方用接收方的公开密钥加密报文，接收方用自己相应的私钥来解密。

发送者 A 发送的信息用接收者 B 的公钥 $KU_B$ 进行加密，只有拥有与公钥匹配的私钥 $KR_B$ 的接收者 B 才能对加密的信息进行解密，而其他攻击者由于并不知道 $KR_B$，因此不能对加密信息进行有效解密。此加密过程保证了信息传输的机密性。

### （二）数字签名

数字签名是证明发送者身份的信息安全技术。在公开密钥加密算法中，发送方用自己的私钥"签署"报文（即用自己的私钥加密），接收方用发送方配对的公开密钥来解密以实现认证，发送者 A 用自己的私钥 $KR_A$ 对信息进行加密（即签名），接收者用与 $KR_A$ 匹配的公钥 $KU_A$ 进行解密（即验证）。因为只有 $KU_A$ 才能对 $KR_A$ 进行解密，而发送者 A 是 $KR_A$ 的唯一拥有者，因此可以断定 A 是信息的唯一发送者。此过程保证了信息的不可否认性。

### （三）密钥交换

密钥交换即发送方和接收方基于公钥密码系统交换会话密钥。这种应用也称混合密码系统，可以通过常规密码体制加密需要保密传输的消息本身，然后用公钥密码体制加密常规密码体制中使用的会话密钥，充分利用了对称密码体制在处理速度上的优势和非对称密码体制在密钥分发和管理方面的优势，从而使效率大大提高。

# 第四节  认证与数字签名分析

## 一、报文认证

报文认证是证实收到的报文来自可信的源点并未被篡改的过程。常用的报文认证函数包括报文加密、散列函数和报文认证码三种类型。

### （一）报文加密

报文加密是用整个报文的密文作为报文的认证符。发送者 A 唯一拥有密钥 K，如果密文被正确恢复，则 B 可以知道收到的内容没有经过任何改动，因为不知道 K 的第三方想要根据所期望的明文来找出能够被 B 恢复的密文是非常困难的。因此对报文进行加密既能保证报文的机密性，又能认证报文的完整性。

### （二）散列函数

散列函数是一个将任意长度的报文映射为定长的散列值的公共函数，并以散列值作为认证码。发送者首先计算要发送的报文 M 的散列函数值 H（M），然后将其与报文一起发给 B，接收者对收到的报文 M′ 计算新的散列函数值 H（M′）并与收到的 H（M）进行比较，如果两者相同则证明信息在传送过程中没有遭到篡改。

### （三）报文认证码

报文认证码（Message Authentication Code，MAC）是一个报文的公共函数和用于产生一个定长值的密钥的认证符。它使用一个密钥产生一个短小的定长数据分组，即报文认证码 MAC，并把它附加在报文中。发送者 A 用明文 M 和密钥 K 计算要发送报文的函数值 $C_K$（M），即 MAC 值，并将其与报文一起发送给 B，接收者用收到的报文 M 和与 A 共有的密钥 K 计算新的 MAC 值并与收到的 MAC 值进行比较。如果两者相同，则证明信息在传送过程中没有遇到篡改。

基于对称分组密码（如 DES）是构建 MAC 最常用的方法，但由于散列函数（如 MD5 和 SHA-1）的软件执行速度比分组密码快、库函数容易获得及受美国等国家出口限制等原因，MAC 的构建逐步转向由散列函数导出。由于散列函数（如 MD5）并不是专门为 MAC 设计的，不能直接用于产生 MAC，因此提出了将一个密钥与现有散列函数结合起来的算法，其中最具有代表性的是 HMAC（RFC2104）。HMAC 已经作为 IP 安全中强制执行的 MAC，并且也被 SSL 等其他互联网协议所使用。

## 二、数字签名

数字签名与手写签名一样，不仅要能证明消息发送者的身份，还要能与发送的信息相关。它必须能证实作者身份和签名的日期和时间，必须能对报文内容进行认证，并且还必须能被第三方证实以便解决争端。其实质就是签名者用自己独有的密码信息对报文进行处理，接收方能够认定发送者唯一的身份，如果双方对身份认证有争议，则可由第三方（仲裁机构）根据报文的签名来裁决报文是否确实由发送方发出，以保证信息的不可抵赖性，而对报文的内容及签名的时间和日期进行认证是为了防止数字签名被伪造和重用。

常用的数字签名采用公开密钥加密算法来实现，如采用 RSA、ElGamal 签名来实现。发送者用自己的私钥对报文进行签名，接收者用发送者的公钥进行认证，但由于直接用私钥对报文进行加密不能保证信息的完整性，因此必须和散列函数结合起来实现真正实用的数字签名。

发送者用自己的私钥对信息的 Hash 值进行加密，然后与明文进行拼接发送出去。接收者一方面对收到的明文信息重新计算 Hash 值，另一方面对前面的信息用发送者的公钥进行验证，得到的 Hash 值与重新计算的 Hash 值进行比较，如果一致，则说明信息没有被篡改。这种方法的优点在于在保证发送者真实身份的同时保证了信息的完整性，满足了数字签名的要求；不足之处是由于数字签名并不对明文进行处理，因此不能保证消息的机密性，但可以对信息进行加密，接收方收到信息后用自己的私钥进行解密，再验证数字签名及信息的完整性。

数字签名的另一种算法是使用仲裁机构进行签名，如采用常规加密算法与仲裁机构相结合实现数字签名。假设发送者 A 与接收者 B 用密钥 $K_{AB}$ 进行通信，仲裁者为 C，发送者 A 与仲裁者 C 之间共享密钥 $K_{AC}$ 接收者 B 与仲裁者 C 之间共享密钥 $K_{BC}$。

第一，常规加密且仲裁 C 能看见明文。发送者 A 将发送的明文和签名信息 $S_A$（M）用密钥 $K_{AC}$ 加密后发送给仲裁者 C，C 对信息进行解密，恢复出明文对 A 的签名信息 $S_A$（M）进行认证，确认正确后将明文信息和签名信息及时间戳 T 用接收者 B 共享的密钥密 $K_{BC}$ 加密后，发送给接收者 B。由于接收者 B 完全信任仲裁者 C，因此可以确信它发过来的信息就是发送者 A 发送的信息。其中发送者 A 的签名信息 $S_A$（M）由 A 的标识符 $ID_A$ 和明文的散列函数值组成。

第二，常规加密且仲裁者 C 不能看见明文。如果不想被仲裁者 C 看见明文，则可以用发送者 A 和接收者 B 之间的共享密钥 $K_{AB}$ 对明文进行加密，与签名一起发出。仲裁者 C 只能对发送者 A 的签名进行认证，但不能解密密文。只有接收者 B 能够对仲裁者 C 转发的信息进行两次解密，得到明文。

第三，公开密钥加密且仲裁者 C 不能看见明文。发送者 A 用自己的私钥 $KR_A$ 对信息进行签名，然后用接收者 B 的公钥 $KU_B$ 进行加密，再用私钥 $KR_A$ 对所有信息进行签名。仲裁者 C 收到信息后用发送者 A 的公钥 $KU_A$ 进行认证，然后用自己的私钥 $KR_C$ 对信息进行签名并转发给接收者 B。接收者 B 收到信息后通过仲裁者 C 的公钥 $KU_C$ 进行签名认证，确认发送者 A 的密钥是有效的，再用 A 的公钥 $KU_A$ 对信息进行解密恢复出明文。

# 第四章　物联网感知层安全技术分析

物联网感知层设备主要用于信息采集和目标检测等领域，通常部署在极端的网络环境中，如水下、战场、野外等，使设备的管理和维护都非常困难，一旦有感知层设备被攻击者捕获并破解，则管理人员很难发现，因此需要增强感知层设备自身的物理安全防护技术。结合物联网的安全架构来分析感知层、传输层、处理层及应用层的安全威胁与需求，不仅有助于选取、研发适合物联网的安全技术，更有助于系统地建设完整的物联网安全体系。

## 第一节　感知层安全概述

### 一、感知层的安全地位

感知层的任务是实现全面感知外界信息的功能，包括原始信息的采集、捕获和物体识别。该层的典型设备包括RFID装置、各类传感器（如温度、湿度、红外、超声、速度等）、图像捕捉装置（摄像头）、全球定位系统（GPS）、激光扫描仪等，其涉及的关键技术包括传感器、RFID、自组网络、短距离无线通信、低功耗路由等。这些设备收集的信息通常具有明确的应用目的，因此传统上这些信息直接被处理并应用，如公路摄像头捕捉的图像信息直接用于交通监控，使用导航仪可以轻松了解当前位置及要去目的地的路线；使用摄像头可以和朋友聊天并在网络上面对面交流；使用RFID技术的汽车无匙系统，可以自由开关门，甚至免去开车用钥匙的麻烦，也可以在上百米内了解汽车的安全状态等。但是，各种方便的感知系统给人们的生活带来便利的同时，存在各种安全和隐私问题。例如，通过摄像头的视频对话或监控在给人们的生活提供方便的同时，会被具有恶意企图的人控制和利用，从而监控人们的生活，泄露个人的隐私。特别是近年来，黑客利用个人计算机连接的摄像头泄露用户隐私的事件层出不穷。另外，在物联网应用中，多种类型的感知信息可能会被同时处理、综合利用，甚至不同感应信息的结果将影响其他控制调节行为，如湿度的感应结果可能会影响到温度或光照控制的调节。同时，物联网应用强调的是信息共享，这是物联网区别于传感网的最大特点之一，如交通监控录像信息可能同时被用于公安侦破、城市改造规划设计、城市环境监测等。于是，如何处理这些感知信息将直接影响信息的有效应用。为了使同样的信息在不同的应用领域有效使用，就需要有一个综合处理平台，即利用物联网的应用层来综合处理这些感知信息。

相对互联网来说，物联网感知层的安全是新事物，是物联网安全的重点，需要重点关注。目前，物联网感知层主要由 RFID 系统和传感器网络组成。另外，嵌入各种传感器功能的智能移动终端也已成为物联网感知层的重要感知设备，同样面临着很多安全问题。

## 二、感知层的安全威胁

感知层的任务是全面感知外界信息。与传统的无线网络相比，由于感知层具有资源受限、拓扑动态变化、网络环境复杂、以数据为中心及与应用联系密切等特点，使其更容易受到威胁和攻击，因此物联网感知层遇到的安全问题包括以下四个方面。

### （一）末端节点安全威胁

物联网感知层的末端节点包括传感器节点、RFID 标签、移动通信终端、摄像头等。末端节点一般较为脆弱，其原因有如下几点：一是末端节点自身防护能力有限，容易遭受拒绝服务攻击。二是节点可能处于恶劣环境、无人值守的地方。三是节点随机动态布放，上层网络难以获得节点的位置信息和拓扑信息。根据末端节点的特点，它的安全威胁主要包括：物理破坏导致节点损坏，非授权读取节点信息，假冒感知节点，节点的自私性威胁，木马、病毒、垃圾信息的攻击及与用户身份有关的信息泄露。

### （二）传输威胁

物联网需要防止任何有机密信息交换的通信被窃听，储存在节点上的关键数据未经授权也应该禁止访问。传输信息主要面临的威胁有中断、拦截、篡改和伪造。

### （三）拒绝服务

拒绝服务主要是故意攻击网络协议实现的缺陷，或直接通过野蛮手段耗尽被攻击对象的资源，目的是让目标网络无法提供正常的服务或资源访问，使目标系统服务停止响应或崩溃，如试图中断、颠覆或毁坏网络，还包括硬件失败、软件漏洞、资源耗尽等，也包括恶意干扰网络中数据的传送或物理损坏传感器节点，消耗传感器节点能量。

### （四）路由攻击

路由攻击是指通过发送伪造路由信息，干扰正常的路由过程。路由攻击有两种攻击手段。一种是通过伪造合法的但具有错误路由信息的路由控制包，在合法节点上产生错误的路由表项，从而增大网络传输开销，破坏合法路由数据，或将大量的流量导向其他节点以快速消耗节点能量。还有一种攻击手段是伪造具有非法包头字段的包，这种攻击通常和其他攻击合并使用。

# 第二节  RFID 安全分析

## 一、RFID 安全威胁

由于 RFID 标签价格低廉、设备简单，安全措施很少被应用到 RFID 当中，因此 RFID 面临的安全威胁更加严重。RFID 安全问题通常会出现在数据获取、数据传输、数据处理和数据存储等各个环节及标签、读写器、天线和计算机系统各个设备中。简单而言，RFID 的安全威胁主要包括隐私泄露和安全认证问题。RFID 系统所带来的安全威胁可分为主动攻击和被动攻击两大类。

### （一）主动攻击

主动攻击包括以下三类：

（1）获得射频标签实体，通过物理手段在实验室环境中去除芯片封装，使用微探针获取敏感信号，从而进行射频标签重构的复杂攻击。

（2）通过软件，利用微处理器的通用接口，通过扫描射频标签和响应读写器的探寻，寻求安全协议和加密算法存在的漏洞，进而删除射频标签内容或篡改可重写射频标签内容。

（3）通过干扰广播、阻塞信道或其他手段，构建异常的应用环境，使合法处理器发生故障，进行拒绝服务攻击等。

### （二）被动攻击

被动攻击主要包括以下两类：

（1）通过采用窃听技术，分析微处理器正常工作过程中产生的各种电磁特征，来获得射频标签和读写器之间或其他 RFID 通信设备之间的通信数据。

（2）通过读写器等窃听设备，跟踪商品流通动态。

主动攻击和被动攻击都会使 RFID 应用系统面临巨大的安全风险。

## 二、RFID 安全技术

为了防止上述 RFID 系统的安全威胁，RFID 系统必须在电子标签资源有限的情况下实现具有一定安全强度的安全机制。受低成本 RFID 电子标签中资源有限的影响，一些高强度的公钥加密机制和认证算法难以在 RFID 系统中实现。目前，国内外针对低成本 RFID 安全技术进行了一系列研究，并取得了一些有意义的成果。

### （一）RFID 标签安全技术

RFID 的标签安全属于物理层安全，主要安全技术有封杀标签法（Kill Tag）、阻塞标签（Blocker Tag）、裁剪标签法（Sclipped Tag）、法拉第罩法、主动干扰法（Active Interference）、夹子标签（Clipped Tag）、假名标签（Tag Pseudonyms）、天线能量分析（Antenna-Energy Analysis）。

### （二）访问控制

为了防止 RFID 电子标签内容的泄露，保证仅有授权实体才可以读取和处理相关标签上的信息，必须建立相应的访问控制机制。萨尔马（Sarma）等指出设计低成本 RFID 系统安全方案必须考虑两种实际情况：电子标签计算资源有限及 RFID 系统常与其他网络或系统互联。分析了 RFID 系统面临的安全性和隐私性挑战，他提出可以采用在电子标签使用后（如在商场结算处）注销的方法来实现电子标签的访问控制，这种安全机制使 RFID 电子标签的使用环境类似于条形码，但 RFID 系统的优势无法充分发挥出来。朱尔斯（Juels）等通过引入 RFID 阻塞标签来解决消费者隐私性保护问题，该标签使用标签隔离（抗碰撞）机制来中断读写器与全部或指定标签的通信，这些标签隔离机制包括树遍历协议和 ALOHA 协议等。阻塞标签能够同时模拟多种标签，消费者可以使用阻塞标签有选择地中断读写器与某些标签（如特定厂商的产品或某个指定的标识符子集）之间的无线通信。但是，阻塞标签也有可能被攻击者滥用实施拒绝服务攻击，作者给出了阻塞标签滥用的检测和解决方案。同时，朱尔斯（Juels）又提出了采用多个标签假名的方法来保护消费者的隐私，这种方法使攻击者针对某个标签的跟踪实施起来变得非常困难甚至不可行，只有授权实体才可以将不同的假名链接并识别出来。石川（Ishikawa）等提出采用电子标签发送匿名电子产品代码（EPC）的方法来保护消费者的隐私。在该方案中，后向安全中心将明文电子产品代码通过一个安全信道发送给授权实体，授权实体对从电子标签处读取的数据进行处理，即可获取电子标签的正确信息。同时，在该方案的扩展版本中，读写器可以发送一个重匿名请求给安全中心，安全中心将产生一个新的匿名电子产品标识并交付给标签使用，以此完成匿名电子产品标识的更新过程。

## （三）标签认证

为防止电子标签的伪造和标签内容的滥用，必须在通信之前对电子标签的身份进行认证。目前，学术界提出了多种标签认证方案，这些方案充分考虑了电子标签资源有限的特点，提出一种轻量级的标签认证协议，并对该协议进行了性能分析。该协议是一种在性能和安全之间达到平衡的折中方案，拥有丰富计算资源和强大计算能力的攻击者能够攻破该协议。有学者（Keunwoo）等分析了现有协议存在的隐私性问题，提出一种更加安全和有效的认证协议来保护消费者的隐私性，并通过与先前的协议对比，论证了该协议的安全性和有效性。该协议采用基于散列函数和随机数的挑战－响应机制，能够有效地防止重放攻击、欺骗攻击和行为跟踪等攻击方式。此外，该协议适用于分布式数据库环境。苏（Su）等将标签认证作为保护消费者隐私的一种方法，提出一种认证协议 LCAP，该协议仅需要进行两次散列运算，因而协议的效率比较高。该协议可以有效防止信息的泄露，由于标识在认证后才发送其标识符，通过每次会话更新标签的标识符，方案能够保护位置隐私，并可以从多种攻击中恢复丢失的消息。费尔德霍费尔（Feldhofer）针对现有多数协议未采用密码认证机制的现状，提出了一种简单地使用 AES 加密的认证和安全层协议，并对该协议实现所需要的硬件规格进行了详细分析。考虑到电子标签有限的能力，该协议采用的是双向挑战响应认证方法，加密算法采用的是 AES。

## （四）消息加密

由于现有读写器和标签之间的无线通信在多数情况下是以明文方式进行的，未采用任何加密机制，因而攻击者能够获取并利用 RFID 电子标签上的内容。国内外学者为此提出多种解决方案，旨在解决 RFID 系统的机密性问题。曼弗雷德（Manfred）等论述了多种应用在安全认证过程中使用标准对称加密算法的必要性，分析了当前 RFID 系统的脆弱性，给出了认证机制中消息加密算法的安全需求。同时，提出了加密和认证协议的实现方法，并证明了当前的 RFID 基础设施和制造技术支持该消息加密和认证协议的实现。纯一郎（Junichiro）等讨论了采取通用重加密机制的 RFID 系统中的隐私保护问题，由于系统无法保证 RFID 电子标签内容的完整性，因而攻击者有可能会控制电子标签的存储器。作者针对攻击者可能采取的两种篡改标签内容的手段，提出了相应的解决方案。

# 第三节 传感器网络安全分析

根据国际电信联盟（ITU）的物联网报告，无线传感器网络是物联网的第二个关键技术。RFID 的主要功能是对物体进行识别，而传感器网络的主要功能是感知。无线传感器网络则是大范围多位置的感知。通俗地说，传感器是可以感知外部环境参数的小型计算节点，传感器网络是大量传感器节点构成的网络，用于不同地点、不同种类的参数的感知或数据的采集，无线传感器网络则是利用无线通信技术来传递感知的数据的网络。

## 一、无线传感器网络防御机制

无线传感器网络（Wireless Sensor Network，WSN）是集传感器技术、微机电系统技术、无线通信技术及分布式信息处理技术于一体的新型网络。随着科学技术的发展，信息的获取变得更加纷繁复杂，所有保存事物状态、过程和结果的物理量都可以用信息来描述。传感器的发明和应用，极大地提高了人类获取信息的能力。传感器信息获取从单一化到集成化、微型化，进而实现智能化、网络化，成为获取信息的一个重要手段。无线传感器网络在很多场合（如军事感知战场、环境监控、道路交通监控、勘探、医疗等）都承担着重要的作用。

通常无线传感器网络会被部署在不易控制、无人看守、边远、易于遭到恶劣环境破坏或恶意破坏和攻击的环境中，因而无线传感器网络的安全问题成为研究的热点。由于传感器节点本身具有计算能力和能量受限的特点，寻找轻量级（计算量小、能耗低）的适合于无线传感器网络特点的安全手段是研究所面临的主要挑战。

对于物理层的攻击，如阻塞（Jamming）攻击，使用扩频通信可以有效防止。另一对策是，攻击节点附近的节点觉察到阻塞攻击之后进入睡眠状态，保持低能耗。然后定期检查阻塞攻击是否已经消失，如果消失，则进入活动状态，向网络通报阻塞攻击的发生。

对于传输层的攻击（如 Flooding），一种对策是使用客户端谜题（Client Puzzle），即如果客户要和服务器建立一个连接，必须首先证明自己已经为连接分配了一定的资源，然后服务器才为连接分配资源，这样就增大了攻击者发起攻击的代价。这一防御机制对于攻击者同样是传感器节点时很有效，但是合法节点在请求建立连接时也增大了开销。

对于怠慢和贪婪攻击，可用身份认证机制来确认路由节点的合法性，或者使用多路径路由来传输数据包，使得数据包在某条路径被丢弃后，数据包仍可以被传送到目的节点。

抵抗黑洞攻击可采用基于地理位置的路由协议。因为拓扑结构建立在局部信息和通信上，通信通过接收节点的实际位置自然地寻址，所以在别的位置成为黑洞就变得很困难了。

对付女巫攻击有两种探测方法，一种是资源探测法，即检测每个节点是否都具有应该具备的硬件资源。女巫（Sybil）节点不具有任何硬件资源，所以容易被检测出来。但是当攻击者的计算和存储能力都比正常传感器节点大得多时，则攻击者可以利用丰富的资源伪装成多个Sybil节点。另一种是无线电资源探测法，通过判断某个节点是否有某种无线电发射装置来判断是否为Sybil节点，但这种无线电探测非常耗电。

对于更多的攻击，通常采用加密和认证机制提供解决方案。例如，对于分簇节点的数据层层聚集，可使用同态加密、秘密共享的方法。对于节点定位安全，可采取门限密码学及容错计算的方法等。表4-1给出了对攻击防御方法的小结。

表4-1 无线传感器网络攻击防御方法

| 网络层次 | 攻击方法 | 防御方法 |
|---|---|---|
| 物理层 | 阻塞攻击 | 扩频、优先级消息、区域映射、模式转换 |
| | 物理破坏 | 破坏感知、节点伪装和隐藏 |
| 数据链路层 | 耗尽攻击 | 设置竞争门限 |
| | 非公平竞争 | 使用短帧策略和非优先级策略 |
| 网络层 | 丢弃和贪婪攻击 | 冗余路径、探测机制 |
| | 汇聚节点攻击 | 加密和逐跳（Hop-to-Hop）认证机制 |
| | 方向误导攻击 | 出口过滤、认证、监测机制 |
| | 黑洞攻击 | 认证、监测、冗余机制 |
| 传输层 | 破坏同步攻击 | 认证 |
| | 泛洪攻击 | 客户端谜题 |
| 应用层 | 感知数据的窃听、篡改、重放、伪造 | 加密、消息鉴别、认证、安全路由、安全数据聚集、安全数据融合、安全定位、安全时间同步 |
| | 节点不合作 | 信任管理、入侵检测 |

## 二、无线传感器网络安全技术

### （一）拓扑控制技术

拓扑控制技术是无线传感器网络中最重要的技术之一。在由无线传感器网络生成的网络拓扑中，可以直接通信的两个节点之间存在一条拓扑边。如果没有拓扑控制，所有节点都会以最大无线传输功率工作。在这种情况下，一方面，节点有限的能量将被通信部件快速消耗，缩短了网络的生命周期。同时，网络中每个节点的无线信号将覆盖大量其他节点，造成无线信号冲突频繁，影响节点的无线通信质量，降低网络的吞吐率。另一方面，在生成的网络拓扑中将存在大量的边，从而导致网络拓扑信息量大，路由计算复杂，浪费了宝贵的计算资源。因此，需要研究无线传感器网络中的拓扑控制问题，在维持拓扑的某些全局性质的前提下，通过调整节点的发送功率来延长网络生命周期，提高网络吞吐量，降低网络干扰，节约节点资源。目前，对拓扑控制的研究可以分为两大类：一类是计算几何方法，以某些几何结构为基础构建网络的拓扑，以满足某些性质；另一类是概率分析方法，在节点按照某种概率密度分布的情况下，计算使拓扑以大概率满足某些性质时，节点所需的最小传输功率和最小邻居个数。

### （二）MAC 协议

传统的蜂窝网络中存在中心控制的基站，由基站保持全网同步，调度节点接入信道。而无线传感器网络是一种多跳无线网络，很难保持全网同步，这与单跳的蜂窝网络有着本质的区别。因此，传统的基于同步的、单跳的、静态的 MAC 协议并不能直接搬到无线传感器网络中来，这些都使无线传感器网络中 MAC 协议的设计面临新的挑战。与所有共享介质的网络一样，媒体访问控制是使 WSN 能够正常运作的重要技术。MAC 协议一个最主要的任务就是避免冲突，使两个节点不会同时发送消息。在设计一个出色的无线传感器网络 MAC 协议时，我们还应该考虑以下几点：首先是能量有限。就像前面所说到的，网络中的传感器节点是由电池来提供能量的，并且很难为这些节点更换电池。而事实上，我们也希望这些传感器节点更加便宜，可以在用完之后随时丢弃，而不是重复使用它。因此，怎样通过节点延长网络的使用周期是设计 MAC 协议的一个关键问题。另一个重要因素就是对网络规模、节点密度和拓扑结构的适应性。在无线传感器网络中，节点随时可能因电池耗尽而死亡，也有一些节点会加入网络中，还有一些节点会移动到其他的区域。网络的拓扑结构因为各种原因在不断地变化。一个好的 MAC 协议应该可以轻松地适应这些变化。另外，绝大多数

MAC 协议通常认为低层的通信信道是双向的。但是在 WSN 中，由于发射功率或地理位置等因素，可能存在单向信道，这将会对 MAC 协议的性能带来严重的影响。网络的公平性、延迟、吞吐量，以及有限的带宽都是设计 MAC 协议时要考虑的问题。

### （三）路由协议

无线传感器网络有其自身的特点，使它的通信与当前一般网络的通信和无线 AdHoc 网络有着很大的区别，也使 WSN 路由协议的设计面临很大的挑战。首先，由于传感器网络节点数众多，不太可能对其建立一种全局的地址机制，因此传统的基于 IP 地址的协议不能应用于传感器网络。其次，与典型的通信网络不同，几乎所有传感器网络的应用都要求所有的传感数据送到某一个或几个汇聚点，由它们对数据进行处理再传送到远程的控制中心。再次，由于传感器节点的监测区域可能重叠，产生的数据会有大量的冗余，这就要求路由协议能够发现并消除冗余，有效地利用能量和带宽。最后，传感器节点受到传送功率、能量、处理能力和存储能力的严格限制，需要对能量进行有效管理。因此，在对 WSN 路由协议，甚至对整个网络的系统结构进行设计时，需要对网络的动态性（Network Dynamics）、网络节点的放置（Node Deployment）、能量、数据传送方式（包括连续的、事件驱动的、查询驱动的及前两种的混合方式）、节点能力及数据聚集和融合（Aggregation and Fusion）等方面进行详细分析。总的来看，无线传感器网络路由协议设计的基本特点可以概括为：能量低、规模大、移动性弱、拓扑易变化、使用数据融合技术和通信不对称。因此，无线传感器网络路由面临的问题和挑战有以下几个方面：

（1）传感器网络的低能量特点使节能成为路由协议最重要的优化目标

低能量包括两方面的含义，首先是指节点能量储备低，其次是指能源一般不能补充。MANET 的节点无论是车载还是手持，电源一般都是可维护的，而传感器网络节点通常是一次部署、独立工作，所以可维护性很低。相对于传感器节点的储能，无线通信部件的功耗很高，通信功耗占了节点总功耗的绝大部分。因此，研究低功耗的通信协议特别是路由协议极为迫切。

（2）传感器网络的规模更大，要求其路由协议必须具有更高的可扩展性

通常认为 MANET 支持的网络规模是数百个节点，而传感器网络则应能支持上千个节点。网络规模更大意味着路由协议收敛时间更长，网络规模越大，主动（Proactive）路由协议的路由收敛时间和按需（On-demand）路由协议的路由发现时间就越长，而网络拓扑保持不变的时间间隔则越短。在 MANET 中工作很好的路由协议，在传感器网络中性能却可能显著下降，甚至根本无法使用。

（3）传感器网络拓扑变化性强，通常的 Hitemet 路由协议不能适应这种快速的拓扑变化

而这种变化不像 MANET 网络那样是由节点移动造成的，因此为 MANET 设计的路由协议也不适用于传感器网络。这就需要设计专门的路由协议，既能适应高度的拓扑时变，又不引入过多的协议开销或过长的路由发现延迟。

（4）使用数据融合技术是传感器网络的一大特点，这使传感器网络的路由不同于一般网络

在一般的数据传输网络（如 Internet 或 MANET）中，网络层协议提供点到点的报文转发，以支持传输层实现端到端的分组传输。而在传感器网络中，感知节点没有必要将数据以端到端的形式传送给中心处理节点（Sink）或网关节点，只要有效数据最终汇集到 Sink 节点就达到了目的。因此，为了减少流量和能耗，传输过程中的转发节点经常将不同的入口报文融合成数目更少的出口报文转发给下一跳，这就是数据融合的基本含义。采用数据融合技术意味着路由协议需要做出相应的调整。

## （四）数据融合

数据融合是关于协同利用多传感器信息进行多级别、多方面、多层次信息检测、相关、估计和综合以获得目标的状态和特征估计，以及态势和威胁评价的一种多级自动信息处理过程，它利用计算机技术对按时序获得的多传感器的观测信息在一定的准则下加以自动分析和综合，从而产生新的有意义的信息，而这种信息是任何单一传感器所无法获得的。

数据融合研究中存在的主要问题：

（1）未形成基本的理论框架和有效的广义模型及算法

虽然数据融合的应用研究相当广泛，但是数据融合问题本身至今未形成基本的理论框架和有效的广义融合模型及算法。目前，对数据融合问题的研究都是根据问题的种类，各自建立直观认识原理（融合准则），并在此基础上形成所谓的最佳融合方案。如典型的分布式监测融合，已从理论上解决了最优融合准则、最优局部决策准则和局部决策门限的最优协调方法，并给出了相应的算法。但是这些研究反映的只是数据融合所固有的面向对象的特点，难以构成数据融合这一独立学科所必需的完整理论体系，使融合系统的设计具有一定的盲目性。

（2）关联的二义性是数据融合中的主要障碍

在进行融合处理前，必须对信息进行关联，以保证所融合的数据来自同一目标和事件，即保证数据融合信息的一致性。如果对不同目标或事件的信息进行融合，将

难以使系统得出正确的结论，这一问题成为关联的二义性，是数据融合中要克服的主要障碍。由于在多传感器信息系统中引起关联二义性的原因很多，如传感器测量不精确、干扰等，因此怎样建立信息可融合性的判断准则，如何进一步降低关联的二义性已经成为融合研究领域中迫切需要解决的问题。

（3）融合系统的容错性或稳健性没有得到很好的解决

冲突（矛盾）信息或传感器故障所产生的错误信息等的有效处理，即系统的容错性或稳健性也是信息融合理论研究中必须要考虑的问题。

# 第四节　物联网终端系统安全

## 一、嵌入式系统安全

一套完整的嵌入式系统由相关的硬件及其配套的软件构成。硬件部分又可以划分为电路系统和芯片两个层次。在应用环境中，恶意攻击者可能从一个或多个设计层次对嵌入式系统展开攻击，从而达到窃取密码、篡改信息、破坏系统等非法目的。若嵌入式系统应用在诸如金融支付、付费娱乐、军事通信等高安全敏感领域，这些攻击可能会为嵌入式系统的安全带来巨大威胁，给用户造成重大的损失。根据攻击层次的不同，这些针对嵌入式系统的恶意攻击可以划分为软件攻击、电路系统级的硬件攻击及基于芯片的物理攻击三种类型，如图 4-1 所示。

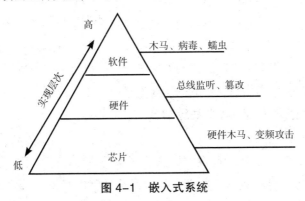

图 4-1　嵌入式系统

### （一）嵌入式系统安全需求分析

在各个攻击层次上均存在一批非常典型的攻击手段，这些攻击手段针对嵌入式系统不同的设计层次展开攻击，威胁嵌入式系统的安全。下面将对嵌入式系统不同层次上的攻击分别予以介绍。

### 1. 软件层次的安全性分析

在软件层次，嵌入式系统运行着各种应用程序和驱动程序。在这个层次上，嵌入式系统所面临的恶意攻击主要有木马、蠕虫和病毒等。从表现特征上看，这些不同的恶意软件攻击都具有各自不同的攻击方式。病毒是通过自我传播以破坏系统的正常工作为目的；蠕虫是以网络传播、消耗系统资源为特征；木马则需要通过窃取系统权限从而控制处理器。从传播方式上看，这些恶意软件都是利用通信网络予以扩散的。在嵌入式系统中，最为普遍的恶意软件就是针对智能手机所开发的病毒、木马。这些恶意软件体积小巧，可以通过 SMS（Short Messaging Service）短信、软件下载等隐秘方式侵入智能手机系统，然后等待合适的时机发动攻击。尽管在嵌入式系统中恶意软件的代码规模都很小，但是其破坏力却是巨大的。2005 年在芬兰赫尔辛基世界田径锦标赛上大规模爆发的手机病毒 Cabir 便是恶意软件攻击的代表。截至 2006 年4 月，全球仅针对智能手机的病毒就出现了两百余种，并且数量还在迅猛增加。恶意程序经常会利用程序或操作系统中的漏洞获取权限，展开攻击。最常见的例子就是由缓冲区溢出所引起的恶意软件攻击。攻击者利用系统中正常程序存在的漏洞，对系统进行攻击。

### 2. 系统层次的安全性分析

在嵌入式设备的系统层次中，设计者需要将各种电容、电阻及芯片等不同的器件焊接在印刷电路板上，组成嵌入式系统的基本硬件，而后将相应的程序代码写入电路板上的非易失性存储器中，使嵌入式系统具备运行能力，从而构成整个系统。为了能够破解嵌入式系统，攻击者在电路系统层次上设计了多种攻击方式。这些攻击都是通过在嵌入式系统的电路板上施加少量的硬件改动，并配合适当的底层汇编代码，来达到欺骗处理器、窃取机密信息的目的的。在这类攻击中，具有代表性的攻击方式主要有总线监听、总线篡改及存储器非法复制等。

### 3. 芯片层次的安全性分析

嵌入式系统的芯片是硬件实现中最低的层次，然而在这个层次上依然存在着面向芯片的硬件攻击。这些攻击主要期望能从芯片器件的角度寻找嵌入式系统安全漏洞，实现破解。根据实现方式的不同，芯片级的攻击方式可以分为侵入式和非侵入式两种。其中，侵入式攻击方式需要将芯片的封装予以去除，然后利用探针等工具直接对芯片的电路进行攻击。侵入式攻击方式中，以硬件木马攻击最具代表性。而非侵入式的攻击方式主要是指在保留芯片封装的前提下，利用芯片在运行过程中泄露出来的物理信息进行攻击的方式也被称为边频攻击。硬件木马攻击是一种新型的芯片级硬件攻击。这种攻击方式通过逆向工程分析芯片的裸片电路结构，然后在集成电路的制造过程中，向芯片硬件电路中注入带有特定恶意目的的硬件电路，即"硬件木马"，从而达到在芯片运行的过程中对系统的运行予以控制的目的。硬件木马攻击包括木马注入、监听触发及木马发作三个步骤。首先，攻击者需要分析芯片的内部电路结构，在芯片还在芯片代工厂制造时将硬件木马电路注入正常的功能电路中；待芯片投入使用后，硬件木马电路监听功能电路中的特定信号；当特定信号达到某些条件后，硬件木马电路被触发，木马电路完成攻击者所期望的恶意功能。经过这些攻击步骤，硬件木马甚至可以轻易地注入加密模块中，干扰其计算过程，从而降低加密的安全强度。在整个攻击过程中，硬件木马电路的设计与注入是攻击能否成功的关键。攻击者需要根据实际电路设计，将硬件木马电路寄生在某一正常的功能电路之中，使其成为该功能电路的旁路分支。

## （二）嵌入式系统的安全架构

物联网的感知识别型终端系统通常是嵌入式系统。所谓嵌入式系统，是以应用为中心，以计算机技术为基础，并且软/硬件是可定制的，适用于对功能、可靠性、成本、体积、功耗等有严格要求的专用计算机系统。嵌入式系统的发展经历了无操作系统、简单操作系统、实时操作系统和面向互联网四个阶段。

下面结合嵌入式系统的结构，从硬件平台、操作系统和应用软件三个方面对嵌入式系统的安全性加以分析。

1.硬件平台的安全性

为了适应不同应用功能的需要，嵌入式系统采取多种多样的体系结构，攻击者可能采取的攻击手段也呈现多样化的特点。区别于 PC 系统，嵌入式信息系统可能遭到的攻击存在于系统体系结构的各个部分。

（1）对可能发射各类电磁信号的嵌入式系统，利用其传导或辐射的电磁波，攻击者可能使用灵敏的测试设备进行探测、窃听甚至拆卸，以便提取数据，导致电磁泄漏攻击或者侧信道攻击。而对于嵌入式存储元件或移动存储卡，存储部件内的数据也容易被窃取。

（2）针对各类嵌入式信息传感器、探测器等低功耗敏感设备，攻击者可能引入极端温度、电压偏移和时钟变化，从而强迫系统在设计参数范围之外工作，表现出异常性能。特殊情况下，强电磁干扰或电磁攻击则可能将毫无物理保护的小型嵌入式系统彻底摧毁。

2. 操作系统的安全性

与 PC 不同的是，嵌入式产品采用数十种体系结构和操作系统，著名的嵌入式操作系统包括 Windows CE、VxWorks、pSoS、QNX、Palm OS、OS-9、LynxOS、Linux 等，这些系统的安全等级各不相同，但各类嵌入式操作系统普遍存在。由于运行的硬件平台计算能力和存储空间有限，精简代码而牺牲其安全性的情况时有发生。嵌入式操作系统普遍存在的安全隐患如下：

（1）由于系统代码的精简，对系统的进程控制能力并没有达到一定的安全级别。

（2）由于嵌入式处理器的计算能力受限，缺少系统的身份认证机制，攻击者可能很容易破解嵌入式操作系统的登录口令。

（3）大多数嵌入式操作系统文件和用户文件缺乏必要的完整性保护控制。

（4）嵌入式操作系统缺乏数据的备份和可信恢复机制，系统一旦发生故障便无法恢复。

（5）各种嵌入式信息终端病毒正在不断出现，并大多通过无线网络注入终端。

3. 应用软件的安全性

应用软件的安全问题包括三个层面：应用软件应用层面的安全问题，如病毒、恶意代码攻击等；应用软件中间件的安全问题；应用软件系统层面（如网络协议栈）的安全问题，如数据窃听、源地址欺骗、源路由选择欺骗、鉴别攻击、TCP 序列号欺骗、拒绝服务攻击等。

（三）嵌入式系统安全的对策

通常嵌入式系统安全的对策可以根据安全对策所在位置分为四层。

1. 安全电路层

通过对传统的电路加入安全措施或改进设计，实现对涉及敏感信息的电子器件的保护。一些可以在该层采用的措施主要有：通过降低电磁辐射，加入随机信息等来降低非入侵攻击所能测量到的敏感数据特征；加入开关、电路等对攻击进行检测，如用开关检测电路物理封装是否被打开等。在关键应用，如工业控制中还可以使用容错硬件设计和可靠性电路设计。

2. 硬件安全架构层

该方法借鉴了可信平台模块（Trusted Platform Module, TPM）的思路。可采取的措施包括：加入部分硬件处理机制，支持加密算法甚至安全协议；使用分离的安全协议处理器模块，用来处理所有的敏感信息，使用分离的存储子系统（RAM、

ROM、FLASH 等）作为安全存储区域，这种隔离可以限制只有可靠的系统部件才可以对安全存储区域进行存取。如果上述功能不能实现，可以利用存储保护机制（即通过总线监控硬件来区分对安全存储区域的存取是否合法）来实现，对经过总线的数据在进入总线前进行加密以防止总线窃听等。

3. 软件安全架构层

该层主要通过增强操作系统或虚拟机（如 Java 虚拟机）的安全性来增强系统安全。例如，微软的下一代安全计算基础（Next-Generation Secure Computing Base，NGSCB），通过与相应硬件（如 Intel LaGrande）协同工作提供如下增强机制：进程分离（Process Isolation），用来隔离应用程序，免受外来攻击；封闭存储（Sealed Storage），让应用程序安全地存储信息；安全路径（Secure Path），提供从用户输入到设备输出的安全通道；证书（Attestation），用来认证软 / 硬件的可信性。其他方法还有通过加强 Java 虚拟机的安全性，对非可靠的代码使其在受限制和监控的环境中运行（如沙盒 Sand Box）等。另外，该层还对应用层的安全处理提供必要的支持。例如，在操作系统之内或之上充分利用硬件安全架构的硬件处理能力优化和实现加密算法，并向上层提供统一的应用编程接口等。

4. 安全应用层

通过利用下层提供的安全机制，实现涉及敏感信息的安全应用程序，保障用户数据安全。这种应用程序可以是包含诸如提供 SSL 安全通信协议的复杂应用，也可以是仅仅简单查看敏感信息的小程序，但是都必须符合软件安全架构层的结构和设计要求。

## 二、智能手机系统安全

现在智能手机已成为人们的主要上网工具，因此移动互联网尤其是智能终端安全将是一个重要的安全课题。

智能手机系统安全主要涉及手机操作系统安全及手机病毒的防治。操作系统作为智能手机软件的平台，管理智能手机的软硬件资源，为应用软件提供各种必要的服务，而且市场上操作系统都有各自的优缺点，智能手机操作系统的比较必不可少。同样，智能手机系统也存在安全漏洞，如何避免这些安全漏洞已成为研究、开发智能手机的一个热点。

### （一）智能手机的安全性威胁

智能手机操作系统的安全问题主要集中于在接入语音及数据网络后所面临的安全威胁。例如，系统是否存在能够引起安全问题的漏洞，信息存储和传送的安全性是否有保障，是否会受到病毒等恶意软件的威胁等。由于目前手机用户比计算机用户多，而且智能手机可以提供多种数据连接方式，所以病毒对于手机系统特别是智能手机操作系统是一个非常严峻的安全威胁。

由于借鉴了个人计算机领域的安全经验，手机操作系统厂商在设计系统时已经对安全问题进行了充分考虑。厂商在数据加密、通信协议及访问认证方式等方面已经采取了很多增强安全性的措施，并且仍在积极地进行改进。

随着终端操作系统的多样化，手机病毒将呈现多样性的趋势。随着基于Android操作系统的智能手机的快速发展，基于此种操作系统的手机也日渐成为黑客攻击的目标。因此，在一般性介绍智能手机病毒后，分别介绍 Android 系统和 OMS 系统。

手机病毒会利用手机操作系统的漏洞进行传播。手机病毒是以手机为感染对象，以通信网络（如移动通信网络、蓝牙、红外线）为传播媒介，通过发送短信、彩信、电子邮件、聊天工具、浏览网站、下载铃声、蓝牙等方式进行传播。

### （二）安全手机操作系统的特征

安全的手机操作系统通常具有如下五种特征。

1. 身份验证

身份验证确保所有访问手机的用户身份真实可信。可以采用的身份认证方式有口令认证、智能卡认证、生物特征识别（如指纹识别）及实体认证机制等。

2. 最小特权

每个用户在通过身份验证后，只拥有恰好能完成其工作的权限，即将其拥有的权限最小化。

3. 安全审计

安全审计是对指定操作的错误尝试次数及相关安全事件进行记录、分析。

4. 安全域隔离

安全域隔离分为物理隔离和逻辑隔离。物理隔离是指对移动终端中的物理存储空间进行划分，不同的存储空间用于存储不同的数据或代码，而逻辑隔离主要包括进程隔离和数据的分类存储。

5. 可信连接

对于无线连接（蓝牙、红外、WLAN 等），默认属性应设为"隐藏"或者"关闭"以防非法连接；在实际连接时，需要对所有请求连接进行身份认证。

# 第五章　物联网网络层安全技术研究

网络层是物联网的核心技术，它相当于人的神经中枢和大脑，主要以因特网、移动通信网、卫星网等为主。现在可用的网络包括互联网、广电网络、通信网络等，但在 M2M 应用大规模普及后，仍然需要解决新的业务模型对系统容量、服务质量的特别要求。另外，物联网管理中心、信息中心、云计算平台、专家系统等如何对海量信息进行智能处理，这些问题都亟待突破。

## 第一节　网络层安全概述

### 一、网络层安全面临的威胁

TCP/IP 协议栈 TCP 的下一层是网络层，或叫做 IP 层。网络层主要用于寻址和路由，它并不提供任何错误纠正和流控制的方法。网络层使用较高的服务来传送数据报文，所有上层通信，如 TCP、UDP、ICMP、IGMP 都被封装到一个 IP 数据包中。ICMP 和 IGMP 仅存于网络层，因此被当做一个单独的网络层协议来对待。网络层应用的协议在主机到主机的通信中起到了帮助作用，绝大多数的安全威胁并不来自 TCP/IP 堆栈的这一层。

IP 地址是一个 32 位的地址，可以在 TCP/IP 网络中说明一台主机的唯一性。我们需要知道一个 IP 地址是什么，以及 IP 报头中包含什么。一个 IP 报头的大小为 20 字节，IP 报头中包含一些信息和控制字段，以及 32 位的源 IP 地址和 32 位的目标 IP 地址。这个字段包括一些信息，如 IP 的版本号、长度、服务类型和其他配置。每一个 IP 数据报文都是单独的信息，从一台主机传递到另一台主机，主机把收到的 IP 数据包整理成一个可使用的形式。这种开放式的构造使 IP 层很容易成为黑客的目标。

### （一）IP 欺骗

黑客经常利用一种叫做 IP 欺骗的技术，把源 IP 地址替换成一个错误的 IP 地址。接收主机不能判断源 IP 地址是不正确的，并且上层协议必须执行一些检查来防止这种欺骗。在这层中经常发现的另一种策略是利用源路由 IP 数据包，仅仅被用于一个特殊的路径中传输，这种利用被称为源路由，这种数据包被用于击破安全措施，如防火墙。

使用 IP 欺骗的攻击很有名的一种是 Smurf 攻击。一个 Smurf 攻击向大量的远程主机发送一系列的 Ping 请求，然后对目标地址进行回复。

### （二）ICMP 攻击

互联网控制信息协议（ICMP）在 IP 层检查错误和其他条件。Tribal Flood Network 是一种利用 ICMP 的攻击，利用 ICMP 消耗带宽来有效地摧毁站点。另外，微软早期版本的 TCP/IP 堆栈有缺陷，黑客发送一个特殊的 ICMP 包，就可以使之崩溃。

网络层安全性的主要优点是它的透明性。也就是说，安全服务的提供不需要应用程序、其他通信层次和网络部件做任何改动。它的主要缺点是 ICMP 中的 Redirect 消息可以用来欺骗主机和路由器，使它们使用假路径。这些假路径可以直接通向攻击者的系统而不是一个合法的可信赖的系统。这会使攻击者获得系统访问权。通过 TCP/IP 发出一个数据如同把一封信丢入信箱，发出者知道数据正在走向信宿，但发出者不知道通过什么路线或何时到达，这种不确定性也是安全漏洞。

### （三）端口结构的缺陷

端口是一个软件结构，被客户程序或服务进程用来发送和接收消息。一个端口对应于一个 16 位的数，并且 1024 个端口号已分配给专门的服务，用户应用程序可使用的端口号为 1024 到 64000。服务进程常使用一个固定的端口，这些端口号是广为人知的，这为攻击者提供了公开的秘密。

## 二、网络层安全技术和方法

### （一）逻辑网络分段

逻辑网络分段是指将整个网络系统在网络层（ISO/OSI 模型中的第三层）上进行分段。例如，对于 TCP/IP 网络，可以把网络分成若干 IP 子网，各子网必须通过中间设备进行连接，并利用这些中间设备的安全机制来控制各子网之间的访问。

### （二）VLAN 的实施

基于 MAC 的 VLAN 不能防止 MAC 的欺骗攻击。因此，VLAN 划分最好基于交换机端口。VLAN 的划分是为了保证系统的安全性。因此，可以按照系统的安全性来划分 VLAN。

### （三）防火墙服务

防火墙技术是网络安全的重要技术之一，其主要作用是在网络入口点检查网络通信，根据客户设定的安全规则，在保护内部网络安全的前提下，提供内外网络通信。防火墙在一个被认为是安全和可信的内部网络和一个被认为是不那么安全和可信的外部网络（通常是指 Internet）之间提供一个安全屏障，正常情况下是被安装在受保护的内部网络上，并接入互联网。防火墙的基本类型有包过滤型防火墙、应用级防火墙和复合型防火墙。

### （四）加密技术

加密型网络安全技术的基本思想是不依赖于网络中数据路径的安全性来实现网络系统的安全，而是通过对网络数据的加密来保障网络的安全可靠性。

加密技术用于网络安全通常有两种形式，即面向网络和面向应用服务。前者通常工作在网络层或传输层，使用经过加密的数据包传送、认证网络路由及其他网络协议所需的信息，从而保证网络的连通性不受损害。

### （五）数字签名和认证技术

认证技术主要解决网络通信过程中通信双方的身份认可，数字签名是身份认证技术中的一种具体技术，同时数字签名可用于通信过程中的不可抵赖性的要求。

1. User Name/Password 认证

该种认证方式是最常用的一种认证方式，用于操作系统登录、Telnet、Rlogin等，但此种认证方式过程不加密，即 Password 容易被监听和解密。

2. 使用摘要算法的认证

Radius、OSPF、SNMP Security Protocol 等均使用共享的密钥，用摘要算法（MD5）进行认证。由于摘要算法是一个不可逆的过程，在认证过程中，摘要信息不能计算出共享的密钥，因而敏感信息不在网络上传输。市场上主要采用的摘要算法有MD5 和 SHA-1。

3. 基于 PKI 的认证

使用公开密钥体系进行认证加密。该种方法安全程度较高，综合采用了摘要算法、不对称加密、对称加密、数字签名等技术，结合了高效性和安全性，但涉及繁重的证书管理任务。

公钥基础设施（PKI）是用以创建、管理、存储、分配和撤销基于非对称加密体制的公钥证书的一组硬件、软件、人员、政策和规程的集合。通常，一个实用的 PKI 体系应该是安全的、易用的、灵活的和经济的。它必须充分考虑互操作性和可扩展性。它所包含的认证机构（CA）、注册机构（RA）、策略管理、密钥与证书（Certificate）管理、密钥备份与恢复、撤销系统等功能模块应该有机地结合在一起。

4.数字签名

数字签名是验证发送者身份和消息完整性的根据，并且如果消息随数字签名一同发出，对消息的任何修改在验证数字签名时都会被发现。

5.VPN 技术

网络系统总部和分支机构之间采用公网互联，其最大的弱点在于缺乏足够的安全性。完整的 VPN 安全解决方案提供在公网上安全的双向通信，以及透明的加密方案，以保证数据的完整性和保密性。

# 第二节　WLAN 安全分析

## 一、无线局域网的安全威胁

无线局域网（Wireless Local Area Network，WLAN）是计算机网络与无线通信技术相结合的产物。随着无线互联网技术的产生和运用，无线网络使人们的生活变得轻松自如，并且在安装、维护等方面也具有有线网无法比拟的优势，但随着WLAN 应用市场的逐步扩大，除了常见的有线网络的安全威胁外，WLAN 的安全性问题显得尤其重要。

### （一）WLAN 的安全风险分析

1.DHCP 导致易侵入

由于服务集标识符 SSID 易泄露，攻击者可轻易窃取 SSID，并成功与接入点建立连接。当然，如果要访问网络资源，还需要配置可用的 IP 地址，但多数 WLAN 采用的是动态主机配置协议 DHCP，自动为用户分配 IP，这样攻击者就轻而易举地进入了网络。

2. 接入风险

接入风险主要是指通过未授权的设备接入无线网络。例如，企业内部一些员工，购买便宜小巧的 WLAN 接入点 AP，通过以太网口接入网络，如果这些设备配置有问题，处于没加密或弱加密的条件下，那么整个网络的安全性就大打折扣，造成了接入式危险；或者是企业外部的非法用户与企业内部的合法 AP 建立了连接，这都会使网络安全失控。

3. 客户端连接不当

一些部署在工作区域周围的 AP 可能没有做安全控制，企业内一些合法用户的 Wi-Fi 卡可能与这些外部 AP 连接，一旦这个客户端连接到外部 AP，企业可被信赖的网络就存在风险。

4. 窃听

一些攻击者借助 802.11 分析器，而且这时 AP 不是连接到交换设备而是 Hub 上，由于 Hub 的工作模式是广播方式，那么所有流经 Hub 的信息数据都会被捕捉到。如果黑客的手段更高明一些，就可以伪装成合法用户，修改网络数据，如目的 IP 等。

5. 拒绝服务攻击

这种攻击方式不以获取信息为目的，黑客只是想让用户无法访问网络服务，其一直不断地发送信息，使合法用户的信息一直处于等待状态，无法正常工作。

（二）无线局域网的安全威胁

由于无线局域网通过无线电波传递信息，所以在数据发射机覆盖区域内的几乎任何一个 WLAN 用户都能接触到这些数据。WLAN 所面临的基本安全威胁主要有信息泄露、完整性破坏、拒绝服务和非法使用。主要的威胁包括非授权访问、窃听、伪装、篡改信息、否认、重放、重路由、错误路由、删除消息、网络泛洪等，这些均为常见的无线网络威胁。

1. 非授权访问

入侵者访问未授权的资源或使用未授权的服务。入侵者可查看、删除或修改未授权访问的机密信息，造成信息泄露、完整性破坏，以及非法访问和使用资源。

2. 窃听

入侵者能够通过通信信道来获取信息。AP 的无线电波难以精确地控制在某个范围之内，所以在 AP 覆盖区域内的几乎任何一个 STA 都能够窃听这些数据。

3. 伪装

入侵者能够伪装成其他 STA 或授权用户，对机密信息进行访问；或者伪装成

AP，接收合法用户的信息。

4. 篡改信息

当非授权用户访问系统资源时，会篡改信息，从而破坏信息的完整性。

5. 否认

接收信息或服务的一方事后否认曾经发送过请求或接收过该信息或服务。这种安全威胁通常来自系统内的合法用户，而不是来自未知的攻击者。

6. 重放、重路由、错误路由、删除消息

重放攻击是攻击者复制有效的消息，事后重新发送或重用这些消息以访问某种资源；重路由攻击（主要是在 AdHoc 模式中）是指攻击者改变消息路由以便捕获有关信息；错误路由攻击能够将消息路由发送到错误的目的地；而删除消息是攻击者在消息到达目的地前将消息删除掉，使接收者无法收到消息。

7. 网络泛洪

入侵者发送大量伪造的或无关消息从而使 AP（或者 STA）忙于处理这些消息而耗尽信道资源和系统资源，进而无法对合法用户提供服务。

### （三）无线局域网的协议标准

WLAN 技术发展至今，主要分为两大协议体系：IEEE 802.11 协议标准体系和欧洲 CEPT 制定的 HiperLAN 协议标准体系。无线接入技术区别于有线接入的特点之一是标准不统一，不同的标准有不同的应用。由于 WLAN 是基于计算机网络与无线通信技术的，在计算机网络结构中，逻辑链路控制（LLC）层及其之上的应用层对不同的物理层的要求可以是相同的，也可以是不同的，因此 WLAN 标准主要是针对物理层和媒质访问控制层（MAC），涉及所使用的无线频率范围、空中接口通信协议等技术规范与技术标准。无线技术发展到今天，已经出现了包括 IEEE 802.11 连接技术、蓝牙无线接入技术和家庭网络的 HomeRF 等在内的多项标准和规范。

## 二、无线局域网的安全机制

早期版本的 IEEE 802.11 无线局域网 WLAN 有一个特定的安全架构，称为有线等效保密（Wired Equivalent Privacy，WEP）。其含义是 WLAN 至少要和 LAN（即有线局域网）的安全性相当（等价）。例如，一个攻击者希望连接一个 LAN，需要物理上接入集线器，然而集线器通常锁在房间或柜子里，所以很难办到。但是对 WLAN 而言，攻击者就很容易实现，因为此时接入网络不需要从物理上接入任何设备，设计 WEP 的目的之一便是设法阻止这种非授权的接入。总的来说，WEP 要使攻击 WLAN 的难度与攻击 LAN 的难度相当，除阻止非授权的接入外，还包括阻止对通信消息的窃听与破坏。但实际上，WEP 并没有达到这一目的。为了改进 WEP 的安全性，IEEE 后来提出了 WLAN 的一种新的安全架构，称为 IEEE 802.11。同时，我国提出了针对 WLAN 安全的国际标准 WAPI。

### （一）WEP 加密和认证机制

由于有线等效保密协议 WEP 是由 802.11 标准定义的，现在已经为 WPA 所代替，所以下面对 WEP 做简单介绍。

在 802.11 中有一个对数据基于共享密钥的加密机制，称为有线等效保密的技术，WEP 是一种基于 RC4 算法的 40 bit 或 128 bit 加密技术。移动终端和 AP 可以配置四组 WEP 密钥，加密传输数据时可以轮流使用，允许加密密钥动态改变。

1.WEP 加密

在 IEEE 802.11 1999 年版本的协议中，规定了安全机制 WEP，WEP 提供三个方面的安全保护：数据机密性、数据完整性及认证机制。WEP 协议希望能提供给用户与有线网络相等价的安全性。

然而研究分析表明，WEP 机制存在较大安全漏洞，表现在以下几个方面。

（1）WEP 加密是 AP 的可选功能，在大多数的实际产品中（如无线路由器）默认为关闭，因此用户数据还是暴露在攻击者面前。

（2）WEP 对 RC4 的使用方式不正确，易受初始向量（IV）弱点攻击，从而破解秘密密钥（SK）。

（3）初始向量空间太小，序列加密算法的一个重要缺陷是加密使用的伪随机密钥序列不能出现重复。

（4）WEP 中的 CRC32 算法原本用于检查通信中的随机误码，不具有抗恶意攻击所需要的消息鉴别功能。

由于 WEP 机制中所使用的密钥只能是四组中的一个，因此其实质上还是静态 WEP 加密。同时，AP 和它所联系的所有移动终端都使用相同的加密密钥，使用同一 AP 的用户也使用相同的加密密钥，因此带来如下问题：一旦其中一个用户的密钥泄露，其他用户的密钥也无法保密了。

2.WEP 认证机制

WEP（即 IEEE 802.11 中的安全机制）认证技术可用于独立基本服务集中的 STA 之间的认证，也可用于基本服务集中的 STA 和 AP 之间的认证。WEP 有两种认证方式：开放系统认证和共享密钥认证。开放系统认证方式实际上没有认证，仅验证标识，即只要 STA 和 AP 的 SSID 是一致的即可，是一种最简单的情况，也是默认方式。

3.WEP 认证机制存在的问题

身份认证是单向的，即 AP 对申请接入的 STA 进行身份认证，而 STA 不能对 AP 的身份进行认证。因此，这种单向认证方式有可能导致存在假冒的 AP。

从 WEP 协议身份认证过程可以发现，由于 AP 会以明文的形式把挑战文本发给 STA，所以如果能够监听（如利用 Airsnort/BSDAirtools 等工具）一个成功的 STA 与 AP 之间身份验证的全过程，截获它们之间互相发送的数据包（挑战文本与加密的挑战文本），就可以计算出用于加密挑战文本的密钥序列。拥有了该密钥序列，攻击者可以向 AP 提出访问请求，并利用该密钥序列加密挑战文本通过认证。

## （二）IEEE 802.1 X 认证机制

由前文可知 IEEE 802.11 WEP 协议的认证机制存在安全隐患，为了解决无线局域网用户的接入认证问题，IEEE 工作组于 2001 年公布了 802.1 X 协议（最新为 2010 版本）。IEEE 802.1 X 协议称为基于端口的访问控制协议（Port Based Network Access Control Protocol），它提供访问控制、用户认证及计费功能。IEEE 802.1 X 本身并不提供实际的认证机制，需要和上层认证协议（EAP）配合来实现用户认证。IEEE 802.1 X 在无线网络（WLAN）和有线网络（LAN）中均可应用，其核心是扩展认证协议（Extensible Authentication Protocol，EAP）。

802.1 X 协议是基于 Client/Server 结构的访问控制和认证协议。它可以限制未经授权的用户 / 设备通过接入端口（Access Port）访问 LAN（或者 AP 访问 WLAN）。在获得交换机或 LAN 提供的各种业务之前，802.1 X 对连接到交换机端口上的用户 / 设备进行认证。在认证通过之前，802.1 X 只允许 EAPoLAN 基于局域网的扩展认证协议，对于 WLAN 情形是（EAPoWLAN）数据通过设备连接的交换机端口；认证通过后，正常的数据可以顺利地通过以太网端口（或 WLAN 的 AP）。

802.1 X 的认证过程可简单描述为：请求者提供凭证，如用户名 / 密码、数字证书等给认证者，认证者将这些凭证转发给认证服务器，认证服务器决定凭证是否有效，并依次决定请求者是否可以访问网络资源。

1. IEEE 802.1 X 认证的体系结构

IEEE 802.1 X 协议起初是针对以太网提出的基于端口进行网络访问控制的安全标准。基于端口的网络访问控制指的是利用物理层对连接到局域网端口的设备进行身份认证。如果认证成功，则允许该设备访问局域网资源，否则禁止。虽然 802.1 X 标准最初是为局域网设计的，后来发现它也适用于符合 802.11 标准的 WLAN，于是被视为无线局域网增强网络安全的一种解决方案。

IEEE 802.1 X 认证的体系结构从安全协议的角度看包括三个实体：请求者系统（Supplicant System）、认证者系统（Authenticator System）和认证服务器系统（Authentication Server System）。

从网络的角度则称网络访问的核心部分是端口访问实体（Port Access Entity，PAE）。在整个认证（访问控制）流程中，端口访问实体包含三部分：认证者，即对接入的用户 / 设备进行认证的端口；请求者，即被认证的用户 / 设备；认证服务器，即根据认证者的信息，对请求访问网络资源的用户 / 设备进行实际认证的设备。

2. IEEE 802.1 X 协议的认证过程

IEEE 802.1 X 协议实际上是一个可扩展的认证框架，并没有规定具体的认证协议，具体采用什么认证协议可由用户自行配置，因此具有较好的灵活性。具体过程如下。

（1）请求者向认证者发送 EAPoWLAN-Start 帧，启动认证流程。

（2）认证者发出请求，要求请求者提供相关身份信息。

（3）请求者回应认证者的请求，将自己的相关身份信息发送给认证者。

（4）认证者将请求者的身份信息封装至 Radius-Access-Request 帧中，发送至 AS。

（5）RADIUS 服务器验证请求者身份的合法性，在此期间可能需要多次通过认证者与请求者进行信息交互。

（6）RADIUS 服务器告知认证者认证结果。

（7）认证者向请求者发送认证结果，如果认证通过，那么认证者将为请求者打开一个受控端口，允许请求者访问认证者所提供的服务，反之，则拒绝请求者的访问。

扩展认证协议 EAP 是一种封装协议，在具体应用中可以选择 EAP-TLS、EAP-MD5、EAP-SIM、EAP-TTLS、EAP-AKA 等任何一种认证协议。不同的具体认证协议具有不同的安全性。其中，EAP-TLS 把数字证书作为凭证相互认证，是 EAP 种类中唯一基于非对称密码的认证方式；EAP-TLS 的消息交换可以提供远程 VPN 客户端和验证程序之间的相互身份验证、加密方法的协商和加密密钥的确定，提供了最强大的身份验证和密钥确定方法；EAP-SIM 以移动电话的 SIM 卡（用户识别模块卡）进行身份验证。

（三）IEEE 802.11 i 接入协议

IEEE 802.11 i 是 802.11 工作组为新一代 WLAN 制定的安全标准，主要包括加密技术：TKIP（Temporal Key Integrity Protocol）、AES（Advanced Encryption Standard）及认证协议 IEEE 802.1 X。在认证方面，IEEE 802.1 U 采用 802.1 X 接入控制，实现无线局域网的认证与密钥管理，并通过 EAP-Key 的四向握手过程与组密钥握手过程，创建、更新加密密钥，实现 802.11 i 中定义的鲁棒安全网络（Robust Security Network，RSN）的要求。

1. IEEE 802.11 i 接入协议

针对 IEEE 802.11 WEP 安全机制暴露出来的安全隐患问题，IEEE 802 工作组于 2004 年初发布了新一代安全标准 IEEE 802.11 i（也称为 WPA2，Wi-Fi Protected Access，以及 RSN，Robust Security Network）。

首先，该协议将 IEEE 802.1 X 协议引入 WLAN 安全机制中，增强了 WLAN 中身份认证和接入控制的能力；其次，增加了密钥管理机制，可以实现密钥的导出及密钥的动态协商和更新等，大大增强了安全性。IEEE 802.11 i 提出了两种加密机制：TKIP 协议和 CCMP 协议（Counter Mode/CBC-MAC Protocol）。TKIP 是一种临时过渡性的可选方案，兼容 WEP 设备，可在不更新硬件设备的情况下升级至 IEEE 802.11 i；而 CCMP 机制则完全废除了 WEP，采用加密算法 AES 来保障数据的安全传输，但是 AES 对硬件要求较高，CCMP 无法在现有设备的基础上通过直接升级来实现（需要更换硬件设备），它是 IEEE 802.11 i 机制中要求必须实现的安全机制，是 802.11 i 的关键技术。

另外，在 802.11 i 制定的 TKIP 在过渡期间，对迫切需要解决安全问题的商家和用户而言，标准的批准滞后是无法容忍的，于是 Wi-Fi 联盟推出了 WPA，WPA 不是一个正式的标准，只是过渡到 802.11 i 的中间标准。

下面介绍 IEEE 802.11 i 的接入机制，以及 IEEE 802.11 i 加密机制 TKIP 和 CCMP。

2. IEEE 802.11 i 的接入流程

IEEE 802.11 i 协议接入流程一般包括发现、认证和密钥协商三个阶段，其中每个阶段又由若干子步骤组成，共同实现 IEEE 802.11 i 的协议功能。

具体接入流程如下。

（1）发现阶段

STA 启动后，通过被动侦听 AP 发送的信标帧，或主动发出探寻请求来检测周围是否有可以接入的 AP 并获取相关安全参数。若检测到多个可选的 AP，就选其中一个与该 AP 进行认证和关联。该阶段的认证方式包括两种，开放认证和共享密钥认证，共享密钥认证为可选认证方法。该阶段的认证不可靠，需要在后续过程中强化。

（2）认证阶段

IEEE 802.11 i 协议引入 IEEE 802.1 X 协议进行认证，目的是在发现阶段构建的关联和不可靠认证的基础上，利用 IEEE 802.1 X 协议强化身份认证，确保对网络资源的访问是合法的。EAP-TLS 是一种双向认证机制，也是目前 802.11 i 默认的认证协议。同时在该阶段，在 STA 和 AS 间生成成对主密钥（Pairwise Master Key，PMK），PMK 为 IEEE 802.11 i 协议密钥建立体系的基础，PMK 从 AS 安全传递至 AP。

（3）密钥协商阶段

密钥协商阶段包括进行单播密钥协商的四步握手协议和进行组播密钥握手协议。该阶段的目的是在生成 PMK 的基础上，导出单播密钥和组播密钥，保护后续数据的安全传输。

3.密钥协商协议与密钥管理

早期的 EAP 消息交换使在 STA 和 AP 之间建立了 PMK，所谓成对（Pairwise）密钥，是因为它在 STA 和 AP 间共享；所谓主（Master）密钥，是因为它不直接用于消息加密或完整性保护，而是从 PMK 生成加密密钥和完整性密钥。更确切地说，STA 和 AP 均从 PMK 导出四个密钥：数据加密密钥 TK（Temporal Key，16 字节）、数据完整性密钥 MICK（AP 和 STA 各 8 字节）、密钥加密密钥 KEK（16 字节）、密钥完整性密钥 KCK（16 字节），这四个密钥一起称为成对临时密钥（Pairwise Transient Key，PTK）。AES-CCMP 中利用相同的密钥进行数据加密和完整性保护，因此在 AES-CCMP 中，PTK 仅由三个密钥组成。此外，从 PMK 导出的 PTK 与 AP 和 STA 的 MAC 地址及双方产生的随机数 Nonce 有关。PTK 由密码学安全的 Hash 函数产生，其输入参数是 APNonce（ANonce）、STANonce（SNonce）、AP MAC 地址及 STA MAC 地址的连接（Concatenation）。

STA 和 AP 交换各自随机数使用的协议称为四路握手协议（Four-way Handshaking Protocol）。此协议向对方证明自己拥有 PMK，并生成 PTK。四路握手协议的描述如下：

（1）AP 发送其随机数 ANonce 给 STA

当 STA 收到 ANonce 后，可以计算出 PTK。

（2）STA 发送其随机数 SNonce 给 AP

此消息携带一个消息完整码 MIC，由 STA 使用刚刚计算的 PTK 中的密钥完整性密钥计算而来。接收该随机数后，AP 可计算出 PTK。因此，AP 可利用计算出的 PTK 中的密钥完整性密钥验证 MIC。如果认证成功，则 AP 相信 STA 拥有 PMK。

（3）AP 发送一个包含 MIC 的消息给 STA

MIC 由 PTK 的密钥完整性密钥计算得来。如果 STA 验证 MIC 通过，则其相信 AP 也拥有 PMK。该消息包含序列号以检测重放攻击。此消息告知 STA，AP 已经准备好加密所有数据包的密钥。

（4）STA 确认接收到第三个消息

该确认也意味着 STA 准备好加密所有数据包。

一旦得到 PTK，则 STA 和 AP 之间的数据包将得到数据加密密钥和数据完整性密钥的保护。然而，这些密钥不能用于保护由 AP 发送的广播消息。保护广播消息的密钥必须被"所有"STA 和 AP 已知，因此 AP 产生额外的组密钥称为组播临时密钥（Group Temporal Key，GTK）。GTK 包含一个组播加密密钥和组播完整性密钥，并且将用其给 STA 的密钥加密密钥加密，然后分别发送给每一个 STA。

IEEE 802.11 i 接入协议是典型的认证密钥协商 AKA 协议。另外，由成对主密钥 PMK 导出后续的会话加密密钥和数据完整性密钥的方法是一种典型的密钥分层管理的方法，密钥的分层管理可提高密钥的安全性（抗密钥泄露的健壮性），在安全设计中很常见。

4. IEEE 802.11 i TKIP 和 CCMP 协议

（1）TKIP 加密机制

TKIP 协议是 IEEE 802.11 i 标准采用的过渡安全解决方案，它可以在不更新硬件设备的情况下，通过软件升级实现安全性的提升。TKIP 与 WEP 一样都是基于 RC4 加密算法，但是为了增强安全性，初始化向量 IV 的长度由 24 位增加到 48 位，并称之为 TSC（TKIP Sequence Counter），同时对 WEP 协议进行改进，并且新引入了四种机制来提升安全性：

①防止出现弱密钥的单包密钥（Per-PacketKey，PPK）生成算法。

②使用 Michael 算法防止数据遭非法篡改的消息完整性校验码（MICh）。

③防止重放攻击的具有 48 位序列号功能的 IV（即 TSC）。

④可生成新鲜的加密和完整性密钥，防止 IV 重用的再密钥（Rekeying）机制。

TKIP 的加密过程，包括以下几个步骤（与 802.11MAC 帧结构有关）：

第一，MAC 协议数据单元（Medium Access Control Protocol Data Unit，MPDU）的生成。

第二，WEP 种子的生成。

第三，WEP 封装（WEP Encapsulation）。

（2）CCMP 加密机制

由于序列密码 RC4 算法并不安全，于是考虑采用分组密码算法。AES 是美国 NIST 制定的用于取代 DES 的分组加密算法，CCMP 是基于 AES 的 CCM 模式（Counter Mode/CBC-MAC Mode），完全取代了原有的 WEP 加密，能够解决 WEP 加密中的不足，可以为 WLAN 提供更好的加密、认证、完整性和抗重放攻击的能力，是 IEEE 802.11 i 中强制要求实现的加密方式，也是 IEEE 针对 WLAN 安全的长远解决方案。

### （四）WAPI 协议

针对 IEEE 802.11 WEP 安全机制的不足，2003 年我国也提出了一个无线局域网安全标准（Wireless LAN Authentication and Privacy Infrastructure，WAPI，无线局域网鉴别和保密基础结构），这也是我国首个在无线网络通信领域自主创新并拥有知识产权的安全接入技术标准，是我国首个无线通信网络安全领域的国际标准（ISO/IECJTC1/SC6 会议上通过），具有重要的历史意义和战略影响。WAPI 由 WAI（WLAN Authentication Infrastructure）认证基础结构和 WPI（WLAN Privacy Infrastructure）隐私基础结构两部分组成，WAI 和 WPI 分别实现了对用户身份的鉴别和对传输数据的加密。

WAI 认证结构其实类似于 IEEE 802.1 X 结构，也是基于端口的认证模型。采用公开密钥密码体制，利用数字证书（独立设计的数据结构，不兼容 X.509 证书格式）来对 WLAN 系统中的 STA 和 AP 进行认证。WAI 定义了一种名为认证服务单元（Authentication Service Unit，ASU）的实体，用于管理参与信息交换各方所需要的证书（包括证书的产生、颁发、吊销和更新），相当于 PKI 中的 CA 的角色。通常 ASU 的物理形态为认证服务器（Authentication Server），AS 逻辑上包含了 ASU 的功能。证书里包含有证书持有者的标识、公钥和证书颁发者（ASU）的签名（这里的签名采用的是国家商用密码管理办公室颁布的椭圆曲线数字签名算法），证书是网络设备的数字身份凭证。

整个系统由移动终端（STA）、接入点（AP）和认证服务器（AS）组成，其中 AS 含有 ASU 可信第三方，用于管理消息交换中所需要的数字证书。AP 提供 STA 连接到 AS 的端口（即非受控端口），确保只有通过认证的 STA 才能使用 AP 提供的数据端口（即受控端口）访问网络。

WAPI 整个过程由证书鉴别、单播密钥协商和组播密钥通告（合称密钥协商阶段）三部分组成。

证书鉴别阶段，STA、AP 提交各自证书给 AS，AS 验证它们的有效性后返回鉴别响应。STA 和 AP 验证 AS 对响应消息的数字签名，获得验证结果，并认证 AS 的合法性。在 WAI 协议中，STA、AP 无须下载证书列表或在线验证证书状态，由 AS 统一进行证书有效性验证，同时 AS 对 STA、AP 等实体证书进行发放、撤销和管理，这种简化的集中化管理，无须额外的权威授权中心（CA），架构设计非常简单。

# 第三节　移动通信网安全分析

传感器节点可能通过无线移动通信网络（如 GPRS 或者 TD-SCDMA）直接将收集到的数据传递到中央控制点（例如，M2M 应用），或者发送至网关后再通过远距离无线移动通信发送到中央控制点（在最终到达中央控制点前可能还需要经过 IP 核心网）。移动通信系统的安全威胁可以分为对无线链路的威胁、对服务网络（有线网络）的威胁和对移动终端（手机）的威胁。智能手机结合 RFID 功能可以实现移动支付（手机钱包）等功能，M2M（如 M2M 的关键应用远程抄表等）也是由移动通信运营商主推的物联网业务，智能电网也可能利用 M2M 技术将电力消费（以及电力生成）数据发送到中央控制点。这些都离不开移动通信网络的安全。下面研究 2G、3G 和 4G 通信网络中的典型安全问题，即接入认证（鉴权）和数据（保密、完整性）保护机制。

## 一、2G（GSM）安全机制

### （一）GSM 的安全需求

蜂窝网（Cellular Network）为移动用户提供无线语音接入，是基于基础设施的网络。基础设施由无线基站和有线骨干网络组成，有线骨干网络将基站连接起来，每一个基站仅在一个有限的物理区域（Cell）内服务，所有基站连接起来便可以覆盖一块很大的区域。手机是典型的蜂窝网终端设备，通过无线信道连接到某个基站。通过基站及其骨干网基础设施，手机可以发起和接收来自其他手机的电话。系统中唯一无线的部分是连接手机和基站的部分，其余的（如骨干网部分）都是有线网络。

全球移动通信系统（Global System for Mobile Communications，GSM）是

第二代数字蜂窝移动通信系统的典型例子，其最主要的安全需求是用户的认证接入（因为涉及通信服务计费问题）。除了用户认证外，GSM 还需要对无线信道内在的威胁（如窃听）采取措施。这样就需要对在空中接口上传送的语音通信和传送信息进行保密。此外，还需要保护用户的隐私，即隐藏用户的真实身份（标识）。在实际生活中，GSM 安全架构中的一个基本假设就是，用户与宿主网络（Home Network）之间具有长期共享的秘密密钥（存放在 SIM 卡中），这个秘密密钥是用户认证的基本依据。

### （二）GSM 用户认证与密钥协商协议

1. 用户认证

在 GSM 中，秘密密钥和其他与用户身份相关的信息存储在一个安全单元中，称为用户身份识别模块（Subscriber Identity Module, SIM）。SIM 以智能卡的形式实现，可以插入手机或者从手机中移除。虽然密钥也可以存储在手机的非易失性存储设备中，用一个口令进行加密，但是将密钥存储在可移除性模块中是一个更好的选择，因为这样允许用户身份在不同的设备之间具有移植性，用户只需要取出 SIM 卡，便可以更换手机而保持同样的身份。

GSM 中的用户认证基于挑战－应答方式，即认证方（网络运营商）提出问题，被认证方（移动终端）进行回答。移动终端收到一个不可预知的随机数作为一个挑战，为了完成认证，被认证方必须计算出一个正确的应答。正确的应答必须通过秘密密钥计算得来，不知道秘密密钥便不能计算出正确的应答。因此，如果网络运营商接收到一个正确的应答，就可以认为这是一个合法用户。询问必须保证随机性，否则应答就可以预测或者重放。因为挑战值是不可预测的，所以网络运营商在发送挑战后，一定知道应答是刚刚计算的，而不是重放以前的应答。用于认证的计算由用户的手机和 SIM 卡完成，无须手机用户的人工参与。

假设用户漫游到一个本地服务区域外的网络，通常称为被访问网络（Visited Network）。GSM 用户认证协议的步骤解释如下：

（1）手机从 SIM 中读取国际移动用户识别码（International Mobile Subscriber Identity, IMSI），并且将其发送给被访问网络。

（2）通过 IMSI，被访问网络确定此用户的宿主网络，然后凭借骨干网，被访问网络将 IMSI 转发给用户所在宿主网络。

（3）宿主网络查询对应于 IMSI 的用户秘密密钥，然后生成一个三元组（RAND，SRES，CK），其中 RAND 是一个伪随机数（Pseudo Random Number），SRES

是此询问的正确应答（Signed Response），CK 是用于加密的密钥（即加密会话内容的会话密钥，Cipher Key），用于加密空中接口（手机和被访问网络基站之间的无线通信接口）中传递的内容。RAND 由伪随机数产生器（Pseudo Random Number Generator，PRNG）产生。在 GSM 规范中，SRES 和 CK 为 RAND 和 $K$ 分别利用 A3 算法和 A8 算法（两种专属算法）计算而来。将三元组（RAND，SRES，CK）发送到被访问网络。

（4）被访问网络向手机发送询问 RAND。

（5）手机将 RAND 转到 SIM，SIM 计算并且输出应答 SRES 和加密密钥 CK。手机将 SRES 发送到被访问网络，然后将其与 SRES 比较。如果 SRES' =SRES，则用户得到认证。用户认证成功后，手机和被访问网络的基站之间的通信用会话密钥 CK 加密，容易看出，会话密钥 CK' =CK。

GSM 认证机制虽然与 IEEE 802.11 共享密钥认证类似，但被访问网络和认证网络是分离的，其特点是，被访问网络在不拥有用户长期秘密密钥的情况下，也可以认证用户。即通过宿主网络提供期望的挑战值和相应的应答值给被访问网络来实现。

2. 对用户标识的隐私保护

GSM 还提供了对通过认证的用户身份标识 IMSI 的保护，目的是保护用户的位置隐私，方法是隐藏空中接口上的 IMSI：用户认证成功后，从被访问网络接收到一个称为 TMSI（Temporary Mobile Subscriber Identity）的临时识别码。TMSI 用新生成的密钥 CK 加密，因而不能被窃听者知道。接下来使用 TMSI，而不是 IMSI。被访问网络保留 TMSI 和 IMSI 间的映射。

当用户进入另外一个被访问网络（不妨称为 B）时，B 联系先前的被访问网络（不妨称为 A），将收到的 TMSI 发送给 A。A 查询与 TMSI 关联的数据并且将用户的 IMSI 和保留的三元组发送给 B，从而使 B 可以为用户服务。如果 TMSI 不再适用（例如，手机在漫游到 B 前曾经长时间关机），B 可以请求手机发送 IMSI，以重新引导 TMSI 机制。

总之，GSM 安全协议提供了以下安全服务：用户认证基于挑战 - 应答协议及用户和宿主网络共享的长期秘密密钥。认证数据从宿主网络发送到被访问网络，长期秘密密钥没有泄露给被访问网络。空中接口（无线链路）上通信的保密性由会话密钥加密来保证，此会话密钥建立在用户认证的基础上，在手机和被访问网络间共享，并且由宿主网络协助完成。使用临时识别码保护无线接口中的用户真实身份不被窃听识别，即通信中大多数时间不使用真实的身份识别码，窃听者很难追踪用户，从而保护了用户的隐私。

但是 GSM 没有考虑完整性保护的问题，这一点在以语音通信为主的 2G 通信中不是十分重要，因为丢失或者改动的语音通常可以被通话双方人为地识别。但是，由于 3G 中数据业务的增多，必须考虑数据的完整性，因为一个比特的改变可能使数据的含义发生很大改变。完整性问题在接下来介绍的 3G 安全机制中给予了考虑。

## 二、3G 安全机制

### （一）3G 安全体系结构简述

#### 1. 3G 体系结构

第三代移动通信技术（3G）是指支持高速数据传输的移动通信技术。3G 服务可以同时传送声音及数据信息（电子邮件、即时通信等）。3G 的突出特征是提供高速数据业务，速率一般在几百 kb/s 以上。3G 规范是由国际电信联盟所制定的 IMT-2000（International Mobile Telecommunications-2000）规范发展而来的。3G 移动通信的主流技术包括 WCDMA、CDMA2000、TD-SCDMA。WCDMA、TD-SCDMA 的安全规范由以欧洲为主体的 3GPP（3G Partnership Project）制定，其中 TD-SCDMA 由中国提出。CDMA2000 的安全规范由以北美为首的 3GPP2 制定。从某种意义上来讲，WiMAX 也能够提供广域网接入服务，在 2007 年 ITU 将 WiMAX 正式批准为继 WCDMA、CDMA2000 和 TD-SCDMA 之后的第四个 3G 标准。鉴于目前 WiMAX（IEEE 802.16）很难在短期内大量应用，以下主要讨论传统的从无线移动通信网络演进的 3G 安全。

#### 2. 3G 安全体系结构

3G 系统是在 2G 系统基础上发展起来的，它继承了 2G 系统的安全优点，摒弃了 2G 系统存在的安全缺陷，同时针对 3G 系统的新特性，定义了更加完善的安全特征与安全服务。ETSI TS 133 给出了 3G 安全模型。3GPP 将 3G 网络划分成三层：应用层、归属层/服务层、传输层。在此基础上，将所有安全问题归纳为五个范畴：网络接入安全、网络域安全、用户域安全、应用域安全、安全特性的可视性与可配置性。

（1）网络接入安全

提供安全接入服务网的认证接入机制并抵御对无线链路的窃听、篡改等攻击。空中接口的安全性最为重要，因为无线链路最易遭受各种攻击。这一部分的功能包括用户身份保密、认证和密钥分配、数据加密和完整性等。其中，认证是基于共享对称密钥信息的双向认证，密钥分配和认证一起完成（AKA）。具体包括如下内容。

①认证

认证包括对用户的认证和对接入网络的认证。

②加密

加密包括加密算法协商、加密密钥协商、用户数据的加密和信令数据的加密。

③数据完整性

数据完整性包括完整性算法协商、完整性密钥协商、数据完整性和数据源认证。

④用户标识的保密性

用户标识的保密性包括用户标识的保密、用户位置的保密及用户位置的不可追踪性，主要是保护用户的个人隐私。

（2）网络域安全

保证网内信令的安全传送并抵御对有线网络及核心网部分的攻击。网络域安全分为三个层次。

①密钥建立

密钥管理中心产生并存储非对称密钥对，保存其他网络的公钥，产生、存储并分配用于加密信息的对称会话密钥，接收并分配来自其他网络的对称会话密钥。

②密钥分配

密钥分配为网络中的节点分配会话密钥。

③安全通信

安全通信使用对称密钥实现数据加密和数据源认证。

（3）用户域安全

用户服务识别模块（User Service Identity Module,USIM）是一个运行在可更换的智能卡上的应用程序。用户域安全机制用于保护用户与用户服务识别模块之间，以及用户服务识别模块与终端之间的连接，包括以下两个部分。

①用户到用户服务识别模块的认证

用户接入 USIM 之前必须经过 USIM 的认证，确保接入 USIM 的用户为已授权用户。

② USIM 到终端的连接

USIM 到终端的连接确保只有授权的 USIM 才能接入终端或其他用户环境。

（4）应用域安全

用户域与服务提供商的应用程序间能安全地交换信息。USIM 应用程序为操作员或第三方运营商提供了创建驻留应用程序的能力，需要确保通过网络向 USIM 应用程序传输信息的安全性，其安全级别可由网络操作员或应用程序提供商根据需要选择。

（5）安全特性的可视性及可配置性

安全特性的可视性是指用户能获知安全特性是否正在使用，服务提供商提供的服务是否需要以安全服务为基础。确保安全功能对用户来说是可见的，这样用户就可以知道自己当前的通信是否已被安全保护以及受保护的程度是多少。例如，接入网络的加密提示，通知用户是否保护传输的数据，特别是建立非加密的呼叫连接时进行提示；安全级别提示通知用户被访问网络提供什么样的安全级别，特别是当用户漫游到低安全级别的网络（如从 3G 到 2G）时进行提示。可配置性是指允许用户对于当前运行的安全功能进行选择配置，包括是否允许用户进行 USIM 的认证；是否接收未加密的呼叫；是否建立非加密的呼叫；是否接受某种加密算法。

由以上分析可知，3G 网络安全的特殊性在于添加了对用户域和网络域安全的考虑；安全特性的可视性和可配置性体现出对用户参与性的考虑；应用域安全表现了对 USIM 应用程序复杂性的考虑。由于网络接入安全在 3G 安全中具有重要的地位，下面主要介绍 3G 接入安全的认证与密钥协商协议。

### （二）3G 认证与密钥协商协议

通用移动通信系统（Universal Mobile Telecommunications System，UMTS）是当前使用最广泛的一种 3G 移动通信技术，它的无线接口使用 WCDMA 和 TD-SCDMA。UMTS 从 GSM 到 GPRS（2.5G）演进（GPRS 支持更好的数据速率，理论上最大可以到 140.8 kb/s，实际上能实现接近 56 kb/s，已经在很多 GSM 网络部署，它也是目前很多 M2M 应用所采用的技术）而来，故两者的系统架构十分相似。UMTS 提供的接入安全是 GSM 相关安全特性的超集，它相对于 GSM，新安全特性是用于解决 GSM 中潜在的安全缺陷的。

1. UMTS 的认证向量

GSM 安全中的主要问题包括：单向认证，即只认证接入用户，没有认证被访问网络。GSM 认证三元组可无限期使用，认证协议中用户无法验证接收到的挑战是否新鲜。空中接口上的通信和传输没有完整性保护服务。加密密钥长度太短，用户的长期密钥可能泄露，SIM 卡可能被克隆。

UMTS 的安全架构解决了上述安全问题，但是为了尽可能地兼顾原有的设备投资，设计在 GSM 安全架构基础上进行了扩展，GSM 中的三元组被替换为认证五元向量：（RAND，XRES，CK，IK，AUTN）。和 GSM 中一样，RAND 是一个不可预知的伪随机数，由 PRNG 产生，并且在认证协议中作为挑战，XRES 为 RAND 的期望应答（Expected Response），CK 是会话加密密钥（Cipher Key）。XRES 和 CK 都由 RAND 和用户的长期秘密密钥计算得来。此外，1K 为完整性保护密钥（Integrity Key），AUTN 是一个认证令牌（Authentication Token），用于给用户提供对宿主网络的认证，并且保证了 RAND 的新鲜度。AUTN 由三个字段组成：AUTN =（SQNAK, AMF, MAC）。这里 SQN 是一个由用户和宿主网络动态维持的序号（Sequence Number）；AK 称为匿名密钥（Anonymity Key），用于保护 SQN 以防窃听者偷听；AMF 是认证管理字段（Authentication Management Field），用于在宿主网络和用户之间传递参数；MAC 是一个消息鉴别码，在 RAND、SQN 和 AMF 上利用长期密钥计算而来。

2. 3G 接入认证与密钥协商协议

3G 网络中的接入安全要确保的内容包括两部分：

（1）提供用户和网络之间的身份认证

提供用户和网络之间的身份认证，以保证用户和网络双方的实体可靠性。

（2）空中接口安全

空中接口安全主要用于保护无线链路传输的用户和信令信息不被窃听与篡改。

前者需要身份认证，后者需要加密和消息完整性保护，而这些离不开密钥，因此需要进行密钥的协商。安全协议设计时通常将两者一起考虑，以提高协议的效率，减少消息交换的次数，即先进行认证，然后进行密钥协商，这一协议机制被称为认证密钥协商机制（Authentication and Key Agreement, AKA）。虽然在前面的章节中曾经多次提到过，但这里的区别是对移动性的支持。

3G 认证与密钥协商协议（3G AKA）中参与认证和密钥协商的主体有用户终端（ME/USIM）、被访问网络（Visitor Location Register/Servicing GPRS Support Node, VLR/SGSN）和归属网络（Home Environment/Home Location Register, HE/HLR）。在 3G AKA 协议中，通过用户认证应答（RES）实现 VLR 对 ME 的认证，通过消息鉴别码实现 ME 对 HLR 的认证，以及实现了 ME 与 VLR 之间的密钥分配，同时每次使用的消息鉴别码由不断递增的序列号（SQN）作为其输入变量之一，保证了认证消息的新鲜性，从而确保了密钥的新鲜性，有效地防止了重放攻击。

移动终端（ME/USIM）向网络发出呼叫接入请求，把身份标识（IMSI）发给 VLR。VLR 收到该注册请求后，向用户的 HLR 发送该用户的 IMSI，请求对该用户进行认证。HLR 收到 VLR 的认证请求后，生成序列号 SQN 和随机数 RAND，计算认证向量 AV 发送给 VLR。ME 和 HLR 共同拥有的永久性密钥，写入 ME 中的 SIM 卡中。表 5-1 总结了 AKA 中使用到的部分主要函数。

表 5-1　3G 接入安全中使用的部分主要函数

| 函数名 | 函数用途 | 函数输入 | 函数输出 |
|---|---|---|---|
| $f0$ | 随机数生成函数 | 无 | RAND |
| $f1$ | 消息鉴别函数 | $K$，SQN，RAND，AMF | XMAC/MAC |
| $f2$ | 生成期望的应答的鉴权函数 | $K$，RAND | XRES/RES |
| $f3$ | 加密密钥生成函数 | $K$，RAND | CK |
| $f4$ | 完整性密钥生成函数 | $K$，RAND | IK |
| $f5$ | 匿名密钥生成函数 | $K$，RAND | AK |

ME 接收到认证请求后，首先计算 XMAC，并与 AUTN 中的 MAC 比较，若不同，则向 VLR 发送拒绝认证消息，并放弃该过程。同时，ME 验证接收到的 SQN 是否在有效的范围内，若不在有效的范围内，ME 则向 VLR 发送"同步失败"消息，并放弃该过程。上述两项验证通过后，ME 计算 RES、CK 和 IK，并将 RES 发送给 VLR。VLR 接收到来自 ME 的 RES 后，将 RES 与认证向量 AV 中的 XRES 进行比较，若相同，则 ME 的认证成功，否则 ME 认证失败。最后，ME 和 VLR 建立的共享加密密钥是 CK，数据完整性密钥是 IK。

## 三、4G/4G+ 安全机制简介

### （一）4G 国际标准 TD-LTE-A

4G 通信将能满足 3G 不能达到的覆盖范围、通信质量、高速传输率和高分辨率多媒体服务，通常也被称为多媒体移动通信。4G 的数据传输率可达到 10 ~ 20 Mb/s，最高甚至达到 100Mb/s。其中 TD-LTE 下行速率 100 Mb/s，上行速率 50Mb/s，3GPP LTE（Long Teml Evolution，长期演进）包括两种制式：LTE TDD（时分双工）和 LTE FDD（频分双工）。其中，LTE TDD 就是 TD-LTE 技术，它吸纳了很多 TD-SCDMA 的技术元素，拓展了 TD-SCDMA 在智能天线、系统设计等方面的关键技术，在我国拥有自主知识产权，具有高效益低时延、高带宽低成本等特点和优势，系统能力与 LTE FDD 相当。TD-LTE-A（TD-LTE-Advanced）

技术方案已经于 2010 年 10 月被国际电信联盟 ITU 确定为 4G 的两个国际标准之一，在大规模使用具有自主知识产权的 TD-LTE-A 标准发展 4G 对我国具有极其重要的战略意义。

2015 年，全球已有 285 个运营商在超过 93 个国家部署了 FDD 4G 网络；有 26 个国家开通了 42 张 TD-LTE 商用网，另有 76 张商用网络正在计划部署中。中国移动的 TD-LTE 规模试验网部署项目采取"6+1"方案，初期投资 15 亿元人民币建网覆盖上海、杭州、南京、广州、深圳、厦门六个城市，每个城市部署约 200 个基站；并在北京建立 TD-LTE 演示网。

### （二）LTE 中的流密码算法 ZUC

ZUC 算法（祖冲之密码算法，ZUC 是我国古代数学家祖冲之名字的缩写）是中国通信标准化协会 CCSA（China Communications Standards Association）推荐给 3GPP LTE 使用的新算法。

ZUC 算法已通过了算法标准组 ETSI SAGE 的内部评估，ETSI SAGE 认为该算法强大，并推荐在 LTE 标准中使用。ZUC 算法是第一个成为国际标准的我国自主知识产权的密码算法，是我国商用密码算法首次走出国门，具有重要的历史意义。ZUC 算法的国际标准化，对我国按照国际惯例掌握通信产业的主动权具有非常重要的意义。

ZUC 算法由中国科学院数据保护和通信安全研究中心（DACAS）研制。LTE 算法的核心是 ZUC 算法；由 ZUC 定义的 LTE 加密算法被称为 128-EEA3；由 ZUC 定义的 LTE 完整性保护算法被称为 128-EIA3。

ZUC 是一个面向字（Word-Oriented）的流密码算法。输入的是 128 bit 的初始密钥和 128 bit 的初始向量，输出的是一个 32 bit 字（也称为密钥字，Keyword）。这一密钥字可用于加密。ZUC 的执行有两个阶段：初始阶段和工作阶段。在初始阶段，密钥/IV 将初始化，耗费时钟周期但没有产生输出；在工作阶段，每个时钟周期都会输出一个 32 bit 的字。

1. ZUC 算法的整体架构

ZUC 具有三个逻辑层，最上层是一个具有 16 阶段的线性反馈移位寄存器（Linear Feedback Shift Register, LFSR），中间层是一个比特混淆器（Bit-Reorganization, BR），最下层是一个非线性函数 $f$。

2. ZUC 的执行

ZUC 的执行有两个阶段：初始阶段和工作阶段。初始阶段算法调用密钥装载过程，将 128 bit 初始密钥和 128 bit 初始向量 IV 装载到 LFSR 中，令 32 bit 存储单元 $R_1$ 和 $R_2$ 全为 0。该标准文档还给出了 ZUC 算法的 C 语言实现源代码。

# 第四节　扩展接入网的安全分析

除了前文介绍的近距离无线（高速）接入和远距离无线（高速）接入以外，物联网的接入技术还可以是近距离无线低速接入，如蓝牙和 ZigBee，以及近距离有线接入，如局域网 Ethernet（IEEE 802.3）和现场总线。本节主要介绍近距离无线低速接入网络及手机电视协议 CMMB 系统和北斗卫星导航系统及其安全分析，以促进对自主创新的关注和二次开发。手机电视及卫星定位导航系统也都可以视为物联网中的关键应用。

## 一、近距离无线低速接入网安全

下面研究近距离无线低速接入方法的典型代表 Bluetooth 和 ZigBee。

### （一）Bluetooth 安全简介

蓝牙（Bluetooth）是爱立信公司在 1994 年开始研究的一种能使手机与其附件（如耳机）之间互相通信的无线模块。它的工作频率为 2.4 GHz，有效范围大约在 10 m 半径内。蓝牙被列入了 IEEE 802.15.1 规范，规定了包括 PHY、MAC、网络和应用层等集成协议栈。蓝牙技术可以解决小型移动设备间的短距离无线互联问题。安全性是整个蓝牙协议中非常重要的部分，协议在应用层和链路层均提供了安全措施。蓝牙技术是一种无线数据与语音通信的开放性全球规范，它以低成本的短距离无线通信为基础，为固定与移动设备的通信环境提供特别连接的通信技术。由于蓝牙技术具有可以方便快速地建立无线连接、移植性较强、安全性较高且蓝牙地址唯一、支持分散网组网工作模式、设计开发简单等优点，在众多短距离无线通信技术中备受关注。蓝牙是一种低功率、近距离无线通信技术，可以用来实现 10m 范围内的多台设备的互联。蓝牙有三种安全模式，最低级别的安全模式即没有任何安全机制，中等级别的安全模式通过安全管理器有选择地执行认证和加密，最高级别的模式在链路层执行认证、授权和加密。

蓝牙作为一种短距离无线通信技术，与其他网络技术一样存在数据传输的各种安全隐患。近些年来，很多研究人员致力于这方面的研究，提出了一些行之有效的安全算法和控制访问方法。蓝牙技术主要面临四个方面的安全问题：蓝牙设备地址攻击；密钥管理问题；PTN 代码攻击；蓝牙不支持用户认证。

蓝牙规范（Volumel，Specification of Bluetooth System）中包括了链路级安全内容，主要措施是链路级的认证和加密等。该规范规定每个设备都有一个 PIN 码，它被变换成 128 比特的链路密钥（Link Key）进行单 / 双向认证。蓝牙安全机制依赖 PIN 码在设备间建立的这种信任关系，一旦信任关系建立以后，就可以利用存储的链路密钥进行以后的连接。利用链路密钥可以生成加密密钥，对链路层数据有效载荷进行加密保护。链路层安全机制提供了多种认证方案和一个灵活的加密方案（即允许协商密钥长度），但链路级安全存在明显不足，蓝牙的认证是基于设备的，而不是基于用户的；对服务没有进行区分，没有针对每个蓝牙设备的授权服务的机制。

在蓝牙规范（Volume 2，Specification of Bluetooth System）中，在链路级安全基础之上又提出了服务级安全的概念，在这里，蓝牙安全被分为三个模式。

（1）无安全模式

蓝牙设备不采取任何安全措施。

（2）服务级安全模式

蓝牙设备在逻辑链路控制和适配协议（L2CAP）之上采取安全措施，对不同的应用服务提供灵活的接入控制。

（3）链路级安全模式

蓝牙设备在链路管理协议（LMP）建立连接之前开始安全过程。

在服务级安全中，服务被分为需要认证、需要授权、不需要三个级别，其中需要认证 / 需要授权可以同时设定需要加密。设备被分为可信赖设备（通过认证和授权）、不可信赖设备（通过认证但未被授权）和未知设备（没有任何此设备的信息）。

以蓝牙安全管理体系结构为参考模型，在实现链路级安全的基础上，通过对蓝牙协议进行深入的研究，对安全管理器和蓝牙协议栈进行合理的设计，实现服务级的安全。这里的设计是针对有人机接口的环境的。蓝牙安全管理体系结构中安全管理器是蓝牙安全管理体系结构的核心。

安全管理器有如下功能：通过 HC1 命令要求链路层对设备进行认证并返回响应的结果；要求链路层对数据进行加密；根据服务数据库和设备数据库的资料确定蓝牙设备是否可以接入所请求的服务；通过用户界面让用户对未知设备进行授权；对用户和设备的资料进行管理。

由于安全管理器与各层协议、应用和其他实体之间的接口是简单的询问／应答和注册过程，因此，可以较容易地实现各种灵活的接入策略。在安全体系结构中，L2CAP 和 RFCOMM 是复用协议，它们负责查询安全管理器从而控制其他设备对其上的服务的接入；用户接口用于对设备进行授权和管理；应用程序负责向安全管理器注册自己的服务级别及其下层的协议，由于服务有可能是其他协议（如 PPP 等），其上可能有其他应用服务，所以它可以通过查询安全管理器实现对其上层的接入控制。

### （二）ZigBee 安全简介

#### 1. ZigBee 技术简介

2000 年 IEEE 成立了 IEEE 802.15.4 工作组，致力于开发一种可应用在固定便携或移动设备上的低成本、低功耗及多节点的低速率无线个域网（LR-WPAN）技术标准，但该工作组只专注 MAC 层和物理层协议，要达到产品的互操作和兼容，还需要定义高层的规范。2001 年美国霍尼韦尔等公司发起成立了 ZigBee 联盟。ZigBee 联盟所主导的 ZigBee 标准定义了网络层、安全层、应用层和各种应用产品的资料或规范，并对其网络层协议和应用编程接口（API）进行了标准化。

值得注意的是，ZigBee 提供了高可靠性的安全服务，它的安全服务所提供的方法包括密码建立、密码传输、帧保护和设备管理。这些服务构成了一个模块，用于实现 ZigBee 设备的各类安全策略。

#### 2. ZigBee 技术的特点

ZigBee 技术不仅具有低成本、低功耗、低速率、低复杂度的特点，而且具有可靠性高、组网简单、灵活的优势。ZigBee 技术和其他无线通信技术相比有如下特点。

（1）低功耗

由于 ZigBee 的传输速率低，发射功率仅为 1 mW，而且采用了休眠模式，功耗低，因此 ZigBee 设备非常省电。据估算，ZigBee 设备仅靠两节 5 号电池就可以维持 6 个月到 2 年的使用时间。

（2）成本低

ZigBee 模块的成本低廉，并且 ZigBee 协议是免专利费的。

（3）时延短

ZigBee 的通信时延和从休眠状态激活的时延都非常短，典型的搜索设备时延为 30 ms，而蓝牙需要 3～10 s，Wi-Fi 需要 3 s；其休眠激活的时延是 15 ms，活动设备信道接入的时延为 15 ms。因此，ZigBee 技术适用于对时延要求苛刻的无线控制（如工业控制场合等）应用。

（4）低速率

ZigBee 工作在 20 ~ 250 kb/s 的较低速率，分别提供 250 kb/s（2.4 GHz）、40 kb/s（915 MHz）和 20 kb/s（868 MHz）的数据吞吐率，满足低速率传输数据的应用需求。

（5）近距离

传输范围一般介于 10 ~ 100 m，在增加发射功率后，亦可增加到 1 ~ 3 km。

（6）网络容量大

一个星形结构的 ZigBee 网络最多可以容纳 254 个从设备和一个主设备，并且网络组成灵活，一个区域内最多可以同时存在 100 个独立而且互相重叠覆盖的 ZigBee 网络。这一点与蓝牙相比优势明显。

正因为上述特点，ZigBee 在无线传感器网络的组网节点中有大量的应用。

3. ZigBee 安全架构

IEEE 802.15.4—2003 标准定义了最下面的两层：物理层（PHY）和 MAC 层。ZigBee 联盟在此基础上建立了网络层（NWK 层）和应用层（APS）框架。物理层提供基本的物理无线通信能力。MAC 层提供设备间的可靠性授权和单跳通信连接服务。网络层提供用于构建不同网络拓扑结构的路由和多跳功能。应用层的框架包括应用支持子层（APS）、ZigBee 设备对象（ZDO）和由制造商制订的应用对象，ZDO 负责所有设备的管理。APS 提供 SgBee 应用的基础。具体有三层安全机制：MAC、NWK 和 APS 负责各自帧的安全传输。而且 APS 子层提供建立和保持安全关系的服务；ZDO 管理安全性策略和设备的安全性结构（部分名称的解释可查阅相关标准）。

4. 安全密钥

网络中 ZigBee 设备中的安全性是以一些连接密钥（Link Key）和一个网络密钥（Network Key）为基础的。应用层对等实体间的单播通信安全是依靠由两个设备共享的一个 128 位连接密钥保证的，而广播通信安全则依靠由网络中所有设备共享的一个 128 位网络密钥保证。接收方通常知道帧是被连接密钥保护还是网络密钥保护。

设备获得连接密钥可以通过密钥传输、密钥协商或者预安装等方式中的任意一种，而网络密钥是通过密钥传输或者预安装的方式获得的。用于获取连接密钥的密钥协商技术是基于主密钥。一个设备将通过密钥传输或者预安装方式获取一个主密钥来制定相应的连接密钥。设备间的安全性就是依靠这些密钥的安全初始化和安装来实现的。

网络密钥可能被 ZigBee 的 MAC、NWK 和 APL 层使用，也就是说，相同的网络密钥和相关联的输入/输出帧计数器对所有层都是有效的。连接密钥和主密钥可能只被 APS 子层使用。连接密钥和主密钥只在 APL 层有效。

ZigBee 技术针对不同的应用，提供了不同的安全服务。这些服务分别作用在 MAC 层、NWK 层和 APL 层上，对数据加密和完整性保护是在 CCM 模式下执行 AES-128 加密算法实现的。

5. MAC 层安全

MAC 层负责来源于本层的帧的安全性处理，但由上层决定 ZigBee 使用哪个安全级别，需要安全性处理的 MAC 层帧会通过相应的安全级别处理。由上层设置参数使之与活动的网络密钥和 NWK 层计数器相对应，上层设置的安全级别与 NIB（Network Information Base，NIB）中的属性相对应。MAC 层密钥是首选密钥，但若无 MAC 层密钥，就使用默认密钥。

6. NWK 层安全

当来自 NWK 层的帧需要保护，或者来自更高层的帧且网络层信息库中的属性为 TRUE 时，ZigBee 使用帧保护机制。NIB 中的属性给出保护 NWK 帧的安全级别。上层通过建立网络密钥决定使用哪个安全级别来保护 NWK 层。通过多跳连接传送消息是 NWK 层的一个职责，NWK 层会广播路由请求信息并处理收到的路由回复消息。同时，路由请求消息会广播到其他设备，邻近设备则回复路由应答消息。若连接密钥使用适当，NWK 层将使用连接密钥保护输出 NWK 帧的安全；若没有适当的连接密钥，为了保护信息，NWK 将使用活动的网络密钥保护输出 NWK 帧。帧的格式明确给出保护帧的密钥，因此接收方可以推断出处理帧的密钥。另外，帧的格式也决定了消息是所有网络设备都可读的，而不仅仅是自身可读。

7. APL 层安全

当来自 APL 层的帧需要安全保护时，APS 子层将会处理其安全性，APS 层的帧保护机制是基于连接密钥或网络密钥的。另外，APS 层支持应用，提供 ZDO 的密钥建立、密钥传输和设备管理等服务。

## 二、有线网络接入安全

物联网的一个基本应用就是改造传统的工业控制领域，如传感器和制动器的组网、远程控制、无线控制等。物联网把 IT 技术融合到控制系统中，实现"高效、安全、节能、环保"的"管、控、营"一体化。下面研究工业控制领域的有线网络安全问题。

### （一）现场总线

现场总线是指以工厂内的测量和控制机器间的数字通信为主的网络，也就是将传感器、各种操作终端和控制器间的通信及控制器之间的通信进行特殊化的网络。国际电工委员会（International Electrotechnical Commission,IEC）对现场总线的定义为：现场总线是一种应用于生产现场，在现场设备之间、现场设备和控制装置之间实行双向、串行、多节点的数字通信技术。它在生产现场、微机化测量控制设备之间实现双向串行多节点数字通信，也被称为开放式、数字化、多点通信的底层控制网络。现场总线在制造业、工业流程、交通、楼宇等方面的自动化系统中具有广泛的应用。不同于计算机网络，在现场总线领域人们必须面对多种总线技术标准共存的现实，其技术发展在很大程度上受到市场规律、商业利益的制约。

目前，现场总线通信安全的主流研究方向是通信的安全协议，该协议致力于开发安全检测措施以发现更多的传输错误。现有现场总线安全协议主要有 Profisafe、Interbus Safety、CANopen Safety、CCLink Safety、EtherCat Safety 等，其研究的重点均在传输错误的检测方法上。这些方法通常无法修复发生错误的信号，只能选择重传，并且实时性有待提高。

### （二）工业控制系统安全

1. "震网"病毒事件

数据采集与监控（SCADA）、分布式控制系统（DCS）、过程控制系统（PCS）、可编程逻辑控制器（PLC）等工业控制系统广泛运用于工业、能源、交通、水利及市政等领域，并用于控制生产设备的运行。一旦工业控制系统中的软件漏洞被恶意代码利用，将对工业生产运行和国家经济安全造成重大隐患。随着信息化与工业化深度融合及物联网的快速发展，工业控制系统产品越来越多地采用通用协议、通用硬件和通用软件，以各种方式与互联网等公共网络相连接，于是病毒、木马等威胁正在向工业控制系统扩散，工业控制系统的信息安全问题日益突出。2010 年发生的"震网"病毒事件就是一个典型的事例。震网病毒又名 Stuxnet 病毒，它是第一个专门攻击现实世界中的工业基础设施的"蠕虫"病毒（能进行自我复制，通过网络传播）。"震网"病毒也被认为是世界上第一个网络"超级武器"，其目的可能是要攻击伊朗的布什尔核电站，它感染了全球超过 45 000 个网络，其中伊朗遭到的攻击最为严重，60% 的个人计算机感染了这种病毒。

Stuxnet 蠕虫针对的软件系统是西门子公司 SCADA 系统的 SIMATIC WinCC，该系统被广泛应用于钢铁、汽车、电力、运输、水利、化工、石油等工业领域，特别是国家基础设施工程中。该系统运行在 Windows NT 类型的平台上，常被部署在与外界隔离的专用局域网中。

Stuxnet 蠕虫利用了微软操作系统中至少四个漏洞，其中有三个全新的零日漏洞：伪造驱动程序的数字签名；通过一套完整的入侵和传播流程，突破工业专用局域网的物理限制；利用 WinCC 系统的两个漏洞，对其开展破坏性攻击。通常情况下，蠕虫攻击具有传播范围的广阔性、攻击目标的普遍性特点。Stuxnet 蠕虫却与此截然相反，攻击的最终目标既不是开放的主机，也不是大众家庭中的通用软件，加上其攻击需要渗透到内网，并且需要挖掘 Windows 操作系统的零日漏洞，其攻击能力非同寻常。

工业控制网络包括工业以太网及现场总线控制系统。工业控制网络早已在诸如电力、钢铁、化工等大型工业企业中应用多年，工业控制网络的核心大多是工控 PC，大多数基于 Windows-Intel 平台，工业以太网与民用以太网在技术上并无本质差异，现场总线技术更是将单片机/嵌入式系统应用到了每一个控制仪表上。以化工行业为例，针对工业控制网络的攻击可能破坏反应器的正常温度/压力测控，导致反应器超温/超压，最终就会导致冲料、起火甚至爆炸等灾难性事故，还可能造成次生灾害和人道主义灾难。

2. 工业控制系统的信息安全管理

工业和信息化部 2011 年 9 月下发了《关于加强工业控制系统信息安全管理的通知》，要求各地区、各有关部门、有关国有大型企业充分认识工业控制系统信息安全的重要性和紧迫性，切实加强工业控制系统信息安全管理，以保障工业生产运行安全、国家经济安全和人民生命财产安全。重点加强核设施、钢铁、有色、化工、石油石化、电力、天然气、先进制造、水利枢纽、环境保护、铁路、城市轨道交通、民航、城市供水供气供热及其他与国计民生紧密相关领域的工业控制系统信息安全管理，落实安全管理要求。通知从信息安全管理角度出发，提出了对工业控制系统的信息安全管理方面的注意事项，包括连接管理要求、组网管理要求、配置管理要求、设备选择与升级管理要求、数据管理要求、应急管理要求等。

3. 工业控制系统安全

（1）现场总线的选择

虽然 IEc 组织已达成了国际总线标准，但总线种类仍然很多，而每种现场总线都有自己最合适的应用领域，如何在实际中根据应用对象，将不同层次的现场总线组合使用，使系统的各部分都选择最合适的现场总线，对用户来说，仍然是比较棘手的问题。

（2）系统的集成问题

由于实际应用中一个系统很可能采用多种形式的现场总线，因此如何把工业控制网络与数据网络进行无缝集成，从而使整个系统实现管控一体化是关键环节。现场总线系统在设计网络布局时，不仅要考虑各现场节点的距离，还要考虑现场节点之间的功能关系、信息在网络上的流动情况等。由于智能化现场仪表的功能很强，因此许多仪表会有同样的功能块，组态时选哪个功能块需要仔细考虑，要使网络上的信息流动最小化。同时，通信参数的组态很重要，要在系统的实时性与网络效率之间做好平衡。

（3）技术瓶颈问题

技术瓶颈问题主要表现：第一，当总线电缆截断时，整个系统有可能瘫痪。用户希望这时系统的效能可以降低，但不能崩溃，这一点许多现场总线不能保证。第二，防爆理论的制约。现有的防爆规定限制总线的长度和总线上负载的数量，这就限制了现场总线节省线缆优点的发挥。各国都在对现场总线本质安全概念理论加强研究，争取有所突破。第三，系统组态参数过于复杂。现场总线的组态参数很多，不容易掌握，但组态参数设定得好坏，对系统性能影响很大。

## 三、卫星通信接入安全

卫星通信接入网包括卫星电视、遥感卫星等其他各类通信卫星，下面研究民用卫星通信中的两个典型应用：CMMB 手机电视和北斗卫星导航系统。

### （一）CMMB 简介

1. CMMB 技术及优势

CMMB（China Mobile Multimedia Broadcasting）技术标准（俗称手机电视）是由中国国家新闻出版广电总局（现为国家广播电视总局）组织研发，具有自主知识产权的移动多媒体广播电视标准，该标准适用于各种 7 寸以下屏幕的移动便携终端，包括手机、GPS、MP4、数码相机等。CMMB 具有全国统一标准、网络覆盖广、移动性好、节目丰富、终端方案成熟等特点。CMMB 是国内自主研发的第一套面向手机、笔记本电脑等多种移动终端的系统，利用 S 波段信号实现"天地"一体覆盖、全国漫游，支持 25 套电视和 30 套广播节目。2006 年 10 月 24 日，国家新闻出版广电总局正式颁布中国移动多媒体广播行业标准，确定采用我国自主研发的移动多媒体广播行业标准。标准适用于 30 MHz 到 3 000 MHz 频率范围内的广播业务频率，通过卫星和（或）地面无线发射电视、广播、数据信息等多媒体信号的广播系统，可实现全国漫游。

CMMB 主要包括以下两类应用：在移动通信设备（如手机）上观看电视节目，也称为"手机电视"；在非通信类移动设备（如 MP4、数码相机）上观看电视节目。

CMMB 的优势主要有三方面：第一，CMMB 借助卫星通信，能极好地解决移动终端（手机电视）信号流畅的问题；第二，CMMB 由国家新闻出版广电总局管理，其负责的电影、电视、广播载体，具有丰富的电视内容资源，CMMB 也是 2008 年奥运会新媒体的直播载体；第三，收费低廉，CMMB 兼顾国家媒体信息发布功能。

2. CMMB 的发展与原理

从技术上讲，手机电视主要分为两大类，分别源于广播网络和移动通信网络。第一类技术以欧洲的 DVB-H、韩国的 T-DMB、日本的 ISDB-T、美国的 MediaFlo 和中国的 CMMB 为代表，以地面广播网络为基础，与移动网络松耦合或者相对独立地组网；第二类技术以 3GPP 的 MBMS 和 3GPP2 的 BCMCS 为代表，以移动通信网络为基础，不能独立组网。与国外的同类技术如欧美、日、韩等国家和地区相比，CMMB 具有图像清晰流畅、组网灵活方便、内容丰富多彩等特点。

CMMB 采用卫星和地面网络相结合的"天地一体、星网结合、统一标准、全国漫游"方式，实现全国范围移动多媒体广播电视信号的有效覆盖。CMMB 利用大功率 S 波段卫星覆盖全国 100% 国土，利用 S/U 波段增补转发器覆盖卫星信号较弱区（利用 UHF 地面发射覆盖城市楼房密集区），利用无线移动通信网络构建回传通道，从而组成单向广播和双向交互相结合的移动多媒体广播网络。CMMB 借助卫星和地面基站广播，解决了手机电视信号不流畅的问题。CMMB 频段范围在 470～798 MHz，传播消耗小，发射功率能够达到千瓦级别，有效室外覆盖范围在十几到 40km（覆盖范围大于移动通信基站）。到 2011 年 12 月，全国 337 个地级市和百强县实现优质覆盖，覆盖全国 5 亿以上的人口。CMMB 也正在扩展海外业务，如已经在塔吉克斯坦开通试播。

CMMB 是广播技术，优势是覆盖广、相对成本低、多用户可同时观看，不足之处是难以支持点播和双向互动业务。3G 的视频技术，优势在于其交互性、点播甚至即时通信，但在实现大规模、广覆盖、多用户情况下的视频传输时是很不经济的。因此，将 3G 中的 TD 技术和 CMMB 技术结合起来，可以加快移动电视在手机上应用的速度。与传统的电视相比，CMMB 除了传播音视频节目外，还可以利用自身的带宽优势提供各类数据业务，包括交通诱导、股市行情、电子杂志、生活咨询、推送式下载等。通过移动通信网络的回传，CMMB 终端还可以实现互动、在线支付等功能。如此多样的应用必须要有安全的网络作为保障。如果没有安全广播，不法分子为了达到个人目的，就可能利用大功率的移动发射站在 CMMB 终端集中的区域进行非法广播，此时受干扰的终端收到的将是非法电台发出的毒害观众思想的电视节目，或者是联系电话及银行账号被篡改过的电视购物频道，此时受到伤害的不仅是消费者，运营商也会遭受重大损失。因此，2009 年 1 月国家新闻出版广电总局颁布了《移动多媒体广播第 10 部分：安全广播》标准。

安全广播技术的原理就是通过在移动多媒体广播信号中插入安全广播信息，使移动多媒体终端具备鉴别多媒体广播业务合法性的能力。即当移动多媒体广播在传输过程中被恶意替换、篡改时，终端可以及时停止非法业务的展现。

安全广播系统由前端子系统和终端模块构成，其中前端子系统实现安全广播信息的生成和发送，终端模块实现安全广播信息的接收和处理。安全广播前端子系统获得复用控制信息表和业务特征信息，并根据这些信息生成安全广播信息，以数据业务形式复用传输。复用子系统使用单独的复用子帧承载安全广播信息，为其分配业务标识号，经由广播信道发送。安全广播终端模块在终端接收移动多媒体广播业务内容时，根据业务标识号从传输帧中解复用获得安全广播信息，并对安全广播信息进行校验，根据校验结果确认广播业务内容的合法性，进而允许或禁止业务展现。

## （二）北斗卫星导航系统简介

中国北斗卫星导航系统（BeiDou Navigation Satellite System，BDS）是中国自行研制的全球卫星导航系统，是继美国全球定位系统（GPS）、俄罗斯格洛纳斯卫星导航系统（GLONASS）之后的第三个成熟的卫星导航系统。北斗卫星导航系统（BDS）和美国的 GPS、俄罗斯的 GLONASS、欧盟的 GALILEO，是联合国卫星导航委员会已认定的供应商。

1. 北斗卫星导航系统工作原理

北斗卫星导航系统由空间段、地面段和用户段三部分组成，可以在全球范围内全天候、全天时为各类用户提供高精度、高可靠的定位、导航、授时服务，并具有短报文通信能力，已经初步具备区域导航、定位和授时能力，定位精度 10 m，测速精度 0.2 m/s，授时精度 10 ns。空间段包括 5 颗静止轨道卫星和 30 颗非静止轨道卫星（卫星总数比 GPS 多出 11 颗），地面段包括主控站、注入站和监测站等若干个地面站，用户段包括北斗用户终端及与其他卫星导航系统兼容的终端。

已经在轨使用的"北斗一号"系统采用的是主动式双向测距二维导航，首先由地面主控站向卫星 I 和卫星 II 同时发送询问信号，经卫星转发器向服务区内的用户广播。用户响应其中一颗卫星的询问信号，并同时向两颗卫星发送响应信号，经卫星转发回地面主控站。地面主控站接收并解释用户发来的信号，然后根据用户的申请服务内容进行相应的数据处理。对定位申请，主控站测出两个时间延迟：①从主控站发出询问信号，经某一颗卫星转发到达用户，用户发出定位响应信号，经同一颗卫星转发回主控站的延迟；②从主控站发出询问信号，经上述同一卫星到达用户，用户发出响应信号，经另一颗卫星转发回主控站的延迟。

由于主控站和两颗卫星的位置均是已知的，因此由上面两个延迟量可以算出用户到第一颗卫星的距离，以及用户到两颗卫星的距离之和，从而知道用户处于一个以第一颗卫星为球心的一个球面，和以两颗卫星为焦点的椭球面之间的交线上。另外，主控站从存储在计算机内的数字化地形图查寻到用户高程值，而中心控制系统可以最终计算出用户所在点的三维坐标，这个坐标经加密由出站信号发送给用户。

2. 北斗卫星导航系统的功能

北斗卫星导航系统的四大功能：第一，短报文通信。北斗系统用户终端具有双向报文通信功能，用户可以一次传送 40 ～ 60 个汉字的短报文信息。这一功能是 GPS 所不具备的。第二，精密授时。北斗系统具有精密授时功能，可以向用户提供 20 ～ 100 ns 时间同步精度。第三，定位精度。水平精度 100 m，设立标校站之后为 20 m（类似差分状态）。工作频率为 2 491.75 MHz。第四，系统容纳的最大用户数为每小时 540 000 户。

北斗系统在军事和民用方面有极其重要的用途。

军用功能：北斗卫星导航系统的军事功能与 GPS 类似，如运动目标的定位导航；为缩短反应时间的武器载具发射位置的快速定位；人员搜救、水上排雷的定位需求等。这些功能用在军事上，意味着可以主动进行各级部队的定位，也就是说，大陆各级部队一旦配备北斗卫星导航定位系统，除了可供自身定位导航外，高层指挥部也可以随时通过北斗系统掌握部队位置，并传递相关命令，对任务的执行有相当大的助益。换言之，可利用北斗卫星导航定位系统执行部队指挥与管制及战场管理。

民用功能：个人位置服务、气象应用、道路交通管理、铁路智能交通、海运水运、航空运输、应急救援、指导放牧等。

3. 北斗卫星导航系统的安全性

目前，北斗卫星导航系统的安全性的重心还是放在军事应用上，其具体的安全机制均处于保密状态，不为外界所知。随着其在民用网络应用的不断增加，安全机制的设计与研究也会逐渐提上日程，北斗卫星导航系统应向终端用户提供安全、有效和可靠的数据服务。具体需要满足以下方面：

（1）服务方可以认证终端用户的身份，保证未授权用户无法窃取数据服务，即数据的授权访问服务。

（2）服务方向终端用户提供有效和可靠的加密数据，只有终端用户可以阅读和使用这个加密数据，未授权用户无法阅读和使用数据，即数据的保密通信服务。

（3）终端用户可以认证加密数据的来源可靠，进而可以放心使用这个加密数据，即数据的来源认证服务。

北斗卫星导航系统的建设与发展，以应用推广和产业发展为根本目标，不仅要建成系统，更要用好系统，强调质量、安全、应用、效益，遵循以下建设原则：第一，开放性。北斗卫星导航系统的建设、发展和应用将对全世界开放，为全球用户提供高质量的免费服务，积极与世界各国开展广泛而深入的交流与合作，促进各卫星导航系统间的兼容与互操作，推动卫星导航技术与产业的发展。第二，自主性。中国将自主建设和运行北斗卫星导航系统，北斗卫星导航系统可以独立为全球用户提供服务。

2012 年中国已实现北斗卫星导航系统的亚太地区覆盖。根据系统建设总体规划，2020 年将建成覆盖全球的北斗卫星导航系统。

北斗卫星导航系统的建设目标是，建成独立自主、开放兼容、技术先进、稳定可靠的覆盖全球的北斗卫星导航系统，促进卫星导航产业链的形成，形成完善的国家卫星导航应用产业支撑、推广和保障体系，推动卫星导航在国民经济社会各行业的广泛应用。

## 第五节　物联网核心网安全与 6LoWPAN 安全分析

### 一、核心 IP 骨干网的安全

安全机制可以处在协议栈的不同层次，通常密钥协商和认证协议在应用层定义，而保密性和完整性可以在不同的层次完成。表 5-2 所示的是不同层次的安全协议，认证对象是指消息鉴别、设备认证和用户认证等。

表 5-2　分层安全协议

| 所处层次 | 安全协议 | 应用对象 | 保密性 | 完整性 | 认证对象 |
|---|---|---|---|---|---|
| 应用层 | WS-Security | 文档 | Y | Y | 数据 |
| | PGP | E-mail | Y | Y | 消息 |
| | S/MIME | | Y | Y | |
| 传输层 | SSH | 客户端到服务器 | N | N | 用户 |
| | SSL/TLS | | Y | T | 服务器 |
| 网络层 | IPSec | | Y | Y | — |
| 链路层 | WEP/WPA/802.1 X GSM/3G/LTE | 主机到主机 | Y | Y | 主机 |
| | IEEE 802.15.4 Bluetooth | 无线访问 | Y | Y | 设备 |

## （一）IPSec

从 1995 年开始，国际互联网工程任务组 IETF 着手研究制定了一套 IP 安全（IP Security，IPSec）协议，用于保护 IP 通信的安全。IPSec 将密码算法设立在网络层，它是构造 VPN 的主要工具。IETF 的 IPSec 工作组定义了 12 个 RFC，定义了体系、密钥管理、基本协议等，因此 IPSec 是一种协议套件。

IPSec 有三个基本组成部分：认证报头（Authentication Header，AH）、封装安全负载（Encapsulating Security Payload，ESP）和互联网密钥交换（Internet Key Exchange，IKE）协议。IPSec 提供的安全服务包括：数据起源地验证、无连接数据的完整性验证、数据内容的机密性、抗重播保护和有限的数据流机密性保证等。

IPSec 具有两种工作模式，即传输模式和隧道模式。传输模式不保护 IP 头，只保护 IP 包中来自传输层的数据包（IP 层载荷）。通常用于从主机到主机的数据保护场景。隧道模式保护整个 IP 包（包含原 IP 头），因而要加一个新的 IP 头，通常使用在从主机到路由器和从路由器到主机的路由器上，也就是说，当发送者和接收者都不是主机的时候，才使用隧道模式。

## （二）SSL/TLS

传输层安全协议通常指的是套接层安全协议 SSL 和传输层安全协议 TLS 两个协议。SSL 是美国 Netscape 公司于 1994 年设计的，为应用层数据提供安全服务和压缩服务。SSL 虽然通常是从 HTTP 接收数据，但 SSL 其实可以从任何应用层协议接收数据。1999 年 IETF 将 SSL 的第 3 版进行了标准化，确定为传输层标准安全协议 TLS。TLS 和 SSL 第 3 版只有微小的差别，所以人们通常把它们一起表示为 SSL/TLS。另外，在无线环境下，由于手机及手持设备的处理和存储能力有限，原 WAP 论坛在 TLS 的基础上做了简化，提出了 WTLS（Wireless Transport Layer Security）协议，以适应无线网络的特殊环境。

SSL 由两部分组成，第一部分称为 SSL 记录协议，置于传输协议之上；第二部分由 SSL 握手协议、SSL 密钥更新协议和 SSL 提醒协议组成，置于 SSL 记录协议之上和应用程序（如 HTTP）之下。

1. SSL 握手协议

SSL 握手协议用于给通信双方约定使用哪个加密算法、哪个数据压缩算法及哪些参数。在算法确定了加密算法、压缩算法和参数以后，SSL 记录协议将接管双方的通信，包括将大数据分割成块、压缩每个数据块、给每个压缩后的数据块签名、在数据块前加上记录协议包头并传送给对方。SSL 密钥更新协议允许通信双方在一个会话阶段中更换算法或参数。SSL 提醒协议是管理协议，用于通知对方在通信中出现的问题及异常情况。

SSL 握手协议是 SSL 各协议中最复杂的协议，它提供客户和服务器认证并允许双方协商使用哪一组密码算法、交换加密密钥等。

第一阶段：协商确定双方将要使用的密码算法。

这一阶段的目的是客户端和服务器各自宣布自己的安全能力，从而双方可以建立共同支持的安全参数。客户端首先向服务器发送问候信息，包括：客户端主机安装的 SSL 最高版本号，客户端伪随机数生成器秘密产生的一个随机串以防止重放攻击、会话标识、密码算法组、压缩算法（ZIP、PKZIP 等）。其中，密码算法组是指客户端主机支持的所有公钥密码算法、对称加密算法和 Hash 函数算法。按优先顺序排列，排在第一位的算法是客户主机最希望使用的算法。

第二阶段：对服务器的认证和密钥交换。

服务器程序向客户程序发送如下信息：

服务器的公钥证书。包含 X.509 类型的证书列表，如果密钥交换算法是匿名 Diffie-Hellman，就不需要证书。

服务器端的密钥交换信息。包括对预备主密钥的分配，如果密钥交换方法是 RSA 或者固定 Diffie-Hellman，就不需要这个信息。

询问客户端的公钥证书。向客户端请求第三阶段的证书。如果给客户使用的是匿名 Diffie-Hellman，服务器就不向客户端请求证书。

完成服务器问候。该信息用 Server Hello Done 表示，表示阶段二结束，阶段三开始。

第三阶段：对客户端的认证和密钥交换。

客户程序向服务器程序发送如下信息：

客户公钥证书。和第二阶段的信息格式相同，但内容不同，它包含证明客户的证书链。只有在第二阶段请求了客户端的证书，才发送这个信息。如果有证书请求，但客户没有可发送的证书，它就发送一个 SSL 提醒信息（携带一个没有证书的警告）。服务器也许会继续这个会话，也可能会决定终止。

客户端密钥交换信息。用于产生双方将使用的主密钥，包含对预备主密钥的贡献。信息的内容基于所用的密钥交换算法。如果密钥交换算法是 RSA，客户就创建完整的预备主密钥并用服务器 RSA 公钥进行加密。如果是匿名 Diffie-Hellman 或暂时 Diffie-Hellman，客户就发送 Diffie-Hellman 半密钥，等等。

证书验证。如果客户发送了一个证书，宣布它拥有证书中的公钥，就需要证实它知道相关的私钥。这对于阻止一个发送了证书并声称该证书来自客户的假冒者是必需的。通过创建一个信息并用私钥对该信息进行签名，可证明它拥有私钥。例如，客户用私钥对前面发送的明文的 Hash 值进行签名。

假设服务器在第一阶段选取了 RSA 作为密钥交换手段，则客户程序用如下方法产生密钥交换信息：客户程序验证服务器公钥证书的服务器公钥，然后用伪随机数生成器产生一个 48 字节长的比特字符串 jpm，称为前主密钥。然后用服务器公钥加密 spm，将密文作为密钥交换信息传给服务器。这时，客户端和服务器端均拥有 spm，且 spm 是仅仅被客户和服务器所拥有的。

第四阶段：结束。

双方互送结束信息完成握手协议，并确认双方计算的主密钥相同。为达到此目的，结束信息将包含双方计算的主密钥的 Hash 值。此后，客户和服务器将转用 SSL 记录协议进行后续的通信。

2. SSL 记录协议

执行完握手协议后，客户和服务器双方统一了密码算法、算法参数、密钥及压缩算法。SSL 记录协议便可使用这些算法、参数和密钥对数据进行保密和认证处理。令 M 为客户希望传送给服务器的数据，客户端 SSL 记录协议首先将 M 分成若干长度不超过 214 字节的分段：$M_1$，$M_2$，…，$M_k$。令 CX、H 和 E 分别为客户端和服务器双方在 SSL 握手协议中选定的压缩函数、HMAC 算法和加密算法。

3. SSL/TLS 协议的安全机制

SSL/TLS 协议实现的安全机制包括身份验证机制和数据传输的机密性与完整性控制。

（1）身份验证机制

SSL/TLS 协议基于证书并利用数字签名的方法对服务器和客户端进行身份验证，其中客户端的身份验证可选。在该协议机制中，客户端必须验证 SSL/TLS 服务器的身份，SSL/TLS 服务器是否验证客户端身份自行决定。SSL/TLS 利用 PK 提供的机制保证公钥的真实性。

（2）数据传输的机密性

可以利用对称密钥算法对传输的数据进行加密。网络上传输的数据很容易被非法用户窃取，SSL/TLS 协议采用在通信双方之间建立加密通道的方法保证数据传输的机密性。所谓加密通道是指发送方在发送数据前，使用加密算法和加密密钥对数据进行加密，然后将数据发送给对方；接收方接收到数据后，利用解密算法和解密密钥从密文中获取明文，从而保证数据传输的机密性。没有解密密钥的第三方，无法将密文恢复为明文。SSL/TLS 加密通道上的数据加解密使用对称密钥算法，目前主要支持的算法有 DES、3DES、AES 等，这些算法都可以有效防止交互数据被窃听。

（3）消息完整性验证

消息传输过程中使用 MAC 算法来检验消息的完整性。为了避免网络中传输的数据被非法篡改，SSL/TLS 利用基于 MD5 或 SHA 的 MAC 算法来保证消息的完整性。MAC 算法可以将任意长度的数据转换为固定长度的数据。发送者利用已知密钥和 MAC 算法计算出消息的 MAC 值，并将其加在消息之后发送给接收者。接收者利用同样的密钥和 MAC 算法计算出消息的 MAC 值，并与接收到的 MAC 值进行比较。如果二者相同，则报文没有改变；否则，报文在传输过程中被篡改。

## 二、6LoWPAN 适配层的安全

为了让 IPv6 协议能在 IEEE 802.15.4 协议之上工作，6LoWPAN 适配层得以提出。这一解决方法正在被 IP 标准协会组织（IPSO）联盟所推广，是 IPSO 提出的智能物体（Smart Object）、基于互联网（Internet-based，Web-enabled）的无线传感器网络等应用的基本技术。由 27 个公司发起的针对智能对象联网的 IP 标准协作组织 IPSO（IP for Smart Object alliance）目前已有 45 个成员，包括 Cisco、

SAP、SUN、Bosch、Intel 等，该组织提出的 IPv6 协议栈可以和主流厂商的协议栈互操作，其轻量级的代码只需要 11.5 KB 的内存。

## （一）6LoWPAN 协议简介

IETF 于 2004 年成立 6LoWPAN（IPv6 over Low-power Wireless Personal Area Network）工作组，致力于将 TCP/IPv6 协议栈构建于 IEEE 802.15.4 标准之上，并且通过路由协议构建起自组织方式的低功耗、低速率的 6LoWPAN 网络。第一个 6LoWPAN 规范 RFC4919 给出了标准的基本目标和需求，然后 RFC 4944 中规范了 6LoWPAN 的格式和功能。通过部署和实现的经验，6LoWPAN 工作组进一步公布了包头压缩（Header Compression）、邻居发现（Neighbor Discovery）、用例（Use Case）及路由需求等文档。2008 年 IETF 成立了一个新的工作组：ROLL（Routing Over Low-power and Lossy Networks），规范了低功耗有损网络（Low-power and Lossy Network，LLN）中路由的需求及解决方案。在 6LoWPAN 提出后，很多组织、标准或联盟都提出了相应的兼容性方案。

在 2008 年，现代牧业（ISA）开始为无线工业自动化控制系统制定标准，称为 SP100.11a（也称为 ISA100），该标准基于 6LoWPAN。

同样是 2008 年，IPSO 联盟成立，推动在智能物体上使用 IP 协议。

IP500 联盟主要致力于针对商业和企业建筑自动化及过程控制系统的开放无线 Mesh 网络，是一个在 IEEE 802.15.4（sub-GHz）无线电通信上建立 6LoWPAN 的联盟，sub-GHz ISM 频段是 433 MHz、868 MHz 和 915 MHz，使用该频段的原因是当 2.4 GHz ISM 频段变得拥挤时，sub-GHz 比 2.4 GHz 有更好的低频穿透能力，导致更大的传输距离。

开放地理空间联盟（Open Geospatial Consortium，OGC）规范了一个基于 IP 的地理空间和感知应用的解决方案。2009 年，欧洲电信标准化协会（European Telecommunication Standards Institute，ETSI）成立了一个工作组，制定 M2M 标准，其中包括端到端的与 6LoWPAN 兼容的 IP 架构。

物联网中特别是可通过 Internet 访问的传感器网络，其节点数目巨大，分布在户外并且位置可能是动态变化的。IPv6 由于具有地址空间大、地址自动配置、邻居发现等特性，因此特别适合作为此类物联网的网络层。同时在技术上 IPv6 的巨大地址空间能够满足节点数量庞大的网络地址需求；IPv6 的一些新技术（如邻居发现、无状态的地址自动配置等技术）使自动构建网络时要相对容易一些。IPv6 与 IEEE 802.15.4 的 MAC 层的结合，可以轻松实现大规模传感器（智能物体）网络与

Internet 的互联，并能远程访问这些传感器（智能物体）节点的数据。

### （二）6LoWPAN 的安全性分析

因为分片与重组的存在，报文中与分片 / 重组过程相关的参数有可能会被攻击者修改或重构，如数据长度（Datagram Size）、数据标签（Datagram Tag）、数据偏移（Datagram Offset）等，从而引起意外重组、重组溢出、重组乱序等问题，进而使节点资源被消耗、停止工作、重启等，以这些现象为表现的攻击被称为 IP 包碎片攻击（IP Packet Fragmentation Attack），进而可引发 DoS 攻击和重播攻击。所以，金姆（H.Kim）等人提出了在 6LoWPAN 适配层增加时间戳（Time Stamp）和随机序列（Nonce）选项来保证收到的数据包是最新的，从而防止数据包在传输过程中被攻击者修改或重构，进而有效地防止 IP 包碎片攻击。荣格(W. Jung) 等人提出并实现了一整套在 6LoWPAN 网络中实现安全套接层（Secure Sockets Layer, SSL）的方案，他们在密钥分发上对 ECC 和 RSA 做了比较，在密码算法上对 RC4、DES、3DES 做了比较，在消息认证上使用 MD5 和 SHA1 函数，最后发现 ECC-RC4-MD5 的组合消耗的资源最小，分别占用 64 kB 的 Flash 和 7kB 的 RAM，实现一次完整的 SSL 握手需要 2 s。

RFC 工作文档给出了一些对 6LoWPAN 安全的分析。

1. 关于 IEEE 802.15.4 的安全性

IEEE 802.15.4 MAC 层提供了安全服务，由 MAC PIB（PAN Information Base）控制，MAC 子层在 PIB 中维护一个访问控制列表（ACL）。通过针对某个通信方设定一个 ACL 中的安全套件（Security Suite），设备可以确定使用什么安全级别（即无安全、访问控制、数据加密、帧完整性等）与该通信方通信。

IEEE 802.15.4 MAC 的一个关键功能就是提供了帧安全性。帧安全性其实是 MAC 层提供给上层的可选服务。取决于应用的需求，若应用并没有设定任何安全参数，则这一安全功能是中止的。IEEE 802.15.4 定义了四种包类型：Beacon 包、数据包、确认包及控制包。对于确认包没有安全机制，其他的包类型可以选择是否需要完整性保护或者保密性保护。由于 IEEE 802.15.4 的应用十分广泛，因此认证和密钥交换机制在标准中并没有定义，留给上层应用来定义。

2. 关于 IP 的安全性

IPSec 可以保证 IP 包的完整性和保密性。IPSec 支持 AH 来认证 IP 头，以及 ESP 来认证和加密包负载。IPSec 的主要问题是处理能耗和密钥管理。目前并不清楚在 6LoWPAN 节点上实现 SADB、策略库、动态密钥管理协议是否是合适的。基于目前的硬件情况，6LoWPAN 节点上不适合实现所有的 IPSec 算法，即使是功能略强的 FFD 或者 RFD 节点。另外，由于带宽也是 6LoWPAN 中一个非常紧缺的资源，IPSec 需要在每个包中额外传输包头（AH 或者 ESP），这可能会带来沉重的负担。IPSec 需要两个通信方共享一个秘密密钥，这一密钥通常是通过 IKEv2 协议同态建立的，因此这又增加了 IKEv2 协议的通信负担。由于邻居发现协议在 6LoWPAN 中使用，因此安全邻居发现协议（Secure Neighbor Discovery，SeND）应该被考虑。SeND 在 IP 网络中工作良好，但协议中使用的 CGA（Crypto-Generated Address）技术是基于 RSA 密码的，RSA 与椭圆曲线秘密（ECC）相比需要更大的包尺寸和处理时间。因此，一个合理的可能性就是在 SeND 协议中使用 ECC 来用于 6LoWPAN 网络。

在密钥管理方面，由于节点资源受限，缺乏物理保护，无人值守操作，并且与物理环境密切交互，这些都使在 6LoWPAN 中使用常用的密钥交换技术变得不太可行。常见的三种密钥管理技术，如基于可信第三方的密钥分配技术、密钥预分配技术、基于公钥密码的技术均面临一些困难。基于可信第三方的技术，如 Kerberos，具有单一失效点，这一方法不适合 6LoWPAN，因为不能保证和可信第三方的连接总是可用的，特别是在 LLN 网络中。基于密钥预分配的技术需要网络部署者事先知道节点的布局、节点之间的相邻关系，但是由于节点部署的随机性，这种相邻关系可能无法事先获得。而且若节点可能在网络部署时被入侵者攻击，动态在线（On-site）密钥管理技术比起密钥预分配要更加有利于处理网络的动态性。基于公钥密码的密钥分配技术，如数字证书，在 6LoWPAN 节点上可能计算能耗较高，如 DH 密钥协商、RSA 或者 ECC 等，但是有研究表明 ECC 可在传感器节点上实现。在密钥管理方面的建议包括：

（1）敌对节点可能在节点布置阶段隐藏在其他节点之中，因此在启动阶段的安全密钥分配是一个研究问题。

（2）节点在工作过程中被捕获，因此密钥回收必须考虑。

（3）在睡眠模式中，给睡眠节点的密钥必须可以从唤醒模式的节点中推导出来。

（4）一旦密钥暴露了，必须诊断安全的破坏情况。

（5）密钥管理机制应该允许增加新的节点。

**（三）RPL 和 CoAP 的安全性讨论**

最后简要讨论一下在 6LoWPAN 层以上的路由协议 RPL 的安全性及应用层 CoAP 协议的安全性。两者的安全性研究仍然在进行中。

1. RPL 的安全性

IPv6 的路由协议需要修改以适合 LLN，即 RPL（Routing Protocol for LLN）协议。该协议定义了能够在 LLN 环境中使用的点到点、点到多点、多点到点的路由协议。RPL 是一个高度模块化的协议，其路由协议的核心是满足特定应用的路由需求的交集，而对于特定的需求，可以通过添加附加模块的方式来满足。RPL 是一个距离向量协议，它创建一个 DODAG（Destination Oriented Directed Acyclic Graph），其中路径从网络中的每个节点到 DODAG 根（通常是汇点或者 LBR）。RPL 中用到的术语 DAG（Directed Acyclic Graph）是有向非循环图。DAG Root 表示 DAG 根节点。所有的 DAG 必须有至少一个 DAG 根，并且所有路径终止于一个根节点。DODAG 是面向目的地的有向非循环图，以单独一个目的地为根的 DAG。DODAG Root 是一个 DODAG 的 DAG 根节点。它可能会在 DODAG 内部担当一个边界路由器，尤其是可能在 DODAG 内部聚合路由，并重新分配 DODAG 路由到其他路由协议内。一个节点的等级定义了该节点相对于其他节点关于一个 DODAG 根节点的唯一位置。OF（Objective Function）表示目标函数，定义了路由度量、最佳目的及相关函数如何被用来计算出 Rank 值。此外，OF 指出了在 DODAG 内如何选择父节点从而形成 DODAG。

2. CoAP 的安全性简介

CoAP（Constrained Application Protocol）协议是用于 M2M 应用的轻量级应用层协议，可以作为智能物体网络的应用层协议。关于 CoAP 安全架构的研究比较成熟的模型是部署模型，这一架构的根本点是自生成安全标识（Self-Generated Secure Identity），这和 CGA（Cryptographically Generated Addresses）类似。安全标识可用于安全凭证、共享的秘密、安全策略信息。安全标识可用于识别认证的设备。有多种方式可在设备部署阶段完成标识信息收集。

# 第六章　物联网应用层安全技术研究

　　物联网应用层安全包括服务端的安全问题。服务端安全涉及的范围可以更广，如服务器端的访问控制技术、数据库安全相关技术、P2P 安全技术等。本章服务端安全研究的是云计算。这是因为云计算与物联网相结合，可以发挥"物"端和"云"端各自的特点和优势，"物"端的轻便性往往制约了后端设备的存储和计算能力，"云"端可以弥补这一不足，提供按需存储和计算能力。特别是当物联网的规模足够大时，就需要和云计算结合起来，如在大型的行业应用中需要大量的后端数据支持和管理；M2M 应用中接入网络的终端数量规模巨大，都需要云计算中心提供强大的后端存储和计算支持。

## 第一节　物联网应用层安全需求

### 一、应用层面临的安全问题

　　应用层主要用来对接收的信息加以处理。要对接收的信息进行判断，分辨其是有用信息、垃圾信息还是恶意信息。处理的数据有一般性数据和操作指令，因此要特别警惕错误指令，如指令发出者的操作失误、网络传输错误等造成的错误指令，或者是攻击者的恶意指令。识别有用信息，并有效防范恶意信息和指令带来的威胁是物联网应用层的主要安全问题，具体包括以下几个方面：①超大量终端提供了海量的数据，来不及识别和处理；②智能设备的智能失效，导致效率严重下降；③自动处理失控；④无法实现灾难控制并从灾难中恢复；⑤非法人为干预造成故障；⑥设备从网络中逻辑丢失。

## 二、应用层安全技术需求

由于应用层涉及多领域、多行业，物联网广域范围的海量数据信息处理和业务控制策略目前在安全性和可靠性方面仍存在较多的技术瓶颈且难于突破，特别是业务控制和管理、业务逻辑、中间件、业务系统关键接口等环境安全问题尤为突出。另外，网络传输模式有单播通信、组播通信和广播通信，不同的通信模式需要有相应的认证和机密性保护机制。对于物联网综合应用层的安全威胁及其对应的安全需求，需要的安全机制包括数据库访问控制和内容筛选机制、信息泄露追踪机制、隐私信息保护技术、取证技术、数据销毁技术、知识产权保护技术等。需要发展的相关密码技术有访问控制、门限密码、匿名签名、匿名认证、密文验证、叛逆追踪、数字水印和指纹技术等。

# 第二节 Web 安全分析

随着 Web 2.0、社交网络、微博等一系列新型互联网产品的诞生，基于 Web 环境的互联网应用越来越广泛，企业信息化的过程中各种应用都架设在 Web 平台上，Web 业务的迅速发展也引起了黑客的强烈关注，接踵而至的就是 Web 安全威胁的凸显。黑客利用网站操作系统的漏洞和 Web 服务程序的 SQL 注入漏洞等得到 Web 服务器的控制权限，轻则篡改网页内容，重则窃取重要内部数据，更为严重的则是在网页中植入恶意代码，使网站访问者受到侵害。这也使越来越多的用户关注应用层的安全问题，对 Web 应用安全的关注度也逐渐升温。

## 一、Web 结构原理

Web 是一种体系结构，是互联网提供的一种界面友好的信息服务。Web 上的海量信息是由彼此关联的文档组成的，这些文档称为主页（Home Page）或页面（Page），它是一种超文本（Hypertext）信息，而使其连接在一起的是超链接（Hyperlink）。通过 Web 可以访问遍布于互联网主机上的链接文档。

WWW（World Wide Web）是由大量的 Web 站点构成的，每个 Web 站点又包含许多 Web 页面。Web 页面与普通文档不同，其所含信息包括以下三个部分：网页正文、网页所含的超文本标记和网页间的超链接。从广义上看，Web 结构包括：

网页内部内容用 HTML、XML 表示成的树形结构，文档 URL 中的目录路径结构和网页之间的超链接结构。

网页分导航网页和目的网页两种。导航网页是指到达目的网页的途径网页。它只提供链接作用，其网页内容不是用户所需要的，用户会经常往返于这些页面上，但不会在上面花费大量时间。因此，导航网页应该位于易于用户寻找到目的网页的路径上，而且是最短路径上，用户途经的导航网页越少，到达目的网页的时间就越短。目的网页是用户真正要寻找的包括信息、娱乐、产品等内容的网页。用户一旦找到所需内容网页就会花许多时间驻留在这个网页上。

网站结构包括物理结构和逻辑结构。网站物理结构是指网站真实的目录及文件所存储的位置所决定的结构。网站逻辑结构（或称链接结构），是指由网页内部链接所形成的逻辑的或链接的网络结构。

## 二、Web 安全威胁

来自网络上的安全威胁与攻击多种多样，依照 Web 访问的结构，可以将其分为对 Web 服务器的安全威胁、对 Web 客户机的安全威胁和对通信信道的安全威胁三类。

### （一）对 Web 服务器的安全威胁

对于 Web 服务器、服务器的操作系统、数据库服务器都有可能存在漏洞，恶意用户都有可能利用这些漏洞去获得重要信息。Web 服务器上的漏洞可以从以下几个方面考虑：①在 Web 服务器上的机密文件或重要数据（如存放用户名、口令的文件）放置在不安全区域，被入侵后很容易得到。②在 Web 数据库中，保存的有价值信息（如商业机密数据、用户信息等），如果数据库安全配置不当，很容易泄密。③ Web 服务器本身存在一些漏洞，能被黑客利用侵入系统，破坏一些重要的数据甚至会造成系统瘫痪。④程序员的有意或无意在系统中遗漏 Bug 给非法黑客创造条件，如用 CGI 脚本编写的程序中的自身漏洞。

### （二）对 Web 客户机的安全威胁

现在网页中的活动内容已被广泛应用，活动内容的不安全性是客户端的主要威胁。网页的活动内容是指在静态网页中嵌入对用户透明的程序，它可以完成一些动作，如显示动态图像、下载和播放音乐、视频等。当用户使用浏览器查看带有活动内容的网页时，这些应用程序会自动下载并在客户机上运行，如果这些程序被恶意使用，则可以窃取、改变或删除客户机上的信息。针对 Web 客户机的安全威胁，主要用到 Java Applet 和 ActiveX 技术。Java Applet 使用 Java 语言开发，随页面下载，Java 使用的沙盒根据安全模式所定义的规则来限制 Java Applet 的活动，它不会访问系统中规定安全范围之外的程序代码。但事实上，Java Applet 存在安全漏洞，可能被利用且进行破坏。

ActiveX 是微软的一个控件技术，它封装由网页设计者放在网页中来执行特定任务的程序，可以由微软支持的多种语言开发，但只能运行在 Windows 平台。ActiveX 在安全性上不如 Java Applet，一旦下载，能像其他程序一样执行，访问包括操作系统代码在内的所有系统资源，这是非常危险的。

Cookie 是 Netscape 公司开发的，用来改善 HTTP 的无状态性。无状态的表现使制造像购物车这样要在一定时间内记住用户动作的东西很难。Cookie 实际上是一段小消息，在浏览器第一次连接时由 HTTP 服务器送到浏览器端，以后浏览器每次连接都把这个 Cookie 的一个拷贝返回给 Web 服务器，服务器用这个 Cookie 来记忆用户和维护一个跨多个页面的过程影像。Cookie 不能用来窃取关于用户或用户计算机系统的信息，它们只能在某种程度上存储用户的信息，如计算机名字、IP 地址、浏览器名称和访问的网页的 URL 等。所以，Cookie 是相对安全的。

### （三）对通信信道的安全威胁

Internet 是连接 Web 客户机和服务器通信的信道，是不安全的。像 Sniffer 这样的嗅探程序，可对信道进行侦听，窃取机密信息，对保密性的安全存在威胁。未经授权的用户可以改变信道中的信息流传输内容，造成对信息完整性的安全威胁。此外，还有像利用拒绝服务攻击，向网站服务器发送大量请求，造成主机无法及时响应而瘫痪，或者发送大量的 IP 数据包来阻塞通信信道，使网络的速度变缓慢。

## 三、Web 安全防护

### （一）Web 的安全防护技术

1. Web 客户端的安全防护

Web 客户端的防护措施，重点是对 Web 程序组件的安全进行防护，严格限制从网络上任意下载程序并在本地执行。可以在浏览器进行设置，如 Microsoft Internet Explorer 的 Internet 选项的高级窗口中将 Java 相关选项关闭。在安全窗口中选择自定义级别，将 ActiveX 组件的相关选项选为禁用。在隐私窗口中根据需要选择 Cookie 的级别，也可以根据需要将 c:\windows\cookie 下的所有 Cookie 相关文件删除。

2. 通信信道的安全防护

通信信道的防护措施，可以在安全性要求较高的环境中，利用 HTTPS 协议替代 HTTP 协议。利用安全套接层协议 SSL 保证安全传输文件，SSL 通过在客户端浏览器软件和 Web 服务器之间建立一条安全通信信道，实现信息在 Internet 中传送的保密性和完整性，但 SSL 会造成 Web 服务器性能上的一些下降。

3. Web 服务器端的安全防护

限制在 Web 服务器中的账户数据，对在 Web 服务器上建立的账户，在口令长度及定期更改方面做出要求，防止被盗用；Web 服务器本身会存在一些安全上的漏洞，需要及时进行版本升级更新；尽量使 E-mail、数据库等服务器与 Web 服务器分开，去掉无关的网络服务；在 Web 服务器上去掉一些不用的如 SHELL 之类的解释器；定期查看服务器中的日志文件，分析一切可疑事件；设置好 Web 服务器上系统文件的权限和属性；通过限制许可访问用户 IP 或 DNS；从 CGI 编程角度考虑安全，采用编译语言比解释语言会更安全些，并且 CGI 程序应放在独立于 HTML 存放目录之外的 CGI-BIN 下。

**（二）Web 服务器安全防护策略的应用**

这里以目前应用较多的 Windows 平台和 IIS 的 Web 服务器为例，简述 Web 服务器端安全防护的策略应用。

1. 系统安装的安全策略

安装 Windows 系统时不要安装多余的服务和多余的协议，因为有的服务存在漏洞，多余的协议会占用资源。安装 Windows 系统后一定要及时安装补丁程序（W2KSP4_CN.exe），并且立刻安装防病毒软件。

2. 系统安全策略的配置

通过"本地安全策略"限制匿名访问本机用户，限制远程用户对光驱或软驱的访问等。通过"组策略"限制远程用户对 Net Meeting 的桌面共享，限制用户执行 Windows 安装任务等。

3. IIS 安全策略的应用

在配置互联网信息服务（IIS）时，不要使用默认的 Web 站点，删除默认的虚拟目录映射，建立新站点，并对主目录权限进行设置。一般情况下，会设置成站点管理员和 Administrate，这两个用户可以完全控制 Web 站点，其他用户只可以读取文件。

4. 审核日志策略的配置

当 Windows 系统出现问题的时候，通过对系统日志的分析，可以了解故障发生前系统的运行情况，以便作为判断故障原因的根据。

一般情况下，需要对常用的用户登录日志、HTTP 和 FTP 日志进行配置。

（1）设置登录审核日志

审核事件分为成功事件和失败事件。成功事件表示一个用户成功地获得了访问某种资源的权限，而失败事件则表明用户的尝试失败。

（2）设置 HTTP 审核日志

通过"Internet 服务管理器"选择 Web 站点的属性，进行日志属性的设置，也可以根据需要修改日志的存放位置。

（3）设置 FTP 审核日志

设置方法同 HTTP 的设置基本一样。选择 FTP 站点，对其日志属性进行设置，然后修改日志的存放位置。

5.网页发布和下载的安全策略

因为 Web 服务器上的网页，需要频繁进行修改，因此要制定完善的维护策略，才能保证 Web 服务器的安全。有些管理员为方便起见，采用共享目录的方法进行网页的下载和发布，但共享目录方法很不安全，因此在 Web 服务器上要取消所有的共享目录。网页的更新采用 FTP 方法进行，选择对该 FTP 站点的访问权限有"读取、写入"这两种权限。对 FTP 站点属性的"目录安全性"在"拒绝访问"对话框中输入管理维护工作站的 IP 地址，限定只有指定的计算机可以访问该 FTP 站点，并只能对站点目录进行读写操作。

## 第三节　中间件安全分析

安全问题是现代信息社会中不可回避的问题，随着计算机技术的广泛应用，这一问题显得更加迫切。目前安全领域的投入大、成本高、操作能力弱等问题逐步显现，使中间件安全技术应运而生。它的设计思想是将信息安全技术和中间件安全技术结合起来，把安全模块从整个应用系统中分离出来，这样既可以提高软件的可重用性，又可以降低软件开发的难度。安全中间件项目旨在分析各种应用系统，构造具有普遍适应性的安全中间件的架构，设计和实现适应信息系统的安全中间件，以保证系统的可信度和安全性。

## 一、中间件

### （一）中间件基本概念

中间件即软件中间件（Middle Ware）是一类连接软件组件和应用的计算机软件，它包括一组服务，以便于运行在一台或多台机器上的多个软件通过网络进行交互。该技术所提供的互操作性，推动了一致分布式体系架构的演进，该架构通常用于支持并简化那些复杂的分布式应用程序，它包括 Web 服务器、事务监控器和消息队列软件。

中间件是基础软件的一大类，属于可复用软件的范畴。顾名思义，中间件处于操作系统软件与用户的应用软件的中间。

中间件在操作系统、网络和数据库之上，应用软件的下层，总的作用是为自己上层的应用软件提供运行与开发的环境，帮助用户灵活、高效地开发和集成复杂的应用软件。在众多关于中间件的定义中，比较普遍被接受的是 IDC 的表述：中间件是一种独立的系统软件或服务程序，分布式应用软件借助这种软件在不同的技术之间共享资源，中间件位于客户机服务器的操作系统之上，管理计算资源和网络通信。

IDC 对中间件的定义表明，中间件是一类软件，而非一种软件；中间件不仅仅实现互联，还要实现应用之间的互操作；中间件是基于分布式处理的软件，最突出的特点是其网络通信功能。

### （二）中间件的优缺点、分类及发展趋势

1.优点

第一，满足大量应用的需要；第二，运行于多种硬件和 OS 平台上；第三，支持分布式计算，提供跨网络、硬件和 OS 平台的透明性的应用或服务的交互功能；第四，支持标准的协议；第五，支持标准的接口。

2.缺点

中间件能够屏蔽操作系统和网络协议的差异，为应用程序提供多种通信机制，并提供相应的平台以满足不同领域的需要。因此，中间件为应用程序提供了一个相对稳定的高层应用环境。然而，中间件服务也并非万能的。中间件所应遵循的一些原则离实际还有很大距离。多数流行的中间件服务使用专有的 API 和专有的协议，使应用建立于单一厂家的产品，来自不同厂家的实现很难互操作。有些中间件服务只提供一些平台的实现，从而限制了应用在异构系统之间的移植。应用开发者在这些中间件服务之上建立自己的应用还要承担相当大的风险，随着技术的发展，他们往往还需要重写他们的系统。尽管中间件服务提高了分布计算的抽象化程度，但应用开发者还

需要面临许多艰难的设计选择，如开发者还需要决定分布应用在 Client 方和 Server 方的功能分配。通常将表示服务放在 Client 以方便使用显示设备，将数据服务放在 Server 以靠近数据库，但也并非总是如此，何况其他应用功能如何分配也是不容易确定的。

3. 分类

中间件大致可以分为六类，即终端仿真 / 屏幕转换中间件、数据访问中间件、远程过程调用中间件、消息中间件、交易中间件、对象中间件。

4. 发展趋势

中间件技术的发展方向，将聚焦于消除信息孤岛，推动无边界信息流，支持开放、动态、多变的互联网环境中的复杂应用系统，实现对分布于互联网之上的各种自治信息资源（计算资源、数据资源、服务资源、软件资源）的简单、标准、快速、灵活、可信、高效能及低成本的集成、协同和综合利用，提高组织的 IT 基础设施的业务敏捷性，降低总体运维成本，促进 IT 与业务之间的匹配。中间件技术正在呈现出业务化、服务化、一体化、虚拟化等诸多新的重要发展趋势。

## 二、物联网中间件

物联网中的中间件处于物联网的集成服务器端和感知层、传输层的嵌入式设备中。服务器端中间件称为物联网业务基础中间件，一般是基于传统的中间件来构建的。嵌入式中间件是支持不同通信协议的模块和运行环境。中间件的特点是固化了很多通用功能，但在具体应用中，多半需要二次开发来实现个性化的业务需求，因此所有物联网中间件都需要提供快速发展工具。

在 RFID 中，物联网中间件具有以下特点：

第一，应用构架独立。物联网中间件介于 RFID 读写器与后端应用程序之间又独立于它们之外，它能够与多个 RFID 读写器、多个后端应用程序之间进行连接，以减轻构架与维护的复杂性。

第二，分布数据存储。RFID 最主要的目的在于将实体对象转换为消息环境下的虚幻对象，因此，数据存储与处理是 RFID 最重要的功能。物联网中间件具有数据的搜索、过滤、整合与传递等特性，以便将正确的对象消息传到后端的应用系统中。

第三，数据加工处理。物联网中间件通常采用程序逻辑及存储转发的功能来提供顺序的信息，具有数据设计和管理的能力。

## 三、RFID 中间件安全

### （一）RFID 中间件安全研究

目前，RFID 安全问题主要集中在对个人用户信息的隐私保护、对企业用户的商业秘密保护、防范对 RFID 系统的攻击及利用 RFID 技术进行安全防范等方面。

现有的 RFID 安全隐私技术可以分为两大类：一类是用物理的方法阻止标签和阅读器的通信，适用于低成本的 RFID 标签，其主要方法有杀死标签、法拉第网罩、主动干扰、阻止标签等方法，这类方法在安全机制上存在种种缺陷；另一类是采用密码技术实现 RFID 安全性机制，并且这种基于软件的方法越来越受到研究者及开发者的青睐。例如，使用各种成熟的密码方案和机制来设计实现符合 RFID 安全需求的加密协议。

### （二）RFID 中间件安全存在的问题

随着 RFID 在各个领域的广泛应用，安全问题特别是用户隐私问题变得日益严重，使 RFID 的应用不能普及到重要的领域中，如果政府机关或者银行信息被窃取或被恶意更改，将会造成不可估量的损失。特别是对于那些没有安全保护机制的标签，很容易被跟踪、泄露敏感信息。企业和供应商都意识到了安全问题，但并没有把解决安全问题作为首要任务，而是仍然把注意力集中到 RFC 的实施效果和所带来的经济收益上。如果不遏制其潜在的破坏能力，未来遍布全球各地的 RFID 系统安全问题可能会像现在的网络安全问题一样成为考验人们智慧的难题。传统的 RFID 安全问题包括：复制、重放、假冒 RFID 标签、欺骗、恶意阻塞、隐私泄露等。归纳起来可以分为以下三个方面的安全隐患。

1. 数据传输

RFID 数据在经过网络层传播时，非法入侵者很容易对标签信息进行篡改、截获和破解、重放攻击、数据演绎（即攻击者获得某一个标签数据后演绎推测出其他标签上的数据），以及 DoS 攻击，当大量无用的标签数据发送到阅读器时，如果对这些数据的处理能力超出了读写器的读写能力范围，将导致中间件无法正常接收标签数据，造成有用数据的丢失。任何应用系统都是基于操作系统的，RFID 应用也不例外，一旦操作系统被非法入侵，不法分子就有可能获得部分或者全部的非法访问权限，这时 RFID 系统将会变得非常不安全。

2. 身份认证

非法用户使用中间件窃取保密数据和商业机密，对企业和个人会造成极大的危害。当大量伪造的标签数据发往阅读器时，阅读器消耗大量的能量，处理的却是虚假的数据，而真实的数据被隐藏不被处理，严重的可能会引起拒绝服务式攻击。另外，基于互联网的数据交换，除了系统内部的数据处理和交换安全域中所存在的问题外，不同企业和系统进行数据交换时都必须进行相互的身份认证，身份的伪造必然也是一个重要的安全问题。

3. 授权管理

不同的用户只能访问已被授权的资源，当用户试图访问未授权的受保护的 RFID 中间件服务时，必须对其进行安全访问控制，限制其行为在合法范围之内。如果一个普通用户拥有管理员的权限，那整个系统将无可信之言。另外，不同行业的用户有不同的需求，授予其额外的权限，势必造成资源的浪费。因此，在一个开放的网络环境中，要确保没有授权的用户、实体或进程无法窃取信息。同时，这也产生了许多安全上的难题。比如，当标签随物品在不同企业之间流动时，要确保只有拥有该物品的所有者具有访问标签的权利，这就要求标签的访问权限也可以转移。

经过分析我们知道，存在这些安全问题的原因在于两点：首先，RFID 系统中的前向通信方式是基于无线方式的，这种方式本身就存在隐患；其次，标签本身的成本限制了其计算能力和可编程能力，决定了它不可使用太复杂的协议和密码运算。RFID 中间件与 RFID 阅读器的连接、RFID 中间件与 ONS 服务器的连接及 RFID 阅读器与企业应用系统的连接一般都采用有线连接，这样 RFID 数据在经过有线网络层传播时，非法入侵者很容易对标签信息进行篡改、截获和破解。如果对这些数据的处理能力超出了 RFID 读写器的读写能力范围，将导致 RFID 中间件无法正常连接标签数据，造成有用数据的丢失。

# 第四节　数据安全分析

## 一、数据安全定义

数据安全目标主要包括三个：保密性、完整性和可用性。这三个基本目标在不同的领域有不同的要求。对于军事领域来说，保密性和可用性的要求明显要高于其他领域；而对于完整性而言，各个领域都有相当高的要求。

### （一）保密性

保密性又称数据的机密性。保密性是指信息不泄露给非授权的用户、实体、过程或供其利用的特性。数据保密性就是保证具有授权的用户可以访问数据，而限制其他人对数据的访问。数据保密性分为网络传输保密性、数据存储保密性及数据处理过程中的保密性。

### （二）完整性

数据完整性是指在传输、存储信息或数据的过程中，确保信息或数据不被未授权的用户篡改或在篡改后能够被迅速发现。在信息安全领域中，完整性常常和保密性边界混淆。完整性是指数据未经授权不能进行改变的特性，即信息在存储或传输过程中保持不被修改、不被破坏和丢失的特性。数据完整性的目的就是保证计算机系统上的数据和信息处于一种完整和未受损害的状态，这就是说，数据不会因有意或无意的事件而丢失或被改变。数据完整性会直接影响到数据的可用性。

### （三）可用性

可用性是指被授权实体访问并按需求使用的特性，即当需要时能否存取和访问所需的信息，体现了用户对数据的期望使用能力。安全的信息系统一定要保证合法用户在需要使用数据时无延时。数据可用性是可靠性的一个重要因素，因为一个无法保证可用的信息系统对于用户来说还不如没有这样的系统。因此，可用性与安全息息相关，因为攻击者会故意使用户系统的数据或者服务无法正常使用，甚至会拒绝授权用户对数据或者服务进行正常访问，如大家熟知的拒绝服务攻击。

## 二、数据安全保护

保证数据安全性的基本方法一般分为以下两大类。

### （一）预防

预防（Prevention）又称为阻止，它试图通过阻止所有未经授权的改写数据的企图来预防入侵的出现，从而保证数据安全外泄不会发生。一般情况是在信息系统允许任何动作发生之前，检查该动作是否符合安全策略的规定。访问控制（Access Control）技术是服务器及数据库中最主要的预防措施之一。访问控制一般有自主访问控制、基于角色的访问控制和强制访问控制三种类型。总体来说，任何访问控制机制一般都是通过试图阻止用户的非授权访问来保证数据的保密性和完整性的，所以仅仅使用预防一种机制应对恶意入侵显得比较单一，不能达到保证数据安全的效果。

## （二）检测

检测（Detection）可以保证信息系统活动有足够的历史活动记录。当数据泄露事件发生时，可以通过它进行检测和取证。检测机制并不阻止数据保密性和完整性的破坏，它仅仅告知数据的完整性不再可信。检测机制试图通过对系统事件（用户或者系统的行为）的分析来检测出问题，或者通过数据本身的分析来查看信息系统要求的约束条件是否依然满足。检测机制能够报告数据的完整性被破坏的实际原因（如某个文件的哪些部分被修改），或者仅仅报告文件现在已经损坏，这一技术就是我们所说的系统审计和入侵检测系统。检测机制一般都是基于攻击总会发生这种理念，检测的目的就是判断攻击是在进行中还是已经发生过了，并及时做出报告。尽管攻击有可能无法阻止，但攻击这种行为却可以被监视，以记录有关攻击的性质、严重性和攻击结果的数据信息。例如，当用户输入三次错误的口令后，系统就会发出警告，登录程序仍然可以继续，但是系统日志中将有一条报错信息报告这次异常的多次敲错口令试图登录事件。检测机制不能阻止对系统的攻击，这是一个比较严重的缺陷，但它不会阻碍数据的可用性。

事实上，上面两种方法的定义界限并不是多么的明显。例如，在有的信息系统中，试图通过对审计日志的实时监控发现某些不恰当的行为违背数据安全性目标，一旦发现这种行为就可以及时阻止它们，这样的系统很明显是"阻止"系统，但它采用的是"检测"技术。"阻止"技术相对来说更基础一些，因为一种有效的"检测"机制要确保审计记录不被不恰当地篡改，并且"检测"机制要有效，必须确保一旦发现不合法的行为必须采取相应的惩罚措施，这样的机制才会有足够的威慑力。

有时阻止或检测某种系统数据信息泄露的代价会更高，或者说，这种泄露事件发生的概率比较小，或者对用户来说该种安全机制是能够被接受的。因此，系统可以允许这种漏洞的存在，一般称之为耐受性（Tolerance），即对于某些潜在的泄露是能够忍受的。普通的信息系统一般都有一些泄露事件的潜在危险，所以，重要的是要清楚地掌握"忍受"它们的风险性，以及确定哪些需要用"检测"或"阻止"机制来保证。

无论是阻止还是检测的安全性机制，都不能保证数据的绝对安全性。通常安全性级别越低，保证机制就越容易实现，但这种系统遭到破坏的可能性也越大。而安全性级别越高，其保证机制实现起来越难，并且容易导致信息系统的性能大幅度下降。因此，需要依据系统的安全目标、安全性的重要程度及性能重要程度的对比等要素进行权衡。目前硬件的发展越来越快，也为高安全性保证机制的实现提供了一定的基础。

### 三、数据库安全

#### （一）数据库安全的定义

关于数据库安全，国内外有不同的定义。国外以弗莱格（C. P. Pfleeger）在"*Security in Computing——Database Security PTR，1997*"中对数据库安全的定义最具有代表性，被国外许多教材、论文和培训所广泛应用。他从以下方面对数据库安全进行了描述。

（1）物理数据库的完整性

数据库中的数据不被各种自然的或物理的问题而破坏，如电力问题或设备故障等。

（2）逻辑数据库的完整性

对数据库结构的保护，如对其中一个字段的修改不应该破坏其他字段。

（3）元素安全性

存储在数据库中的每个元素都是正确的。

（4）可审计性

可以追踪存取和修改数据库元素的用户。

（5）访问控制

确保只有授权的用户才能访问数据库，这样不同的用户被限制了不同的访问权限。

（6）身份验证

不管是审计追踪还是对某一数据库的访问都要经过严格的身份验证。

（7）可用性

对授权的用户应该随时可以进行应有的数据库访问。

#### （二）数据库安全常用技术

数据库安全通常通过存取管理、安全管理和数据库加密实现。存取管理就是一套防止未授权用户使用和访问数据库的方法、机制和过程，通过正在运行的程序控制数据的存取和防止非授权用户对共享数据库的访问。安全管理指采取何种安全管理机制实现数据库管理权限分配。数据库加密主要包括库内加密（以一条记录或记录的一个属性值作为文件进行加密）、库外加密（将整个数据库包括数据库结构和内容作为文件进行加密）、硬件加密等三大方面。

虽然数据库安全模型和安全体系结构及数据库安全机制对于数据库安全来说非常

重要，但是其研究和应用却进展缓慢。迄今为止，人们在数据库安全模型上已做了很多工作，但仍然有许多难题；安全体系结构方面的研究工作才刚刚开始，安全机制上仍保持着传统的机制，自 20 世纪 90 年代以来，数据库安全的主要工作围绕着关系数据库系统存取管理技术的研究展开。

1. 用户认证技术

电子商务和网上银行的发展使人们感觉到在数据库中的数据是有价值的，也感到数据库系统可能是脆弱的，用户需要特别的认证。通过用户身份验证，可以阻止非授权用户的访问，而通过用户身份识别，可以防止用户的越权访问。

2. 安全管理技术

安全管理一般分集中控制和分散控制两种方式。集中控制由单个授权者控制系统的整个安全维护，分散控制则采用可用的管理程序控制数据库的不同部分实现系统的安全维护。集中控制的安全管理可以更有效、更方便地实现安全管理。安全管理机制可以采用数据库管理员、数据库安全员、数据库审计员各负其责、相互制约的方式，通过自主存取控制、强制存取控制实现数据库的安全管理。数据库管理员必须专门负责每个特定数据的存取，DBMS 必须强制执行这条原则，应避免多人或多个程序建立新用户，应确保每个用户或程序有唯一的注册账户使用数据库。数据库安全员能从单一地点部署强大的控制、符合特定标准的评估，以及大量的用户账号、口令安全管理任务。数据库审计员根据日志审计跟踪用户的行为和导致数据的变化，并且监视数据访问和用户行为是最基本的管理手段，这样如果数据库服务出现问题，就可以进行审计追查。

3. 数据库加密技术

一般而言，数据库系统提供的安全控制措施能满足一般的数据库应用，但对于一些重要部门或敏感领域的应用，仅有这些是难以完全保证数据的安全性的。因此有必要在存取管理、安全管理的基础之上对数据库中存储的重要数据进行加密处理，以强化数据存储的安全保护。

数据加密是防止数据库数据泄露的有效手段，与传统的通信或网络加密技术相比，由于数据库中数据保存的时间要长得多，对加密强度的要求也更高。而且由于数据库中的数据是多用户共享，对加密和解密的时间要求也更高，以不会明显降低系统性能为要求。

## 四、虚拟化数据安全

随着互联网的发展和云计算概念的提出，虚拟化普及的速度迅速提高。建设利用虚拟化技术提供服务的虚拟化数据中心也成为 IT 企业新的发展方向。虚拟化数据中心相对传统的数据中心在安全方面提出了新的挑战。

## （一）虚拟化及其特点

虚拟化的含义非常广泛，一种比较通俗的定义就是：虚拟化就是淡化用户对于物理计算资源，如处理器、内存、I/O 设备的直接访问，取而代之的是用户访问逻辑的资源，而后台的物理连接则由虚拟化技术来实现和管理。这个定义形象地说明了虚拟化的基本作用，其实就是要屏蔽掉传统方式下用户部署应用时需要考虑的物理硬件资源属性，而是更着重于应用真正使用到的逻辑资源。虚拟化是分区组合，因此，在一个物理平台上多个虚拟机可以同时运行，每个虚拟机之间互不影响。虚拟化的主要特点如下。

### 1.封闭

虚拟单元的所有的环境被存放在一个单独的文件中；为应用展现的是标准化的虚拟硬件，保证兼容性；整个磁盘分区被存储为一个文件，易于备份、转移和拷贝。

### 2.隔离

虚拟化能够提供理想化的物理机，每个虚拟机互相隔离；数据不会在虚拟机之间泄露；应用只能在配置好的网络连接上进行通信。

### 3.分区

大型的、扩展能力强的硬件能够被用来作为多台独立的服务器使用；在一个单独的物理系统上可以运行多个操作系统和应用；虚拟化硬件资源可以被放置在资源池中，并能够被有效控制。

## （二）数据中心安全风险分析

高资源利用率带来风险集中。虚拟化技术提高了服务器的利用效率和灵活性，也导致服务器负载过重，运行性能下降。虚拟化后多个应用集中在一台服务器上，当物理服务器出现重大硬件故障时，将有更严重的风险集中问题。虚拟化的本质是应用只与虚拟层交互，而与真正的硬件隔离，这将导致安全管理人员看不到设备背后的安全风险，服务器变得更加不固定和不稳定。

### 1.网络架构改变带来的安全风险

虚拟化技术改变了网络架构，会引发新的安全风险。在部署虚拟化技术之前，可在防火墙上建立多个隔离区，对不同的物理服务器采用不同的访问控制规则，可以有效保证攻击限制在一个隔离区内。在部署虚拟化技术后，一台虚拟机失效，可能通过网络将安全问题扩散到其他虚拟机上面。

2. 虚拟机脱离物理安全监管的风险

一台物理机上可以创建多个虚拟机，而且可以随时创建，还可以被下载到桌面系统上，常驻内存，可以脱离物理安全监管的范畴。很多安全标准是依赖于物理环境发挥作用的，外部的防火墙和异常行为监测等都需要物理服务器的网络流量，有时虚拟化会绕过安全措施，存在异构存储平台无法统一安全监控和无法隔离有效资源的风险。

### （三）虚拟环境的安全风险

1. 黑客攻击

控制了管理层的黑客会控制物理服务器上的所有虚拟机，而管理程序上运行的任何操作系统都很难侦测到流氓软件等的威胁。

2. 虚拟机溢出

虚拟机溢出的漏洞会导致黑客威胁到特定的虚拟机，将黑客攻击从虚拟服务器升级到控制底层的管理程序。

3. 虚拟机跳跃

虚拟机跳跃会允许攻击从一个虚拟机跳转到同一个物理硬件上运行的其他虚拟服务器。

4. 补丁安全风险

物理服务器上安装多个虚拟机后，每个虚拟服务器都需要定期进行补丁更新、维护，大量的打补丁工作会导致不能及时补漏而产生安全威胁。安全研究人员在虚拟化软件中发现了严重的安全漏洞，即可通过虚拟机在主机上执行恶意代码。黑客还可以利用虚拟化技术隐藏病毒和恶意软件的踪迹。

### （四）虚拟化数据中心的安全设计

1. 数据中心网络架构的高可用设计

在新一代数据中心虚拟化网络架构中，通过 IRF（Intelligent Resilient Framework）技术将多台网络设备虚拟化成一台设备统一管理和使用，整体无环设计并提高可用性。在 IRF 架构下，基本原则就是服务器双网卡接在不同交换机上，汇聚交换机堆叠后，将两层交换机用多条链路进行捆绑连接，实现基于物理端口的负载均衡和冗余备份。

数据中心架构在规划设计时，还需要按照层次化、模块化的原则进行。从可靠性的角度来看，三层架构和二层架构均可以实现数据中心网络的高可用，而二层扁平化网络架构更适合大规模服务器虚拟化集群和虚拟机的迁移。模块化设计是指针对不同功能或相同功能不同性能、不同规模的应用在功能分析的基础上，划分出一系列功能模块。在内部网中根据应用系统的重要性、流量特征和用户特征的不同，可以大致划分为几个区域，以数据中心核心区为中心，其他功能区与核心区相连，成为数据中心网络的边缘区域。

2.网络安全的部署设计

虚拟化数据中心关注的重点是实现整体资源的灵活调配，因此，在考虑访问控制时，要优先考虑对计算资源灵活性调配的程度。网络安全的控制点尽量上移，服务器网关尽量不设置防火墙，避免灵活性的降低。根据应用的重要程度不同，利用交换机和防火墙实现不同工作模式的访问。

# 第五节 云计算安全分析

## 一、云计算定义与特点

云计算（Cloud Computing）是网格计算（Grid Computing）、分布式计算（Distributed Computing）、并行计算（Parallel Computing）、效用计算（Utility Computing）、网络存储（Network Storage Technologies）、虚拟化（Virtualization）、负载均衡（Load Balance）等传统计算机和网络技术发展融合的产物。美国国家标准与技术研究院（NIST）对云计算的定义是，云计算是一种按使用计费（Pay-per-use）的模型，提供对可安装且可靠的计算资源共享池进行便捷的按需网络访问的服务，如网络、服务器、存储、应用、服务等。这些资源能够快速地供给和发布，仅需要进行很少的用户管理和服务供应商间的交互。云是一个容易使用且可访问的虚拟资源池，如硬件、开发平台和服务。这些资源可进行动态重安装以适应变化的负载，允许资源的优化利用，这个资源池通常被付费使用，其质量通常是通过基础设施供应商与客户间的服务层共识（Service Level Agreement）来保障的。

因此，云计算的五个关键特征是，按需自服务（On-Demand Self-service）、普适网络访问（Ubiquitous Network Access）、资源池（Resource Pooling）、快速弹性（Rapid Elasticity）、按使用计费。

### （一）云计算的体系结构

云计算的体系结构包括三个部分，即基础设施层 IaaS（Infrastructure as a

Service）、平台层 PaaS（Platform as a Service）、应用层 SaaS（Software as a Service）。

基础设施层提供对计算、存储、带宽的管理，是虚拟化技术、负载均衡、文件系统管理、高可靠性存储等云计算关键技术的集中体现层，是平台服务和应用服务的基础。

平台层为应用层的开发提供接口 API 调用和软件运行环境。应用层开发调用 API，不需要考虑具体负载均衡、文件系统、储存系统管理等实现细节。

应用层服务提供具体应用，是一种通过互联网提供软件的模式，如 Salesforce 的客户关系管理（CRM）、谷歌的 GoogleApps 等。

### （二）云计算的技术体系

对云的分类，NIST 认为云有两种类型，即内部云和外部云；有四种部署模型，即私有云、社区云、公共云、异种云。维基百科认为，可以分为私有云、公共云和异种云。

私有云或企业云（Private Cloud 或 Enterprise Cloud）：主要是指大型企业内部拥有的云计算数据中心，如银行、电信等行业用户及关注数据安全的用户。大型企业的部门无须将业务完全转给公共云供应商，他们会保留原有系统，但新增系统将选用基于云计算的架构。

公共云（Public Cloud）：云计算基础设施供应商拥有的大量数据中心，为中小企业提供云平台和云应用，即通常所指的公共云供应商，为社区服务的公共云可视为社区云，专门为某个企业服务的云可视为托管云。

异种云或联邦云（Hybrid Cloud 或 Federal Cloud）：提供云间的互操作接口，各种云的集合体，如 VMware vCloud、OpenNebula。

### （三）云计算的优势

1.协同工作方便

通过云计算的应用层，即 SaaS 层，多个用户间可方便地进行协同工作。比如，使用 Google Docs 协同编辑文档，以及使用 Sales force 管理商业活动等。

2.无时、无处不在的享受服务

云计算将融合各种现有计算资源，如对等计算（P2P）、网格计算、Web 服务等，通过各种有线或无线接入网络，如 ADSL、Wi-Fi、WiMAX、3G、卫星网络等，为各种客户端，如智能手机、掌上电脑（PDA）、车辆网络节点、体域网、传感器网络、可穿戴计算（Wearable Computing）、智能信息家电的嵌入式系统等，提供真正意义的普适（Ubiquitous）计算和服务。

3. 系统可扩展性、伸缩性较高

当需求增大时，无须购买新的设备并升级硬件资源，系统可自动升级或暂时支付服务租用的租金。这是因为云计算使用虚拟的计算资源，当资源不够用时，可以通过增加虚拟资源的方法无缝升级系统（如使用 PowerVM、Xen 增加一个计算实例），这特别适合应对可能出现短暂高峰资源请求的情况。

4. 系统可用性、可靠性高

由于资源是高度分布和虚拟化的，系统在构建时通过专业手段（如数据备份、系统冗余）保证高可靠性和高可用性，保障 24 小时的不间断服务。

5. 为中小企业节约 IT 成本

使用云计算的好处在于初期只需要很小投资即可使用服务。由于云计算的使用是根据时间和流量付费的，硬件和软件的费用全免，所以初期投资与传统方式自建系统相比要小很多，也节约了系统维护的人力成本。云计算可帮助企业节约大约 80% 的使用面积、60% 的电源和制冷消耗，达到三倍的设施利用率。

## 二、云计算安全问题

云计算的安全问题应包括三个主要方面：信任（Trust）问题、网络与系统安全（Security）问题、隐私保护（Privacy）问题。信任问题包括云服务的信任评价、信任管理等问题。云计算的网络安全问题包括云计算数据传输的通信安全问题；系统安全问题包括云计算平台的可靠性问题、数据存储安全问题等。其中数据存储安全是云计算应用服务能否被用户所接受和信赖的前提，也是迫切需要研究解决的问题。数据存储安全包括数据是否需要加密存储，如何加密，是在客户端还是服务器端加密，如何在不信任存储服务器的情况下保证数据存储的保密性和完整性，如何检查存储在云存储空间的数据完整性。另外，数据的隐私保护也十分关键，这关系到客户是否愿意采用这一计算模式。它包括用户的行为、兴趣取向等无法被推测的内容。

我国信息安全专家冯登国教授给出了关于云计算安全的详细综述，认为云计算安全面对着三个挑战：建立以数据安全和隐私保护为主要目标的云安全技术框架；建立以安全目标验证、安全服务等级测评为核心的云计算安全标准及其测评体系；建立可控的云计算安全监管体系。

云用户的安全目标主要有两个：一是数据安全与隐私保护服务，防止云服务商恶意泄露或出卖用户隐私信息，或者对用户数据进行搜集和分析，挖掘出用户的隐私数据；二是安全管理，即在不泄露其他用户隐私且不涉及云服务商商业机密的前提下，允许用户获取所需安全配置信息及运行状态信息，并在某种程度上允许用户部署和实施专用安全管理软件。

云安全服务可以分为可信云基础设施服务、云安全基础服务及云安全应用服务三类。可信云基础设施服务为上层云应用提供安全的数据存储、计算等信息资源服务。它包括两个方面：一方面是云平台应分析传统计算平台面临的安全问题，采取全面严密的安全措施。例如，在物理层考虑厂房安全，在存储层考虑完整性和文件（日志）管理、数据加密、备份、灾难恢复等，在网络层应当考虑拒绝服务攻击、DNS安全、网络可达性、数据传输机密性等，在系统层则应涵盖虚拟机安全、补丁管理、系统用户身份管理等安全问题，数据层包括数据库安全、数据的隐私性与访问控制、数据备份与清洁等，而在应用层应考虑程序完整性检验与漏洞管理等；另一方面，云平台应向用户证明自己具备某种程度的数据隐私保护能力。例如，存储服务中证明用户数据以加密形式保存，计算服务中证明用户代码运行在受保护的内存中等。云安全基础服务属于云基础软件服务层，为各类云应用提供共性信息安全服务，是支撑云应用满足用户安全目标的重要手段。其中，比较典型的几类云安全服务包括云用户身份管理服务、云访问控制服务、云审计服务、云密码服务。云安全应用服务与用户的需求紧密结合，种类繁多。比较典型的有DDoS攻击防护云服务、Botnet检测与监控云服务、云网页过滤与杀毒应用、内容安全云服务、安全事件监控与预警云服务、云垃圾邮件过滤及防治等。

总的来说，云计算的安全问题主要是那些跟云计算的特征密切相关的新产生的安全问题，包括十个方面的具体问题。

（1）数据存储安全问题

数据的完整性和保密性。由于数据存储在"云"端，且通常"云"端是不被信任的，因此需要保证托管的数据的完整性和保密性。

（2）访问控制

服务访问控制策略的描述，访问控制的授权机制。

（3）可信虚拟计算问题

包括安全的虚拟化计算、安全的虚拟进程移植、进程间安全隔离等。

（4）信任管理

服务提供者之间的信任建立与管理，服务者与用户间的信任建立与管理。

（5）存储可靠性问题

将数据托管或者外包到云端存储，因此要注意数据分布式虚拟存储的可靠性、存储服务的可用性以及灾难恢复。

（6）鉴别与认证

用户标识的管理，用户身份的认证。

（7）密钥管理

数据加密的密钥管理。

（8）加密与解密服务

在何处进行数据的加密和解密，能否通过服务提供安全。

（9）云服务的安全

尤其是 Web 服务的安全评估、安全扫描和检测。

（10）其他的问题

云计算的电子取证、云计算风险评估和管理、云供应商的规则遵守（Compliance）、审计等。

数据存储安全和计算虚拟化安全是云计算急需解决的两个安全问题，后面将重点讨论这两个问题及其关键技术。

美国高德纳（Gartner）公司认为云计算主要面临以下七类安全问题。

（1）特权用户访问风险

管理数据的特权用户有可能绕过监管对内部程序进行控制，从而对来自企业外部的敏感数据造成安全风险。

（2）法规遵从风险

由于数据交由服务提供商监管，如果其拒绝接受监督和审计，最终只能由客户自己对他们自己数据的安全性和完整性负责。

（3）数据保存位置不确定

由于云计算采用虚拟化技术以及分布式存储，无法得知数据托管于何处，云提供商可能拥有的某些权限会对数据的安全造成隐患。

（4）数据分离风险

由于多用户数据一起保存在一个共享的云环境中，因此需要保证数据间的隔离。加密虽然是一种有效的方法，但有可能对数据的可用性造成影响。

（5）数据恢复

在发生灾难的情况下，提供商能否对数据和服务进行完整的恢复，也会影响到数据的安全性。

（6）调查支持风险

因为多用户的日志文件和数据可能存放在一起，也可能散落于不断变化的主机和数据中心内，所以不太可能对云计算环境中的不适当或者违法行为进行调查。

（7）长期可用性风险

当服务提供商破产或者被收购时，如何确保数据仍然可用也是一个突出的安全问题。

## 三、云计算安全需求

### （一）基础设施安全需求

基础设施为用户提供计算、存储、网络和其他基础计算资源的服务，用户可以使用云提供商提供的各种基础计算资源，在其上部署和运行任意的软件，而不用管理和控制底层基础设施，但将同时面临软件和硬件方面综合复杂的安全风险。

（1）物理安全

物理安全是指云计算所依赖的物理环境安全。云计算在物理安全上面临着多种威胁，这些威胁通过破坏信息系统的完整性、可用性或保密性，造成服务中断或基础设施的毁灭性破坏。物理安全需求包括设备安全、环境安全及灾难备份与恢复、边境保护、设备管理、资源利用等方面。

（2）计算环境安全

计算环境安全是指构成云计算基础设施的硬件设备的安全保障及驱动硬件设施正常运行的基础软件的安全。若承担系统核心计算能力的设备和系统缺乏必要的自身安全和管理安全措施，其带来的威胁最终将会导致所处理数据的不安全。安全需求应包括硬件设备必要的自身安全和管理安全措施，基础软件安全、可靠和可信，设备性能稳定，以及为确保云服务持续可用性的完备的灾难备份与恢复计划。

（3）存储安全

数据集中和新技术的采用是产生云存储安全问题的根源。云计算的技术特性带来了诸多新的安全问题，多租户、资源共享、分布式存储等因素加大了数据保护的难度，增加了数据被滥用和受攻击的可能。因此，用户隐私和数据存储保护成为云计算运营者必须解决的首要问题。存储安全需求包括如下几个方面：第一，采用适应云计算特点的数据加密和数据隔离技术防止数据泄露和窃取；第二，采用访问控制等手段防止数据滥用和非授权使用；第三，防止数据残留及对多租户之间的信息资源进行有效的隔离；第四，多用户密钥管理必须要求密钥隔离存储和加密保护，加密数据的密钥明文不出现在任何第三方的载体中，并且只能由用户自己掌握。

（4）完善的数据灾难备份与恢复

（5）虚拟化安全

云计算通过在其部署的服务器、存储、网络等基础设施上搭建虚拟化软件系统实现高强的计算能力，虚拟化和弹性计算技术的采用使用户的边界模糊，传统的采用防火墙技术实现隔离和入侵检测的安全边界防护机制在云计算环境中难以得到有效应用。用户的安全边界模糊，带来一系列比在传统方式中更突出的安全风险，如虚拟机逃逸、虚拟机镜像文件泄露、虚拟网络攻击、虚拟化软件漏洞等安全问题。

**（二）平台安全需求**

PaaS 的本质在于将基础设施类的服务升级抽象成为可应用化的接口，为用户提供开发和部署平台，建立应用程序，因此，平台安全需求包括以下几个方面。

（1）APT 接口及中间件安全

在 APT 接口及中间件安全方面，要做到保证 APT 接口的安全。PaaS 服务的安全性依赖于 APT 的安全。不安全的接口是云平台面临的主要安全威胁，如果 PaaS 提供商提供的 APT 及中间件等本身具有可被攻击者利用的漏洞、恶意代码或后门等风险，将给云计算 PaaS 资源和底层基础设施资源造成数据破坏或资源滥用的风险。

（2）防止非法访问

PaaS 平台提供的 APT 通常包含对用户敏感资源的访问或者对底层计算资源的调用，同时 PaaS 平台自身也存在着不同用户的业务数据。因此，需要实施 API 用户管理、身份认证管理及访问控制，防止非授权使用。

（3）保证第三方插件安全

（4）保证 APT 软件的完整性

（5）保证服务可用性

PaaS 服务的可用性风险指的是用户不能得到云服务提供商提供的连续性服务。谷歌（Google）的云计算平台发生故障、微软云计算平台彻底崩溃，使用户损失了大量数据。云服务提供商必须保证服务质量并有应急预案，当发生系统故障时，如何保证用户数据的快速恢复是一个重要的安全需求。

（6）可移植性安全

目前，对于 PaaS APT 的设计还没有统一的标准，因此跨越 PaaS 平台的应用程序移植相当困难，APT 标准的缺乏影响了跨越云计算的安全管理和应用程序的移植。

**（三）应用软件安全需求**

1. 数据安全

这里主要指动态数据安全问题，包括用户数据传输安全、用户隐私安全和数据库安全问题，如数据传输过程或缓存中的泄露、非法篡改、窃取及病毒、数据库漏洞破坏等。因此，需要确保用户在使用云服务软件过程中的所有数据在云环境中传输和存储时的安全。

2. 内容安全

由于云计算环境的开放性和网络复杂性，内容安全面临的主要威胁包括非授权使用、非法内容传播或篡改。内容安全需求主要是版权保护和对有害信息资源内容实现可测、可控、可管。

3. 应用安全

云计算应用安全主要建立在身份认证和实现对资源访问的权限控制基础上。云应用需要防止非法手段窃取用户口令或身份信息，采用口令加密、身份联合管理和权限管理等技术手段，实现单点登录应用并提供跨信任域的身份服务。对于提供大量快速应用的 SaaS 服务商来说，需要建立可信和可靠的认证管理系统和权限管理系统作为保障云计算安全运营的安全基础设施。Web 应用安全需求重点要关注传输信息保护、Web 访问控制、抗拒绝服务等。

**（四）终端安全防护需求**

云接入端使用浏览器接入云计算中心，以访问云中的 IaaS、PaaS 或 SaaS 服务，接入端的安全性直接影响到云计算的服务安全。

1. 终端浏览器安全

终端浏览器是接收云服务并与之通信的唯一工具，若浏览器自身有漏洞可能会使用户的密钥泄露。为保护浏览器和终端系统的安全，重点需要解决终端安全防护问题，如反恶意软件、漏洞扫描、非法访问和抗攻击等。

2. 用户身份认证安全

终端用户身份盗用风险主要表现为因木马、病毒等的驻留而产生的用户登录云计算应用的密码遭遇非法窃取，或数据在通信传输过程中被非法复制、窃取等。

3. 终端数据安全

终端用户的文件或数据需要加密保护以维护其私密性和完整性，可以传送到云平台加密，或者在终端自己加密以后再送至云平台存储。代理加密技术也许可以解决 SP 非授权滥用的问题，但要解决可用性问题。无论将加密点设在何处，都要考虑如何防止加密密钥和用户数据泄露及数据安全共享或方便检索等问题。

4. 终端运行环境安全

终端运行环境是指用户终端提供云计算客户端程序运行所必需的终端硬件及软件环境，这与传统终端一样面临互联网接入风险。

### （五）终端安全管理需求

云计算环境下用户的应用系统和数据移至云服务提供商的平台之上，提供商需要承担很大部分的安全管理责任，无论是 IaaS、PaaS 还是 SaaS 服务模式，都是如此。云计算环境的复杂性、海量数据和高度虚拟化动态性使得云计算安全管理更为复杂，由此也带来了新的安全管理挑战。

1. 系统安全管理

系统安全管理要做到：第一，可用性管理，需要对云系统不同组件进行冗余配置，保证系统的高可用性及在大负载量下的负载均衡；第二，漏洞、补丁及配置（VPC）管理，VPC 管理需成为维护云计算系统安全的必需手段；第三，高效的入侵检测和事件响应。

2. 人员安全管理

需要采用基于权限的访问控制和细粒度的分权管理策略。

3. 安全审计

除了传统审计之外，云计算服务提供商还面临新的安全审计挑战，审计的难度在于需要为大量不同的多租户用户提供审计管理，以及在云计算大数据量、模糊边界、复用资源环境下的取证。

4. 安全运维

云计算的安全运维管理比传统的信息系统所面临的运维管理更具难度和挑战性。云计算的安全运维管理需要从对云平台的基础设施、应用和业务的监控及对计算机和网络资源的入侵检测、时间响应和灾难备份入手，提供完善的健康监测和监控，提供有效的事件处理及应急响应机制，有针对性地提供在云化环境下的安全运维。

## 四、云计算的存储安全

云计算的数据存储安全问题通常包括三个方面。

第一，数据的访问控制问题，即如何在数据加密的状态下进行访问控制，如何面对大规模海量数据进行高效的访问控制，如何在不信任云端服务的情况下确保访问控制。

第二，数据保密性问题，即如何保障用户的数据不被泄露或被云计算供应商窥探，如果这个问题没有解决，云计算便不可能存储关键或者敏感数据；用户的数据如何加密；在云端、客户端加密还是通过可信的第三方加密；是否可以提供云加密服务；如何定义和设计这种服务。

第三，数据完整性问题，包括存储的数据不被非法修改、数据不丢失以及存储的可靠性问题；数据的完整性如何验证，特别是客户端没有数据又不信任云端存储的数据的情况下验证数据的完整性；如果保存的数据频繁地更新，数据的完整性验证便更加困难。

云计算的实际安全需求，为密码学的发展提供了驱动力。最近几年的密码学学术会议上，经常可以看到能够应用于云计算特别是云存储安全的密码学方法，有些方法甚至是密码学原语级的构造。

### （一）云存储的访问控制——基于属性的加密和代理重加密

针对云计算存储数据的访问控制，一个典型的需求就是加密后数据的访问控制。通常的访问控制模型是基于角色的访问控制，即按照特定的访问策略建立若干角色，通过检查访问者的角色控制访问者对数据的访问。但是该模型通常用于没有加密的数据，或者用于访问控制的控制端可信时。若对加密的数据采取这种访问控制，则需要使用将来欲访问该数据的用户的公钥去加密数据加密密钥（即异种加密方式），这样的访问控制涉及大量客户端的数据加密运算，访问控制策略简单且不够安全。

萨哈伊（Sahai）与沃特斯（Waters）在2005年提出基于属性的加密体制时，发展了传统的基于身份密码体制中关于身份的概念，将身份看做是一系列属性的集合，提出了基于模糊身份的加密，将生物学特性直接作为身份信息应用于基于身份的加密方案中。之所以确立基于模糊身份的加密是因为在有些情况下用户只需要大致具有该身份（属性）便可以解密数据，如医疗急救情形下的病患。2006年，戈亚尔（Goyal）等在基于模糊身份加密方案的基础上提出了密钥策略—基于属性的加密方案（Key Policy Attribute-Based Encryption，KP-ABE）。2007年，贝斯卡特（Bethencourt）等提出了密文策略的基于属性的加密方案，将用户的身份表示为一个属性集合，而加密数据则与访问控制结构（访问控制策略）相关联，一个用户能否解密密文，取决于密文所关联的属性集合与用户身份对应的访问控制结构是否匹配。

### （二）云存储的数据保密性——同态加密 HE

为了保证数据的保密性，云存储端通常存储的是加密过的数据。由于对云存储服务器不是完全信任，为了对这些数据进行操作，常规的办法是将这些数据发回到客户端，由客户端进行解密，然后进行相应的计算，完成后再加密上传到云存储端。这带来了很大的通信开销。是否有可能在云计算的存储端就进行数据的计算且不需要解密即针对密文进行，这就需要借助同态加密的思想了。

同态加密（Homomorphic Encryption）是指对两个密文解密后得到明文的操作，等同于对两个原始明文完成相同的操作。现有的多数同态加密算法要么只对加法同态，如 Paillier 算法；要么只对乘法同态，如 RSA 算法；要么同时对加法和简单的标量乘法同态，如 IHC 算法（Iterated Hill Cipher）和 MRS 算法（Modified Rivest's Scheme）。虽然也有几种算法能够同时对加法和乘法同态，如 Rivest 加密方案，但存在严重的安全问题。

2009 年，国际商业机器公司（IBM）研究员克雷格·金特里（Craig Gentry）在著名的计算机理论会议（Symposium on Theory of Computing，STOC）上发表论文，提出了一种基于理想格（Ideal Lattice）的全同态加密算法，这成为一种能够实现全同态加密所有属性的解决方案。虽然该方案由于同步工作效率有待改进而未能投入实际应用，但是它已经实现了全同态加密领域的重大突破。全同态加密能够在没有解密密钥的条件下，对加密数据进行任意复杂的操作，以实现相应的明文操作。

同态加密过程如下：

设 $x$ 和 $y$ 是明文空间 $M$ 中的元素，o 是 $M$ 上的运算，EK() 是 $M$ 上秘钥空间为 $K$ 的加密算法，称加密算法 EK() 对运算 o 是同态的，如果存在一个有效的算法 $A$，使得：$A(EK(x),EK(y))=EK(xoy)$。不同运算的同态加密的简单形式化描述如下：

加法同态：给定 EK($x$) 和 EK($y$)，存在一个计算上有效的算法 ADD，使得

$$EK(x+y)=ADD(EK(x),EK(y))$$

即 EK($x+y$) 可通过 EK($x$) 和 EK($y$) 轻易地计算出来，而不需要知道 $x$ 和 $y$。

数量乘法同态：给定 EK($x$) 和常数 $t$，存在一个计算上有效的算法 SMUL，使得：

$$EK(tx)=SMUL(EK(x),t)$$

即 EK($tx$) 可通过 EK($x$) 和 $t$ 轻易地计算出来，而不需要知道 $x$。

乘法同态：给定 EK($x$) 和 EK($y$)，存在一个计算上有效的算法 MUL，使得

$$EK(xy)=MUL(EK(x),EK(y))$$

即 EK($xy$) 可通过 EK($x$) 和 EK($y$) 轻易地计算出来，而不需要知道 $x$ 和 $y$。

其实，同态加密还可以运用到隐私保护的数据聚集（Aggregation）上，例如智能电网中对智能电表的数据收集、无线传感器网络中感知数据的聚集等。

## 五、计算虚拟化安全

### （一）计算虚拟化简介

前面讨论的安全是云计算的存储安全，下面讨论云计算的计算安全。

1. 虚拟计算的特点

云计算的一个关键计算就是计算虚拟化技术。虚拟化技术（Virtualization）的引入，打破了真实计算中软件与硬件之间的紧密耦合关系。虚拟计算是相对所谓的"真实计算"而言的，"真实计算"就是将计算建立在真实计算机硬件基础之上。虚拟计算则强调为需要运行的程序或者软件营造一个需要的执行环境，程序和软件的运行不一定独享底层的物理计算资源。对它而言，它只是运行在一个与"真实计算"完全相同的执行环境中，而其底层的硬件可能与之前所购置的计算机完全不同。例如，VMware、Xen 等都推出了虚拟化软件。

波沛克（Popek）和古德伯格（Goldberg）认为，虚拟计算具有以下三个特点。

（1）保真性（Fidelity）

强调应用程序在虚拟机上执行，除了时间因素外（会比在物理硬件上执行慢一些），其余因素表现为与在物理硬件上相同的执行行为。

（2）高性能（Performance）

强调在虚拟执行环境中，应用程序的绝大多数指令能够在虚拟机管理器不干预的情况下，直接在物理硬件上执行。

（3）安全性（Safety）

物理硬件应该由虚拟机管理器全权管理，被虚拟出来的执行环境中的程序（包括操作系统）不得直接访问硬件。

对于虚拟计算来说，比较广义的定义是，虚拟计算是一种采用软硬件分区、聚合、部分或完全模拟、分时复用等方法来管理计算资源、构造一个或者多个计算环境的技术。

目前已出现不同种类的虚拟化解决方案，由于采用的实现方式和抽象层次不同，虚拟化系统呈现出不同的特性。计算机系统的设计采用分层结构，通常自下向上分别为硬件、操作系统、程序库、应用程序。虚拟化技术采用的抽象层次可以在这几层中自由选取，选取的多样性决定了虚拟化技术的多样性。但多样性背后的虚拟化技术实质是一样的，即将底层资源进行分区，并向上层提供特定的和多样化的执行环境。

2. 虚拟化系统分类

下面从虚拟机实现所采用的抽象层次角度对虚拟化系统进行分类。

（1）指令级虚拟化

通过软件方法，模拟出与实际运行的应用程序（或操作系统）所不同的指令集去执行，采用这种方法构造的虚拟机一般称之为模拟器（Emulator）。一个典型的计算机系统由处理器、内存、总线、硬盘驱动器、磁盘控制器、定时器、多种 I/O 设备等部件组成。模拟器将客户虚拟机发出的所有指令翻译成本地指令集，然后在真实的硬件上执行。例如，Bochs、Crusoe、QEMU、BIRD。

（2）硬件级虚拟化

硬件抽象层面（Hardware Abstract Layer，HAL）虚拟化实际上与指令集架构虚拟化非常相似，不同之处在于，这种类型的虚拟化所考虑的是一种特殊情况：客户执行环境和主机具有相同指令集合的情况，并充分利用这一点让绝大多数客户指令在主机上直接执行，从而大大提高执行速度。例如，VMware、Virtual PC、Denali、Xen、KVM 等。

（3）操作系统级虚拟化

一个应用的操作环境包括操作系统、用户函数库、文件系统、环境设置等。如果应用系统所处的这些环境能够保持不变，那么应用程序自身无法分辨出其所在的环境与真实环境之间的差别。操作系统虚拟化技术的关键思想在于，操作系统之上的虚拟层按照每个虚拟机的要求为其生成一个运行在物理机器上的操作系统副本，从而为每个虚拟机提供一个完好的操作环境，并且实现虚拟机及其物理机器的隔离。例如，Jail、Linux 内核模式虚拟化、Ensim。

（4）编程语言级虚拟化

在应用层次上创建一个和其他类型虚拟机行为方式类似的虚拟机，并支持一种新的自定义的指令集（如 JVM 中的 Java 字节码）。这种类型的虚拟机使得用户在运行应用程序时就像在真实的物理机器上运行一样，并且不会对系统的安全造成威胁。例如，Java 虚拟机、Microsoft .NET CLI、Parrot 等。

（5）程序库级虚拟化

在几乎所有的系统中，应用程序的编写都使用由一组用户级库来调用的 API 函数集。这些用户级库的设计能够隐藏操作系统的相关底层细节，从而降低普通程序员的软件开发难度。它们工作在操作系统层上，创造了一个与众不同的虚拟环境，在底层系统上实现了不同的应用程序二进制接口（ABI）和不同的应用程序编程接口

（API）。例如，WINE、WAB、LxRun、Visual MainWin。

## （二）计算虚拟化的安全

虚拟化系统的安全面对的挑战主要有两个方面。一方面，计算系统体系结构发生了改变。虚拟化计算已从完全的物理隔离方式发展到共享式虚拟化，实现计算系统虚拟化需要在计算性能、系统安全、实现效率等因素之间进行权衡。于是虚拟机监视器和相关的具有部分控制功能的虚拟机成为漏洞攻击的首选对象。另外，现有虚拟化系统通常采用自主访问控制方式，难以在保障虚拟机隔离的基础上实现必要的有限共享。另一方面，计算机系统的运行形态发生了变化。虚拟计算允许用户通过操纵文件的方式来创建、复制、存储、读写、共享、移植及回溯一个机器的运行状态，这些极大地增强了使用的灵活性，却破坏了原有的基于线性时间变化系统设定的安全策略、安全协议等的安全性和有效性，包括由软件生命周期和数据生命周期所引起的系统安全。

传统计算机的生命周期可以被看做是一条直线，当前计算机的状态是直线上的一个点。当软件运行、配置改变、安装软件、安装补丁程序时，计算机的状态单调地向前进行。但在一个虚拟计算环境中，计算机的状态更像是一棵树，在任意一点都可能产生多个分支，即任意时刻在这棵树上的任意一点都有可能有一个虚拟机的多个实例在运行。分支是由虚拟计算环境的可撤销特性与检查点特性所产生的，这使得虚拟机能够回溯到以前的状态或者从某个点重新执行。这种执行模式与一般系统中的补丁管理和维护功能相违背，因为在一般系统中假设系统状态是单调向前进行的。

在虚拟机系统中，通常将一些操作系统中的安全及管理函数移到虚拟层里。虚拟层的核心是高可信的虚拟机监控器。虚拟机监控器通过执行安全策略来保证系统的安全，这首先要求它本身是可信的，本身的完整性可通过专门的安全硬件来进行验证。

虚拟机监控器执行的安全策略对于虚拟系统安全十分重要。例如，限制敏感虚拟机的复制；控制虚拟机与底层设备的交互；阻止特定虚拟机被安置在可移动媒体上；限制虚拟机可以驻留的物理主机，在特定时间段限制对含有敏感数据的虚拟机的访问。此外，用户和机器的身份可以被用来证明所有权、责任及机器的历史。追踪诸如机器数据及它们的使用模式可以帮助评估潜在威胁的影响。而在虚拟层采用加密方式可以处理由于虚拟机交换（Swapping）、检测点（Check Pointing）、回溯（Rollback）等引起的数据生命周期问题。

通过虚拟机监控器，多个虚拟机可以共享相同的物理 CPU、内存和 I/O 设备等。它们或者采用空间共享的方式，或者采用复用的方式使用相同的物理设备，因而需要通过相应的安全机制保障相互间的有效隔离。虚拟机监控器采用类似虚拟内存保护

（虚拟地址访问独立进程地址空间）的方式，为每个虚拟机提供一个虚拟的机器地址空间，然后由虚拟机监控器将虚拟机的机器地址空间映射到实际的机器地址空间中。虚拟机中的操作系统所见的机器地址是由虚拟机监控器提供的虚拟机器地址。虚拟机监控器运行于最高级别，其次是操作系统。虚拟机监控器具备执行特权指令的能力，并控制虚拟 CPU 向物理 CPU 映射的安全隔离。通过 CPU 硬件的运行级别功能可以有效控制 CPU 虚拟化的安全性。

在程序级虚拟使用环境的安全保障方面，典型的代表就是 Java 安全虚拟机。它提供了包括安全管理器和 Java 类文件认证器等多种安全机制。安全管理器提供在应用程序和特定系统上的安全措施，Java 认证器在 Class 文件运行前完成该文件的安全检查，确保 Java 字节码符合 Java 虚拟机规范。针对操作系统虚拟化的安全问题，基于 Windows 操作系统的 Microsoft 虚拟机能阻止恶意用户对 Java Applet 访问 COM 对象、调用 JDBC 等安全漏洞的攻击。

在虚拟机的安全验证方面，典型代表是 ReVirt 系统，该系统采用虚拟机技术提供独立于操作系统的安全验证功能，它能提供足够信息逐条回放虚拟机上执行的任务，通过建立具有各种依赖关系的攻击事件链，重构出攻击细节，ReVirt 采用了反向观察点和反向断点技术，对虚拟机上的恶意攻击进行检测和回放，提供验证功能。

## 六、云计算安全标准

### （一）ISO/IEC JTC 1/SC 27

ISO/IEC JTC 1/SC 27 是国际标准化组织（ISO）和国际电工委员会（IEC）的第一联合技术委员会（JTC 1）下专门从事信息安全标准化的分技术委员会（SC 27），是信息安全领域中最具代表性的国际标准化组织。SC 27 下设五个工作组，工作范围广泛地涵盖了信息安全管理和技术领域，包括信息安全管理体系、密码学与安全机制、安全评价准则、安全控制与服务、身份管理与隐私保护技术。SC 27 于 2010 年 10 月启动了研究项目《云计算安全和隐私》，由 WG1/WG4/WG5 联合开展。目前，SC 27 已基本确定了云计算安全和隐私的概念体系架构，明确了关于云计算安全和隐私标准研制的三个领域。

### （二）ITU-T

ITU-T 的中文名称是国际电信联盟电信标准分局（ITU-T for ITU Telecommunication Standarzation Sector），它是国际电信联盟管理下的专门制定远程通信相关国际标准的组织。该机构创建于 1993 年，前身是国际电报电话咨询委员会（CCITT），总部设在瑞士日内瓦。

ITU-T 于 2010 年 6 月成立了云计算焦点组 FG Cloud，致力于从电信角度为云计算提供支持，焦点组运行至 2011 年 12 月，后续云工作分散到了其他的研究组（SG）。云计算焦点组发布了包含《云安全》和《云计算标准制定组织综述》在内的七份技术报告。

《云安全》报告旨在确定需要 ITU-T 与相关标准化制定组织合作开展的云安全研究主题。确定的方法是对欧洲网络信息安全（ENISA）、ITU-T 等标准制定组织已经开展的云安全工作进行评价，在评价的基础上确定对云服务用户和云服务供应商的若干安全威胁和安全需求。

《云计算标准制定组织综述》报告主要对美国国家标准与技术研究院（NIST）、分布式管理任务组织（DMTF）、云安全联盟（CSA）等标准制定组织在 7 个方面开展的活动及取得的研究成果进行了综述和列表分析，包括云生态系统、使用案例、需求和商业部署场景，功能需求和参考架构，安全、审计和隐私（包括网络和业务的连续性），云服务和资源管理、平台及中间件，实现云的基础设施和网络，用于多个云资源分配的跨云程序、接口与服务水平协议，用户友好访问、虚拟终端和生态友好的云。报告指出，上述标准化组织都出于各自的目的制定了自己的云计算标准架构，但这些架构并不相同，也没有一个组织能够覆盖云计算标准化的全貌。报告建议，ITU-T 应在功能架构、跨云安全和管理、服务水平协议研究领域发挥引领作用。而 ITU-T 和国际标准化组织或国际电工委员会的第一联合技术委员会则应采取互补的标准化工作，以提高效率和避免工作重叠。

## （三）CSA

云安全联盟（CSA）是在 2009 年的 RSA 大会上宣布成立的一个非营利性组织。云安全联盟致力于在云计算环境下提供最佳的安全方案。如今，CSA 获得了业界的广泛认可，其发布的一系列研究报告对业界有着积极的影响。这些报告从技术、操作、数据等多方面强调了云计算安全的重要性、保证安全性应当考虑的问题及相应的解决方案，对形成云计算安全行业规范具有重要影响。其中，《云计算关键领域安全指南》（简称《指南》）最为业界所熟知，在当前尚无一个被业界广泛认可和普遍遵从的国际性云安全标准的形势下，它是一份重要的参考文献。CSA 于 2011 年 11 月发布了《指南》第三版，从架构、治理和实施 3 个部分、14 个关键域对云安全进行了深入阐述。另外，其开展的云安全威胁、云安全控制矩阵、云安全度量等研究项目得到了业内人士的大力支持。

## （四）NIST

美国国家标准与技术研究院（NIST）直属美国商务部，提供标准、标准参考数据及有关服务，在国际上享有很高的声誉，其前身为国家标准局。2009 年 9 月，奥巴马政府宣布实施联邦云计算计划。为了落实和配合美国联邦云计算计划，NIST 牵头制定了云计算标准和指南，以加快联邦政府安全采用云计算的进程。NIST 在云计算及安全标准的研制过程中，定位于为美国联邦政府安全高效地使用云计算提供标准支撑服务。迄今为止，NIST 成立了五个云计算工作组，拥有多份研究成果，由其提出的云计算定义、三种服务模式、四种部署模型、五大基础特征被认为是描述云计算的基础性参照。NIST 云计算工作组包括云计算参考架构和分类工作组、旨在促进云计算应用的标准推进工作组、云计算安全工作组、云计算标准路线图工作组、云计算业务用例工作组。

## （五）ENISA

2004 年 3 月，为提高欧盟范围内网络与信息安全的级别，提高欧盟及其成员国以及业界团体对于网络与信息安全问题的防范、处理和响应能力，培养网络与信息安全文化，欧盟成立了欧洲信息安全局。2009 年，欧盟网络与信息安全局（ENISA）启动了相关研究工作，先后发布了《云计算：优势、风险及信息安全建议》和《云计算信息安全保障框架》报告。2011 年，ENISA 又发布了《政府云的安全和弹性》报告，为政府机构提供了决策指南。2012 年 4 月，ENISA 发布了《云计算合同安全服务水平监测指南》，提供了一套持续监测云计算服务提供商服务级别协议运行情况的操作体系，以达到实时核查用户数据安全性的目的。

## （六）全国信息安全标准化技术委员会

我国国内有多个机构涉及云计算标准研究制定，其中专门进行云计算安全相关标准研制的单位是全国信息安全标准化技术委员会（TC260）。全国信息安全标准化技术委员会专注于云计算安全标准体系的建立及相关标准的研究和制定，并且成立了多个云计算安全标准研究课题，承担并组织协调政府机构、科研院校、企业等开展云计算安全标准化研究工作。

# 第七章 物联网信息接入安全技术研究

物联网架构层次复杂，包括多种通信方式。通信是物联网信息传输的一个重要技术环节，感知信息和用户都要通过网络的方式进行信息传输和信息交换。而用户和传感器网络通过何种网络技术和何种方式安全接入物联网，是物联网信息安全中需要考虑的重要问题。

## 第一节 物联网的接入安全分析

认证技术是信息安全理论与技术的一个重要方面，身份认证是物联网信息安全的第一道防线。用户在访问安全系统之前，先要经过身份认证系统识别身份，然后访问监控器，根据用户的身份和授权数据库决定用户是否能够访问某个资源。授权数据库由安全管理员按照需要进行配置。审计系统根据审计配置记录用户的请求和行为，同时入侵检测系统实时或非实时地检测是否有入侵行为。访问控制和审计系统都要依赖身份认证系统提供的用户身份，所以身份认证在安全系统中的地位非常重要，是最基本的安全服务，其他的安全服务都依赖于它。一旦身份认证系统被攻破，那么系统的所有安全措施将形同虚设。

随着物联网的快速发展，大量智能终端和传感器系统的网络与外部通信越来越频繁，这必然会导致进入物联网系统内部网络的外来用户越来越多，网络管理人员也越来越难以控制用户用来登录系统网络的终端设备。事实上，目前一些企业和学校、政府机构的内部网络普遍存在难以监控外来计算机接入内网的情况。而外来用户随意接入内部网络，极有可能导致某些不怀好意者在使用者毫不知情的情况下侵入内部网络，从而造成敏感数据泄露、病毒传播等严重后果。另外，物联网内部合法用户的终端也同样会给内部网络带来安全风险，如果没有及时升级系统安全补丁和病毒库等，就可能会使其成为安全隐患，给物联网系统的内部网络安全造成严重的安全威胁。

网络接入安全技术正是在这种需求下产生的，它能保证访问网络资源的所有设备得到有效的安全控制，从而消除各种安全威胁对网络资源的影响。它使网络中的所有接入层设备成为安全加强点，而终端设备必须达到一定的安全策略和策略条件才可以通过路由器和交换机接入网络。这样可以大大消除蠕虫、病毒等对联网业务的严重威胁和影响，帮助用户预防、发现和消除安全威胁。

依据物联网中各个层次接入物联网方式的不同，物联网接入安全分为节点接入安全、网络接入安全和用户接入安全。

## 一、节点接入安全

节点接入安全主要考虑物联网感知节点的接入安全。在物联网感知层的多种技术中，下面笔者选择无线传感技术进行介绍。

要实现各种感知节点的接入，需要无线传感网通过某种方式与互联网相连，从而使外部网络中的设备可对传感区域进行控制与管理。目前 IPv4 正在向 IPv6 过渡，IPv6 拥有巨大的地址空间，可以为每个传感节点预留一个 IP 地址。在 IP 基础协议栈的设计方面，IPv6 将 IPSec 协议嵌入基础的协议栈中，通信的两端可以启用 IPSec 加密通信的信息和通信的过程。网络中的黑客将不能采取中间人攻击的方法对通信过程进行劫持和破坏。同时，黑客即使截取了节点的通信数据包，也会因无法解答而不能窃取通信节点的信息。从整体来看，使用 IPv6 不仅能满足物联网的地址需求，还能满足物联网对节点移动性、节点冗余、基于流的服务质量保障的需求，很有希望成为物联网应用的基础网络安全技术。

当前基于 IPv6 的无线接入技术，主要有以下两种方式。

### （一）代理接入方式

代理接入方式是指将协调节点通过基站（基站是一台计算机）接入互联网。传感网络先把采集到的数据传给协调节点，再通过基站把数据通过互联网发送到数据处理中心，同时有一个数据库服务器用来缓存数据。用户可以通过互联网向基站发送命令，或者访问数据中心。在代理接入方式中，传感器不能直接与外部用户通信，要经过代理主机对接收的数据进行中转。

代理接入方式的优点是安全性能较好，利用 PC 作基站，减少了协调节点软硬件的复杂度及能耗；可以在代理主机上部署认证和授权等安全技术，并且保证传感器数据的完整性。它的缺点是 PC 作为基站，其代价、体积与能耗都较大，不便于布置，在恶劣环境中不能正常工作。

### （二）直接接入方式

直接接入方式是指通过协调节点直接连接互联网与传感网络，协调节点可以通过无线通信模块与传感网络节点进行无线通信，也可以利用低功耗、小体积的嵌入式Web服务器接入互联网，实现传感网与互联网的隔离。这样，传感网就可以采用更加适合其特点的 MAC 协议、路由协议及拓扑控制协议等，以达到网络能量有效性、网络规模扩展性等目标。

直接接入方式主要有以下几种。

1. 全 IP 方式

这样可以直接在无线传感网所有感知节点中使用 TCP/IP 协议栈，使无线传感网与 IPv6 网络之间通过统一的网络层协议实现互联。对于使用 IEEE 802.15.4 技术的无线传感网，全 IP 方式即指 6LoWPAN 方式，其底层使用 IEEE 802.15.4 规定的物理层与 MAC 层，网络层使用 IPv6 协议，并在网络层和 IEEE 802.15.4 之间增加适配层，用于对 MAC 层接口进行封装，屏蔽 MAC 层接口的不一致性，包括进行链路层的分片与重组、头部压缩、网络拓扑构建、地址分配及组播支持等。6LoWPAN实现了 IEEE 802.15.4 协议与 IPv6 协议的适配与转换工作，每个感知节点都定义了微型 TCP/IPv6 协议栈，来实现互联网络节点间的互联。

但对于 6LoWPAN 这种方式，目前存在很大争议。持赞同观点的理由是，通过若干感知节点连到 IPv6 网络，是实现互联最简单的方式；IP 技术的不断成熟，为其与无线传感网的融合提供了方便。持反对观点的理由是，IP 网络遵循以地址为中心，而传感网以数据为中心，这就使得无线传感网通信效率比较低且能源消耗过大。目前许多以数据为中心的工作机制都将路由功能放到了应用层或 MAC 层实现，不设置单独的网络层。

2. 重叠方式

重叠方式是在 IPv6 网络与传感网之间通过协议承载方式实现互联。它可以进一步分为 IPv6 over WSN 和 WSN over TCP/IPv6 两种方式。IPv6 over WSN 的方式提议在感知节点上实现 u-IP，此方法可以使外网用户直接控制传感网中拥有 IP 地址的特殊节点，但并不是所有节点都支持 IPv6。WSN over TCP/IPv6 这种方式将 WSN 协议栈部署在 TCP/IP 之上，IPv6 网中的主机被看做是虚拟的感知节点，主机可以直接与传感网中的感知节点进行通信，但缺点在于需要主机来部署额外的协议栈。

3. 应用网关方式

应用网关方式通过在网关应用层进行协议转换来实现无线传感网与 IPv6 网络的

互联。无线传感网与 IPv6 网络在所有层次的协议上都可完全不同，这使得无线传感网可以灵活选择通信协议，但缺点是用户透明度低，不能直接访问无线传感网中特定的感知节点。

与传统方式相比，IPv6 能支持更大的节点组网，但对传感器节点的功耗、存储、处理器能力要求更高，因而成本更高。另外，IPv6 协议的流标签位于 IPv6 报头，容易被伪造，易产生服务盗用安全问题。因此，在 IPv6 中应用流标签需要开发相应的认证加密机制。同时，为了避免在流标签使用过程中发生冲突，还要增加源节点的流标签使用控制机制，以保证在流标签使用过程中不会被误用。

## 二、网络接入安全

网络接入技术最终要解决的问题是如何将成千上万个物联网终端快捷、高效、安全地融入物联网应用业务体系中，这关系到物联网终端用户所能得到物联网服务的类型、服务质量、资费等切身利益问题，因此它也是物联网未来建设中要解决的一个重要问题。

物联网通过大量的终端感知设备实现对客观世界的有效感知和有力控制。其中，连接终端感知网络与服务器的桥梁便是各类网络接入技术，包括 GSM、TD-SCDMA、WCDMA 等蜂窝网络，WLAN、WPAN 等专用无线网络及 Internet 等各种 IP 网络。物联网网络接入技术主要用于实现物联网信息的双向传递和控制，重点在于适应物联网物物通信需求的无线接入网和核心网的网络改造和优化，以及满足低功耗、低速率等物物通信特点的网络层通信和组网技术。

### （一）安全接入要求

物联网业务中存在大量的终端设备，需要为这些终端设备提供统一的网络接入。终端设备可以通过相应的网络接入网关接入核心网，也可以重构终端，基于软件定义无线电（SDR）技术动态，智能地选择接入网络，再接入移动核心网中。异构性是物联网无线接入技术的一大突出特点。在终端技术、网络技术和业务平台技术方面，异构性、多样性也是一个非常重要的趋势。随着物联网应用的发展，广域的、局域的、车域的、家庭域的、个人域的各种物联网感知设备层出不穷，从太空游弋的卫星到植入身体内的医疗传感器，种类繁多、接入方式各异的终端如何安全、快捷、有效地进行互联互通及获取所需的各类服务成为物联网发展研究的主要问题之一。

终端设备安全接入与认证是网络安全接入中的核心技术，如今，它呈现出新的安全需求。

1. 基于多种技术融合的终端接入认证技术

目前，在主流的三类接入认证技术中，网络接入设备上采用的是 NAC 技术，而客户端上则采用了 NAP 技术，从而达到两者互补的目的。TNC 的目标是解决可信接入问题，其特点是只制定详细规范、技术细节公开、各个厂家都可以自行设计并开发兼容 TNC 的产品。从信息安全的远期目标来看，在接入认证技术领域中，芯片、操作系统、安全程序、网络设备等多种技术缺一不可。

2. 基于多层防护的接入认证体系

终端接入认证是网络安全的基础，为了保证终端的安全接入，需要从多个层面分别认证、检查接入终端的合法性、安全性。例如，通过网络准入、应用准入、客户端准入等多个层面的准入控制，强化各类终端事前、事中、事后接入核心网络层次化管理和防护。

3. 接入认证技术标准化、规范化

目前，虽然各核心设备厂商的安全接入认证方案的技术原理基本一致，但各厂商采用的标准、协议及相关规范各不相同。标准与规范是技术长足发展的基石，因此，标准化、规范化是接入认证技术发展的必然趋势。

**（二）新型网络接入控制技术**

目前，新型网络接入控制技术将控制目标转向了计算机终端。从终端着手，通过管理员制定的安全策略，对接入内部网络的计算机进行安全性检测，自动拒绝不安全的计算机接入内部网络，直到这些计算机符合服务网络内的安全策略为止。新型网络接入控制技术中效果较好的有思科公司的网络接入控制（Network Access Control，NAC）、微软公司的网络准入保护（Network Access Protection，NAP）、可信计算组（Trusted Computing Group，TCG）的可信网络连接（Trusted Network Connection，TNC）、瞻博（Juniper）公司的统一接入控制（Unified Access Control，UAC）等。

1. NAC

NAC 是由思科公司主导的产业协同研究成果，NAC 可以协助保证每一个终端在进入网络前均符合网络安全策略。NAC 不但可以保证端点设备在接入网络前完全遵循本地网络内需要的安全策略，还可以保证不符合安全策略的设备无法接入该网络并设置可补救的隔离区供端点修正网络策略，或者限制其可访问的资源。

NAC 主要由以下三个部分组成。第一，客户端软件与思科可信代理。可信代理可以从多个安全软件组成的客户端防御体系中收集安全状态信息，如杀毒软件、信任关系等，然后将这些信息传送到相连的网络中，从而实施准入控制策略。第二，网络接入设备。网络接入设备主要包括路由器、交换机、防火墙及无线 AP 等。这些设备收集终端计算机请求信息，然后将信息传送到策略服务器，由策略服务器决定是否采用授权及采取什么样的授权。网络将按照客户定制的策略实施相应的准入控制决策，即允许、拒绝、隔离或限制。第三，策略服务器。策略服务器负责评估来自网络设备的端点安全信息。

2. NAP

NAP 是微软公司为 Windows Vista 和 Windows Longhorn 设计的一套操作系统组件，它可以在访问私有网络时校验系统平台的健康状态。NAP 平台提供了一套完整性校验方法来判断接入网络的客户端的健康状态，对不符合健康策略需求的客户端限制其网络访问权限。

NAP 主要由以下四部分组成。

（1）适于动态主机配置协议和 VPN、IPSec 的 NAP 客户端计算机

Windows Longhorn（NAP Server）可对不符合当前系统运行状况要求的计算机采取网络访问强制受限措施，同时运行 Internet 身份验证服务（IAS），支持系统策略配置和 NAP 客户端的运行状况验证协调。

（2）策略服务器

它可为 IAS 提供当前系统运行情况的信息，并包含可供 NAP 客户端访问以纠正其非正常运行状态所需的修补程序、配置和应用程序。策略服务器还包括防病毒隔离和软件更新服务器。

（3）证书服务器

它可向基于 IPSec 的 NAP 客户端颁发运行状况证书。

（4）管理服务器

它负责监控和生成管理报告。

3. TNC

TNC 是建立在主机的可信计算技术之上的，其主要目的在于通过使用可信主机提供的终端技术，实现网络访问控制的协同工作。TNC 的权限控制策略采用终端的完整性校验。TNC 结合已存在的网络控制策略，如 802.1x、IKE 等实现访问控制功能。

TNC 架构分为访问请求者（Access Requestor，AR）、策略执行点（Policy Enforcement Point，PEP）和策略定义点（Policy Decision Point，PDP）。这些都是逻辑实体，可以分布在任意位置。TNC 将传统"先连接，后安全评估"的接入

方式变为了"先安全评估，后连接"，从而大大增强了接入的安全性。

（1）网络访问控制层

从属于传统的网络连接和安全层，支持现有的 VPN 和 802.1x 等技术。这一层包括 NAR（网络访问请求）、PEP（策略执行点）和 NAA（网络访问授权）三个组件。

（2）完整性评估层

这一层依据一定的安全策略评估 AR 及其完整性状况。

（3）完整性测量层

这一层负责收集和验证 AR 的完整性信息。

4. UAC

UAC 是 Juniper 公司提出的统一接入控制解决方案，由多个单元组成。

（1）Infranet 控制器

Infranet 控制器是 UAC 的核心组件。它的主要功能是将 UAC 代理应用到用户的终端计算机中，以便收集用户验证、端点安全状态和设备位置等信息；或者在无代理模式中收集相同信息，并将此类信息与策略结合来控制网络、资源和应用接入。随后，Infranet 控制器在分配 IP 地址前在网络边缘通过 802.1x 或在网络核心通过防火墙将这个策略传递给 UAC 执行点。

（2）UAC 代理

UAC 代理部署在客户端，允许动态下载。UAC 代理提供的主机检查器功能允许管理员扫描端点并设置各种应用状态，包括但不限于防病毒、防恶意软件和个人防火墙等。UAC 代理可通过预定义的主机检查策略及防病毒签名文件的自动监控功能来评估最新定义文件的安全状态。UAC 代理还允许执行定制检查任务，如对注册表和端口进行检查，并可执行 MD5 校验和检查，以验证应用是否有效。

（3）UAC 执行点

UAC 执行点包括 802.1x 交换机（无线接入点），或者 Juniper 公司防火墙。

5. 满足多网融合的安全接入网关

多网融合环境下的物联网安全接入需要一套比较完整的系统架构，这种架构可以是一种泛在网多层组织架构，其底层是传感器网络，通过终端安全接入设备或物联网网关接入承载网络。物联网的接入方式多种多样，通过网关设备可以将多种接入手段整合起来，统一接入电信网络的关键设备上。网关可以满足局部区域短距离通信的接入需求，实现与公共网络的连接，同时完成转发、控制、信令交换和编解码等功能，而终端管理、安全认证等功能保证了物联网的质量和安全。

物联网网关的安全接入设计有三大功能：①网络可以转换协议，同时可以实现移动通信网络和互联网之间的信息转换；②接入网关可以提供基础的管理服务，为终端设备提供身份认证、访问控制等安全管理服务；③通过统一的安全接入网关，将各种网络进行互联整合，可以借助安全接入网关平台迅速开展物联网业务的安全应用。

总之，安全接入网关设计技术需要建设统一标准、规范的物联网接入、融合的管理平台，充分利用新一代宽带无线网络，建立全面的物联网网络安全接入平台，提供覆盖广泛、接入安全、高速便捷、统一协议栈的分布网络接入设备。

### 三、用户接入安全

用户接入安全主要考虑移动用户利用各种智能移动感知设备（如智能手机、PDA 等）通过无线方式安全接入物联网。在无线环境下，因为数据传输的无方向性，目前尚无避免数据被截获的有效办法，所以除了使用更加可靠的加密算法外，通过某种方式实现信息向特定方向传输也是一个思路，如把智能手机作为载体，通过使用二维码、图形码进行身份认证的方法。

用户接入安全涉及多个方面，首先，要对用户身份的合法性进行确认，这就需要身份认证技术；其次，在确定用户身份合法的基础上给用户分配相应的权限，限制用户访问系统资源的行为和权限，保证用户安全地使用系统资源。同时，在网络内部还需要考虑节点、用户的信任管理问题。

## 第二节　物联网信任管理分析

物联网是一个多网并存的异构融合网络。这些网络包括互联网、传感网、移动网络和一些专用网络，如广播电视网、国家电力专用网络等。物联网使这些网络环境发生了很大变化，遇到了前所未有的安全挑战，传统的基于密码体系的安全机制并不能很好地解决某些环境下的安全问题。例如，在无线传感器网络中，传统的基于密码体系的安全机制主要用于抵抗外部攻击，无法有效地解决由于节点俘获而发生的内部攻击。而且，由于传感器网络节点能力有限，无法采用基于对称密码算法的安全措施，当节点被俘获时很容易发生秘密信息泄露，如果无法及时识别被俘获节点，则整个网络将会被控制。又如，互联网环境是一个开放的、公共可访问的和高度动态的分布式网络环境，传统的针对封闭、相对静态环境的安全技术和手段，尤其是安全授权机制，如访问控制列表、一些传统的公钥证书体系等，就不适用于解决 Web 安全问题。

为了解决这些问题，1996 年，布兰兹（M. Blaze）等首次提出了"信任管理（Trust Manag ement）"的概念，其思想是承认开放系统中安全信息的不完整性，系统的安全决策需要依靠可信的第三方提供附加的安全信息。信任管理的意义在于提供了一个适合开放、分布和动态特性网络环境的安全决策框架。信任管理将传统安全研究中，尤其是安全授权机制研究中隐含的信任概念抽取出来，并以此为中心加以研究，为解决互联网、传感网等网络环境中新的应用形式的安全问题提供了新的思路。

布兰兹等将信任管理定义为采用一种统一的方法描述和解释安全策略（Security Policy）、安全凭证（Security Credential）及用于直接授权关键性安全操作的信任关系（Trust Relationship）。

信任管理的内容包括制定安全策略、获取安全凭证、判断安全凭证集是否满足相关的安全策略等。

在一个典型的 Web 服务访问授权中，服务方的安全策略形成了本地权威的根源，服务方既可以使用安全策略对特定的服务请求进行直接授权，也可以将这种授权委托给可信任的第三方。可信任的第三方则根据其具有的领域专业知识或与潜在的服务请求者之间的关系判断委托请求，并以签发安全凭证的形式返回委托请求方。最后，服务方判断收集的安全凭证是否满足本地安全策略，并做出相应的安全决策。为了使信任管理能够独立于特定的应用，布兰兹等还提出了一个基于信任管理引擎（Trust Management Engine, TME）的信任管理模型。TME 是整个信任管理模型的核心。

波维（D. Povey）在布兰兹定义的基础上，结合 A. 阿卜杜勒·拉赫曼（A. Abdul-Rahman）等人提出的主观信任模型思想，给出了一个更具一般性的信任管理定义，即信任管理是信任意向（Trusting Intention）的获取、评估和实施。授权委托和安全凭证实际上是一种信任意向的具体表现，而主观信任模型则主要从信任的定义出发，使用数学的方法描述信任意向的获取和评估。主观信任模型认为，信任是主体对客体特定行为的主观可能性预期，取决于经验并随着客体行为的结果变化而不断修正。在主观信任模型中，实体之间的信任关系分为直接信任关系和推荐信任关系，分别用于描述主体与客体、主体与客体经验推荐者之间的信任关系。也就是说，主体对客体的经验既可以直接获得，也可以通过推荐者获得，而推荐者提供的经验同样可以通过其他推荐者获得。直接信任关系和推荐信任关系形成了一条从主体到客体的信任链，而主体对客体行为的主观预期则取决于这些直接的和间接的经验。信任模型所关注的内容主要有信任表述、信任度量和信任度评估。信任度评估是整个信任模型的核心，因此，信任模型也被称为信任度评估模型。信任度评估与安全策略的实施相结合同样可以构成一个一般意义上的信任管理系统。

从信任管理模型可以看出，信任管理引擎是信任管理系统的核心。设计信任管理引擎需要涉及三个主要问题：第一，描述和表达安全策略与安全凭证；第二，设计策略一致性证明验证算法；第三，划分信任管理引擎和应用系统之间的职能。当前几个典型的信任管理系统 Policy Maker、Keynote 和 REFEREE 在设计和实现信任管理引擎时采用了不同的方法来处理上述问题。

# 一、信任机制概述

## （一）信任的含义

信任的研究历史非常悠久，是一种跨学科性的交叉研究。早期的信任理论研究主要涉及心理学、社会学、政治学、经济学、人类学、历史及社会生物学等多个领域。随着时代的发展，它又融入了商业管理、经济理论、工程学、计算机科学等应用领域。长期以来，信任被认为是一种依赖关系。信任是人类社会一切活动的基石。

信任表征着对实体身份的确认和其本身行为的期望，一方面是对实体的历史行为的直接认知，另一方面是其他实体对该实体的推荐。信任受实体行为的影响，随之动态变化，并且随时间延续而衰减。

信任存在于特定的环境下，根据具体环境的不同，影响信任的因素也不同，我们将这些影响信任的因素称为信任的属性。信任是其属性的函数，因此，可以用属性函数来度量信任，信任是随着其属性的变换而变换的。

根据多个学科对信任的研究，可以总结出信任具有以下一些基本性质。

1.主观性

信任是一个实体对另外一个实体的某种能力的主观判断，不同的实体具有不同的判断标准，且往往都是建立在对目标实体历史交易行为的评估上。对信任的量化可能随着上下文环境、时间等的差异而对同一个实体有着不同的信任值。甚至对于在相同的上下文环境和相同的时段内的同种行为，由于实体判断标准的不同，也会有不同的信任值。从信任的主观性可以看出，信任总是存在于两个实体之间，是主体和客体的二元关系，并且存在于特定上下文环境中，受到特定的属性影响。

2.动态性

信任会随着环境、时间的变化而动态地演化。实体间信任关系的变化，既可以由实体自身的能力、性格、心理、意愿、知识等内因变化所引起，也可以由实体外部环境的变化而引起。由于信任的动态性，信任模型往往通过对不同的影响因素的考察来对实体间的信任进行调整，如对恶意违约的惩罚、随时间的衰减等，这使得对信任的度量更加符合现实，并且可以得到更准确的结果。

3. 实体复杂性

信任实体往往受到多种因素的影响，而且不同的因素对不同的实体展现出不同的影响程度。在构造信任模型的时候往往需要在多种影响因素之间寻找平衡点，赋予不同的影响权重，使模型的计算相对有效。

4. 可度量性

信任的度量采用信任值来表示，信任值反映了一个实体的可信程度，它可以是离散的，也可以是连续的。信任的可度量性是建立信任模型的基础，对信任值的度量是否准确决定了信任系统的准确与否。

5. 传递性

信任具有弱传递性。例如，实体 A 信任实体 B，实体 B 信任实体 C，那么实体 A 信任实体 C 的结论不一定成立。但在一定的约束条件下，实体 A 信任实体 C 的结论是可能成立的。

6. 非对称性

信任受到多种因素的影响，不同实体的判断标准也不一样，一般来说，信任是不具有对称性的。例如，实体 A 信任实体 B，但不意味着实体 B 也同样信任实体 A，即实体 A 对实体 B 的信任度与实体 B 对实体 A 的信任度不一定是相等的，所以信任一般是单向的。

7. 时间衰减性

信任随着时间的推动往往有递减的趋势，实体之间的信任随着时间的变化而产生的动态变化，长时间没有交易的两个实体之间的信任会逐步降低。

8. 多样性

信任表现为主体和客体之间的二元关系，但信任关系可以是一对一、多对一、一对多或者多对多的关系，这也表明信任具有复杂性。

（二）信任的分类

信任可以分为基于身份的信任（Identity Trust）和基于行为的信任（Behavior Trust）两部分。基于行为的信任进一步可以分为直接信任（Direct Trust）和间接信任（Indirect Trust）。间接信任又可称为推荐或者声誉（Reputation）。

　　基于身份的信任采用静态验证机制（Static Authentication Mechanism）来决定是否给一个实体授权。常用的技术包括认证（Authentication）、授权（Authorization）、加密（Encryption）、数据隐藏（Data Hiding）、数字签名（Digital Signatures）、公钥证书（Public Key Certificate）及访问控制（Access Control）策略等。当两个实体 A 与 B 进行交互时，首先需要对对方的身份进行验证。也就是说，信任的首要前提是对对方身份进行确认，否则与虚假、恶意的实体进行交互很有可能导致损失。基于身份的信任是信任研究与实现的基础。在传统安全领域，身份信任问题已经得到相对广泛的研究和应用。

　　基于行为的信任通过实体的行为历史记录和当前的行为特征来动态判断实体的可信任度，根据信任度的大小给出访问权限。基于行为的信任针对两个或者多个实体之间交互时，某一实体对其他实体在交互中的历史行为所做出的评价，也是对实体所生成的能力可靠性的确认。在对实体进行安全性验证的时候，采用行为信任往往比一个身份或者是授权更具有不可抵赖性和权威性，也更加贴合社会实践中的信任模式，因而更加贴近现实生活。

## 二、信任的表示方法

　　在关于信任机制的研究中，需要使用数学方法将节点的可信度及信誉值表示出来，以便在进行信任计算时使用。下面介绍一些信任机制研究中典型的信任表示方法。

### （一）离散表示方法

　　离散表示方法可以使用值 1 和 -1 分别表示信任和不信任，从而构成最简单的信任表示；也可以用多个离散值表示信任的状况，如把信任状况分为四个等级：Vt、T、Ut、Vut，分别表示非常可信、可信、不可信、非常不可信，具体含义如表 7-1 所示。

表 7-1　信任等级及其含义

| 信任等级 | 含　义 |
| --- | --- |
| Vt | 非常可信，服务质量非常好且总是响应及时 |
| T | 可信，服务质量尚可，偶有响应迟缓或小错误发生 |
| Ut | 不可信，服务质量较差，总是出现错误 |
| Vut | 非常不可信，拒绝服务或提供的服务总是恶意的 |

## （二）信念表示方法

信念理论和概率论类似，差别在于所有可能出现结果的概率之和不一定等于 1。信念理论保留了概率论中隐含的不确定性，因为基于信念模型的信任系统在信任度的推理方法上类似于概率论的信任度推理方法。

## （三）模糊表示方法

信任本身是一个模糊的概念，所以有学者用模糊理论来研究主体的可信度。隶属度可以看成是主体隶属于可信任集合的程度。模糊化评价数据以后，信任系统利用模糊规则等模糊数据推测主体的可信度。

因为这些模糊信任集合之间并不是非彼即此的排他关系，很难说某个主体究竟属于哪个集合，所以，在此情况下，用主体对各个模糊集 $T_i$ 的隶属度组成的向量描述主体的可信程度更具有合理性，如主体 x 的信任度可以用向量 $v=\{v_0, v_1, v_1, \cdots, v_n\}$ 表示，其中 $v_i$ 表示 x 对 $T_i$ 的隶属度。

## （四）灰色表示方法

灰色模型和模糊模型都可以描述不确定信息，但灰色系统相对于模糊系统来说，可用于解决统计数据少、信息不完全系统的建模与分析。目前已有文献用灰色系统理论解决分布系统中的信任推理问题。在灰色模型中，主体之间的信任关系用灰类描述，如聚类实体集 $D=\{d_1, d_2, d_3\}$，灰类集 $G=\{g_1, g_2, g_3\}$，$g_1$、$g_2$、$g_3$ 依次表示信任度高、一般、低；主体间的评价用一个灰数表示，经过灰色推理以后，就可得到一个聚类实体关于灰类集的聚类向量，如（0.324，0.233，0.800），聚类分析认为实体属于灰类 $g_3$，表示其可信度低。

## （五）云模型表示方法

云模型是李德毅院士于 1995 年在模糊集理论中隶属函数的基础上提出的，通常被用来描述不确定性的概念。我们可以将云模型看做是模糊模型的泛化，云由许多云滴组成。主体间的信任关系用信任云描述。信任云是一个三元组（$E_x$，$E_n$，$H_x$），其中 $E_x$ 描述主体间的信任度，$E_n$ 是信任度的熵，描述信任度的不确定性，$H_x$ 是信任度的超熵，描述 $E_n$ 的不确定性。信任云能够描述信任的不确定性和模糊性。

## 三、信任的计算

任何实体间的信任关系均与一个度量值相关联。信任能用与信息或知识相似的方式度量，信任度是信任程度的定量表示，它是用来度量信任大小的。信任度可以用直接信任度和反馈信任度来综合衡量，直接信任度源于其他实体的直接接触，反馈信任度则是一种口头传播的名望。

信任度（Trust Degree，TD）是信任的定量表示，信任度可以根据历史交互经验推理得到，它反映的是主体（Trustor，也叫做源实体）对客体（Trustee，也叫做目标实体）的能力、诚实度、可靠度的认识，对目标实体未来行为的判断。TD可以称为信任程度、信任值、信任级别、可信度等。

直接信任度（Direct Trust Degree，DTD）是指通过实体之间的直接交互经验得到的信任关系的度量值。直接信任度建立在源实体对目标实体经验的基础上，随着双方信任度不断深入，Trustor 对 Trustee 的信任关系更加明晰。相对于其他来源的信任关系，源实体会更倾向于根据直接经验对目标实体做出信任评价。

反馈信任度（Feedback Trust Degree，FTD）表示实体间通过第三者的间接推荐形成的信任度，也叫声誉（Reputation）、推荐信任度、间接信任度（Indirect Trust Degree，ITD）等。反馈信任建立在中间推荐实体的推荐信息基础上，根据 Trustor 对这些推荐实体信任程度的不同，会对推荐信任有不同程度的取舍。但是由于中间推荐实体的不稳定性，或者伪装的恶意推荐实体的存在，使反馈信任度的可靠性难以度量。

总体信任度（Overall Trust Degree，OTD），也叫综合信任度或者全局信任度。Trustor 根据直接交互可得到对目标实体的直接信任关系，根据反馈可得到目标实体的推荐信任关系，将这两种信任关系合成即得到了对目标实体的综合信任评价。

目前，信任模型在获取总体信任度时大多采用直接信任度与反馈信任度加权平均的方式进行聚合计算：

$$T(P_i, P_j) = W_1 \times T_D(P_i, P_j) + W_2 \times T_F(P_i, P_j)$$

$T(P_i, P_j)$ 是总体信任度，$T_D(P_i, P_j)$ 是直接信任度，$T_F(P_i, P_j)$ 是反馈信任度，$W_1$ 和 $W_2$ 分别为直接信任度与反馈信任度的分类权重。

除此之外，目前，文献中常见的计算方法还有加权平均法、极大似然估计法、贝叶斯方法、模糊推理方法及灰色推理方法。

### （一）加权平均法

目前，大多数信任机制采用该方法，该方法借鉴了社会网络中人与人之间的信任评价方法。

### （二）极大似然估计法

极大似然估计法（Maximum Likelihood Estimation，MLE）是一种基于概率的信任推理方法，主要适用于概率模型和信念模型。在信任的概率分布是已知而概率分布的参数是未知的情况下，MLE 根据得到的交易结果推测这些未知的参数，推测出的参数使出现这些结果的可能性最大。

### （三）贝叶斯方法

贝叶斯方法是一种基于结果的后验概率（Posterior Probability）估计，适用于概率模型和信念模型。与 MLE 的不同之处在于，它先为待推测的参数指定先验概率分布（Prior Probability），再根据交易结果，利用贝叶斯规则（Bayes' Rule）推测参数的后验概率。根据交易评价可能出现的结果个数的不同，为待推测参数指定先验概率分布是 Beta 分布或是 Dirichlet 分布，其中 Beta 分布仅适合于二元评价结果的情况，是 Dirichlet 分布的一种特殊形式。

### （四）模糊推理方法

模糊推理方法主要适用于模糊信任模型。模糊推理分为三个过程，即模糊化、模糊推理及反模糊化。模糊化过程借助隶属度函数对评价数据进行综合评价，并归类到模糊集合中。模糊推理根据模糊规则推理主体之间的信任关系或者主体的可信度隶属的模糊集合。通过形式化推理规则、反模糊化推理结果就可以得到主体的可信度。

### （五）灰色推理方法

灰色系统理论是我国学者邓聚龙首先提出来的用于研究参数不完备系统的控制与决策问题的理论，并在许多行业得到广泛应用。之后有人提出了一种基于灰色系统理论的信誉报告机制，但目前基于灰色系统理论的信任机制研究并不多。

在灰色推理过程中，首先，利用灰色关联分析（Grey Relational Analysis）分析评价结果，得到灰色关联度（Grey Relational Degree），即评价向量；其次，如果评价涉及多个关键属性（如在文件共享系统中，对一个主体的评价可能涉及下载文件的质量、下载速度等属性），就要确定属性之间的权重关系；再次，利用白化函数和评价向量计算白化矩阵，由白化矩阵和权重矩阵计算聚类向量，聚类向量反映了主体与灰类集（Grey Level Set）中每个灰类（Grey Level）的关系；最后，对聚类向量进行聚类分析，就可以得到主体所属的灰类。

## 四、信任评估

信任模型所关注的内容主要有信任表述、信任度量和信任度评估。信任度评估是整个信任模型的核心，因此，信任模型也被称为信任度评估模型。

在介绍信任评估之前，先给出几个相关概念。

（1）信任（Trust）是一种建立在已有知识上的主观判断，是主体 A 根据所处环境，对主体 B 能够按照主体 A 的意愿提供特定服务（或者执行特定动作）的度量。

（2）直接信任度（Direct Trust）是指主体 A 根据与主体 B 的直接交易历史记录而得出的对主体 B 的信任。

（3）推荐信任（Recommendation Trust）是主体间根据第三方的推荐而形成的信任，也称为间接信任。

（4）信任度（Trust Degree）是信任的定量表示，也可以称为可信度。

# 第三节 物联网身份认证分析

## 一、身份认证的概念

身份认证是指用户身份的确认技术，它是物联网信息安全的第一道防线，也是最重要的一道防线。身份认证可以使物联网终端用户安全接入物联网中，使用户合理地使用各种资源。身份认证要求参与安全通信的双方在进行安全通信前，必须互相鉴别对方的身份。在物联网应用系统中，身份认证技术要密切结合物联网信息传送的业务流程，阻止对重要资源的非法访问。身份认证技术可以用于解决访问者的物理身份和数字身份的一致性问题，给其他安全技术提供权限管理的依据。可以说，身份认证是整个物联网应用层信息安全体系的基础。

### （一）基本认证技术

传统的身份认证有如下两种方式：

一是基于用户所拥有的标识身份的持有物的身份认证。持有物如包括身份证、智能卡、钥匙、银行卡（储蓄卡和信用卡）、驾驶证、护照等，这种身份认证方式被称为基于标识物（Token）的身份认证。

二是基于用户所拥有的特定知识的身份认证。特定知识可以是密码、用户名、卡号、暗语等。

为了增强认证系统的安全性，可以将以上两种身份认证方式结合，实现对用户的双因子认证，如银行的 ATM 系统就是一种双因子认证方式，即用户提供正确的"银行卡 + 密码"。显然，两种传统的身份认证方式存在很多缺点，如表7-2所示。

表 7-2　传统身份认证的缺点

| 认证方式 | 缺　点 |
|---|---|
| 基于标识物的身份认证 | 携带不方便；易丢失；易伪造；易遭受假冒攻击 |
| 基于特定知识的身份认证 | 长密码难记忆，短密码容易记忆但易于被猜出；攻击者可以窃取账号和口令；易于遭受假冒攻击 |

在身份认证的基础上，基本的认证技术有双方认证和可信第三方认证两类。

双方认证是一种双方相互认证的方式，只有双方都提供 ID 和密码给对方，才能通过认证。这种认证方式不同于单向认证的是，客户端还需要认证服务器的身份，因此，客户端必须维护各服务器所对应的 ID 和密码。

可信第三方认证也是一种通信双方相互认证的方式，但是认证过程必须借助于一个双方都能信任的可信第三方，一般而言，这个可信第三方可以是政府的法院或其他可信赖的机构。当双方欲进行通信时，彼此必须先通过可信第三方的认证，然后才能相互交换密钥，再进行通信。由这种借助可信第三方的认证方式变化而来的认证协议相当多，其中典型的例子就是 Kerberos 认证协议。

认证必须和标识符共同起作用。认证过程首先需要输入账户名、用户标识或者注册标识，告诉主机是谁。账户名应该是秘密的，任何其他的用户都不能拥有它。但为了防止因账户名或 ID 泄露而出现的非法用户访问系统资源问题，需要进一步使用认证技术验证用户的合法身份。口令是一种简单易行的认证手段，但是比较脆弱，容易被非法用户利用。生物技术则是一种非常严格且有前途的认证方法，如利用指纹、视网膜等，但因技术复杂，目前还没有被广泛采用。

## （二）基于 PKI/WPKI 轻量级认证技术

物联网应用的一个重要特点是能够提供丰富的 M2M 数据业务。M2M 数据业务的应用具有一定的安全需求，一些特殊业务需要很高的安全保密级别。充分利用现有互联网和移动网络的技术和设施，是物联网应用快速发展和建设的重要方向。随着多网融合下物联网应用的不断发展，为大量的终端设备提供轻量级的认证技术和访问控制应用是保证物联网接入安全的必然需求。

公钥基础设施（PKI）是一个用公钥技术实施和提供安全服务的、具有普适性的安全基础设施。PKI 技术采用证书管理公钥，通过第三方可信机构（如认证中心）把用户的公钥和其他标识信息（设备编号、身份证号、名称等）捆绑在一起，来验证用户的身份。它是为了满足无线通信的安全需求而发展起来的公钥基础设施。WPKI 可用于包括移动终端在内的众多无线终端，为用户提供身份认证、访问控制和授权、传输保密、资料完整性、不可否认性等安全服务。

基于 PKI/WPKI 轻量级认证技术的目标是研究以 PKI/WPKI 为基础，开展物联网应用系统轻量级鉴别认证、访问控制的体系研究，提出物联网应用系统的轻量级鉴别任务和访问控制架构及解决方案，实现对终端设备的接入认证、异构网络互联的身份认证及应用的细粒度访问控制。

基于 PKI/WPKI 轻量级认证技术的研究包括六个方面的内容。

1. 物联网安全认证体系

重点研究在物联网应用系统中，如何基于 PKI/WPKI 系统实现终端设备和网络之间的双向认证，以及保证 PKI/WPKI 能够向终端设备安全发放设备证书的方式。

2. 终端身份安全存储

重点研究终端身份信息在终端设备中的安全存储方式及终端身份信息的保护；重点关注在重点设备遗失的情况下，终端设备的身份信息、密钥、安全参数等关键信息不被读取和破解，从而保证整个网络系统的安全。

3. 身份认证协议

研究并设计终端设备与物联网承载网络之间的双向认证协议。终端设备与互联网和移动网络等核心网之间的认证分别采用 PKI 或 WPKI 颁发的证书进行认证，异构网络之间在进行通信前也需要进行双向认证，从而保证只有持有信任的 CA 机构颁发的合法证书的终端设备才能接入持有合法证书的物联网系统。

4. 分布式身份认证技术

物联网应用业务的特点是接入设备多，分布地域广。在网络系统上建立身份认证时，如果采用集中式的方式在响应速度方面不能达到要求，就会给网络的建设带来一定的影响，因此，需要建立分布式的轻量级鉴别认证系统。分布式身份认证技术主要研究分布式终端身份认证技术、系统部署方法、身份信息在分布式轻量级鉴别认证系统中的安全、可靠性传输。

5. 新型身份认证技术

身份认证用于确认对应用进行访问的用户身份。一般基于以下一个或几个因素：静态口令、用户所拥有的东西（如令牌、智能卡等）、用户所具有的生物特征（如指纹、虹膜、动态签名等）。在对身份认证安全性要求较高的情况下，通常会选择以上因素中的两种从而构成双因素认证。目前，比较常见的身份认证方式是用户口令，其他还有智能卡、动态令牌、USB Key、短信密码和生物识别技术及零知识身份认证等。在物联网中也将会综合运用这些身份认证技术，特别是生物识别技术和零知识身份认证技术。

通常的身份证明需要用户提供用户名和口令等识别用户的身份信息，而零知识身份认证技术不需要这些信息也能够识别用户的身份。零知识身份认证技术的思想是：有两方，认证方 V 和被认证方 P，P 掌握了某些秘密信息，P 想设法让 V 相信他确实掌握了那些信息，但又不想让 V 知道他掌握了哪些信息。P 掌握的秘密信息可以是某些长期没有解决的猜想问题的证明（如费尔马最后定理、图的三色问题），也可以是缺乏有效算法的难题解法（如大数因式分解等），信息的本质是可以验证的，即可以通过具体的步骤检验它的正确性。

6.非对称密钥认证技术

非对称加密算法的认证要求认证双方的个人秘密信息（如口令）不用在网络上传送，减少了认证的风险。这种认证方式通过请求被认证者和认证者对一个随机数做数字签名与验证数字签名的方法来实现。

认证一旦通过，双方即建立安全通信通道进行通信，在每一次的请求和响应中进行，即接收信息的一方先从接收到的信息中验证发信人的身份信息，验证通过后才根据发来的信息进行相应的处理，但用于实现数字签名和验证数字签名的密钥对必须与进行认证的一方唯一对应。

## 二、用户口令

用户口令是最简单易行的认证手段，但易于被猜出来，比较脆弱。口令认证必须和用户标识 ID 结合起来使用，而且用户标识 ID 必须在认证的用户数据库中是唯一的。为了保证口令认证的有效性，还需要考虑以下几个问题：①请求认证者的口令必须是安全的；②在传输过程中，口令不能被窃看、替换；③请求认证者请求认证前，必须确认认证者的真实身份，否则会把口令发给假冒的认证者。

口令认证最大的安全隐患是系统管理员通常都能得到所有用户的口令。因此，为了消除这样的安全隐患，通常情况下，会在数据库中保存口令的散列值，通过验证散列值的方法来认证身份。

### （一）口令认证协议

口令认证协议（PAP）是一种简单的明文验证方式。网络接入服务器（Network Access Server，NAS）要求提供用户名和口令，PAP 以明文方式返回用户信息。显然，这种认证方式的安全性较差，第三方很容易就可以获取到传送的用户名和口令，并利用这些信息与 NAS 建立连接获取 NAS 提供的所有资源。所以，一旦用户密码被第三方窃取，PAP 将无法提供避免受到第三方攻击的保障措施。

### （二）一次性口令机制

传统的身份认证机制建立在静态口令的识别基础上，这种以静态口令为基础的身份认证方式存在多种口令被窃取的隐患。

（1）网络数据流窃听（Sniffer）

很多通过网络传输的认证信息是未经加密的明文（如 FTP、Telnet 等），容易被攻击者通过窃听网络数据分辨出认证数据，并提取用户名和口令。

（2）认证信息截取或重放（Recorder/Replay）

对于简单加密后进行传输的认证信息，攻击者仍然可以使用截取或重放攻击推算出用户名和口令。

（3）字典攻击

以有意义的单词或数字为密码，攻击者会使用字典中的单词尝试用户的口令。

（4）穷举尝试（Brute Force）

又称蛮力攻击，是一种特殊的字典攻击，它把字符串的全集作为字典尝试用户的口令，如果用户的口令较短，则很容易被穷举出来。

为了解决静态口令问题，20 世纪 80 年代初，莱斯利·兰伯特（Leslie Lamport）首次提出利用散列函数产生一次性口令的思想，即用户每次同服务器连接过程中使用的口令在网上传输时都是加密的密文，而且这些密文在每次连接时都是不同的，也就是说，口令明文是一次有效的。当一个用户在服务器上首次注册时，系统给用户分配一个种子值（Seed）和一个迭代值（Iteration），这两个值就构成了一个原始口令，同时在服务器端还保留了用户自己知道的通信短语。当用户向服务器发出连接请求时，服务器把用户的原始口令传给用户。用户接到原始口令后，利用口令生成程序，采用散列算法（如 MD5），结合通信短语计算出本次连接实际使用的口令，然后再把口令传回给服务器；服务器先保存用户传来的口令，然后调用口令生成器，采用同一散列算法（MD5），利用用户存在服务器端的通信短信和它刚刚传给用户的原始口令自行计算生成一个口令。服务器把这个口令和用户传来的口令进行比较，进而对用户的身份进行确认；每一次身份认证成功后，原始口令中的迭代值自动减 1。该机制每次登录时的口令是随机变化的，每个口令只能使用一次，彻底防止了前面提到的窃听、重放、假冒、猜测等攻击方式的发生。

## 三、介质

基于口令的身份认证，因其安全性较低，很难满足一些安全性要求较高的应用场合；基于生物特征的身份认证设备受价格和技术因素的限制，使用还比较有限。基于介质的身份认证（如 USB Key、手机等）以其安全可靠、便于携带、使用方便等诸多优点，正在被越来越多的用户所认识和使用。

### （一）基于智能卡的身份认证

智能卡是 IC 卡的一种，它是一种内含集成电路芯片的塑料片，本身具有一定的存储能力和计算能力，可以以适当的方式进行读写，智能卡内封装了微处理芯片（CPU），具备数据安全性保护措施，具有数据判断和数据分析能力，可以对数据进行加密和解密处理。目前，数据加密标准（DES）、RSA 加密算法等能被智能卡支持。智能卡一般都有一个 128 Kb 的只读存储器（ROM）用于存放程序代码，一个 64 ~ 128 Kb 的 EPROM 和最大可达 128 Mb 的 Flash 内存来存放用户数据，一个 4 ~ 5 Kb 的随机存取存储器（RAM）作为工作区。卡内的 CPU 和外设能以 30 MHz 的内部时钟频率进行工作，能够较好地完成计算量大的操作。内部时钟的实现为实时性要求更高的应用也提供了重要保证。32 位的 RISC 处理器使智能卡能够应用于更多的加密算法，并且对算法中密钥长度的要求也不断放宽。智能卡是一种接触型的认证设备，需要与读卡设备进行对话，而不是由读卡设备直接将存储的数据读出来。智能卡的自身安全一般受 PIN 码保护，PIN 码是由数字组成的口令，只有将 PIN 码输入智能卡后读卡机才能读出卡中保存的数据。智能卡对微电子技术的要求相当高，所以其成本也较高。

基于智能卡的身份认证机制要求用户在认证时持有智能卡（智能卡中存有秘密信息，可以是用户密码的加密文件或者是随机数），只有持卡人才能被认证。它的优点是可以防止口令被猜测，但也存在一定的安全隐患，如攻击者获得用户的智能卡，并知道他保护智能卡的密码，这样攻击者就可以冒充用户进行登录。

USB Key 是由带有 EPROM 的 CPU 实现的芯片级操作系统，所有读写和加密运算都在芯片内部完成，具有很高的安全度。它自身所具备的存储器可以存储一些个人信息或证书，用来标识用户身份，内部密码算法可以为数据传输提供安全的传输信道。

采用硬件令牌进行身份认证的技术是指通过用户随身携带的身份认证令牌进行身份认证的技术。主要的硬件设备有智能卡和 USB Key 等。

基于硬件令牌的认证方式是一种双因子的认证方式（PIN+ 物理证件），即使 PIN 或硬件设备被窃取，用户仍不会被冒充。双因子认证比基于口令的认证方法增加了一个认证要素，攻击者仅仅获取了用户口令或者仅仅拿到了用户的硬件令牌，都无法通过系统的认证。因此，这种方法比基于口令的认证方法具有更高的安全性。

### （二）基于智能手机的身份认证

当前，智能手机非常普及，它给身份认证带来了新的机遇。所谓智能手机，是指具有独立的操作系统、支持第三方软件并可以用软件对手机功能进行扩充的一类手机的总称。智能手机不仅提供通信功能，还有 PDA 的部分功能，并可以接入移动通信网络上网。目前，智能手机以其强大的功能受到广大消费者的喜爱，并占据了手机市场的主导地位。

（1）智能手机是一个相对安全的环境手机是私人物品，不像个人计算机（同一台计算机可能被多人共享），因此，用户对他的手机拥有绝对的控制权。

（2）智能手机比 USB Key、Token 更容易携带

手机通常是人们随身必带的物品，很少发生使用相关网络应用时却没有带手机的情况，这大大方便了用户的使用。

（3）智能手机功能强大，可以方便地扩展其功能

动态口令技术，尤其是数字签名技术需要具有复杂的实现机制，需要强大的计算能力。一方面，智能手机的硬件配置往往较高，可以高速地进行运算，为数字签名的实现提供了硬件上的支持。另一方面，智能手机操作系统提供了方便的编程接口，使得复杂的身份认证机制的实现更加容易，从而大大降低了开发成本。因此，基于智能手机强大的软硬件功能，可以设计更为复杂、安全的身份认证机制，如可采用动态口令技术和数字签名技术相结合的方式。

## 四、生物特征

口令认证容易被猜出，比较脆弱，存在很多缺陷。为了克服传统身份认证方式的缺点，尤其是假冒攻击，迫切需要寻求一种新的身份认证方式，即能与人本身建立一一对应的身份认证技术，或许不断发展与成熟的生物特征识别技术是替代传统身份认证的最佳选择。

生物识别技术（Biometric Identification Technology）是利用人体生物特征进行身份认证的一种技术。生物特征是唯一的（与他人不同）、可测量或自动识别和可验证的生理特征或行为方式，分为生理特征和行为特征。生理特征与生俱来，多为

先天性的；行为特征则是习惯使然，多为后天性的。常用的生理特征包括脱氧核糖核酸（DNA）、指纹、虹膜、人脸、手指静脉、视网膜、掌纹、耳郭、手形、手上的静脉血管和体味等；行为特征包括联机签名、击键打字、声波和步态等。与传统的身份鉴定技术相比，基于生物特征识别的身份鉴定技术具有以下优点：第一，终生不变或只有非常轻微的变化；第二，随身携带，不易被盗、丢失或遗忘；第三，防伪性好，难以伪造或模仿。

基于生物特征识别技术的典型成功应用案例有：第一，2008 年，人脸识别系统在北京奥运会中出色地完成了人员的身份认证；第二，基于指纹识别技术的美国的访客计划（US-VISIT）；第三，2004 年，澳大利亚国际机场采用了基于人脸识别技术的生物特征护照系统来进行身份认证。

研究表明，对于指纹、虹膜、人脸、手指静脉、掌纹、DNA 等人体的任何一个特征，两个人相同的概率极其微小。因此，可以唯一证明个人身份，满足个人身份的确定性和不可否认性。在这些特征中，终生不变，易于获取，应用广泛，全世界各个行业都接受的个人特征应首选指纹。基于生物识别技术的身份认证被认为是最安全的身份认证技术，将来能够被广泛地应用在物联网环境中。

（一）指纹识别

目前，在所有生物特征识别技术中，指纹识别无论在硬件设备上还是软件算法上都是最成熟、开发最早、应用最广泛的。相关资料显示，我国古代最早的指纹应用可追溯至秦朝。唐朝时，以"按指为书"为代表的指纹捺印已经在文书、契约等民用场合被广泛采用。自宋朝起，指纹开始被用作刑事诉讼的物证。虽然我国对指纹的应用历史比较悠久，但由于缺乏专门性的研究，未能将指纹识别技术上升为一门科学。在欧洲，1788 年，迈尔（J. Mayer）首次提出没有两个人的指纹会完全相同；1889 年，亨利（E. R. Henry）在总结前人研究成果的基础上，提出了指纹细节特征识别理论，奠定了现代指纹学的基础。

指纹识别技术从被发现时起，就被广泛地应用于契约等民用领域。由于人体指纹具有终身稳定性和唯一性，因此它很快就被用于刑事侦查，并被尊为"物证之首"。但早期的指纹识别采用的方法是人工比对，效率低、速度慢，不能满足现代社会的需要。20 世纪 60 年代末，在美国，有人提出用计算机图像处理和模式识别方法进行指纹分析以代替人工比对，这就是自动指纹识别系统（简称 AFIS）。因为成本及对运行环境的特殊要求，开始时其应用主要限于刑侦领域。随着计算机图像处理和模式识别理论及大规模集成电路技术的不断发展与成熟，指纹自动识别系统的体积不断缩小，其价格也不断降低，因而它逐渐被应用到民用领域。20 世纪 80 年代，个人计算机、光学扫描这两项技术的革新，使得它们作为录取指纹的工具成为现实，从而使指纹识别可以在其他领域中得以应用，如代替 IC 卡。20 世纪 90 年代后期，低价位取像设备的引入及其飞速发展，以及可靠的比对算法的提出为个人身份识别应用的普及提供了支持。指纹自动识别技术已在警察司法活动和出入口控制、信息编码、银行信用卡、重要证件防伪等许多领域得到广泛使用。

指纹是手指末端正面皮肤上的呈有规则定向排列的纹线。每个人的指纹纹路在图案、断点和交叉点上各不相同，是唯一的，并且终生不变。人的指纹特征大致可以分为两类：总体特征和局部特征。

总体特征是用肉眼就可以直接观察到的纹路图案，如环型、弓型、螺旋型，即我们俗称的斗、簸箕、双箕斗。但仅靠这些基本的图案进行分类识别还远远不够。在实际应用中，常提取某人指纹的节点（指纹纹路中经常出现的中断、分叉或转折）这个局部特征信息，进行身份认证。指纹节点的信息特征多达 150 多种，但一些细节特征却极为罕见，常见的节点类型有六种：终结点（一条纹路在此终结）、分叉点（一条纹路在此分开成为两条或更多的纹路）、分歧点（两条平行的纹路在此分开）、孤立点（一条特别短的纹路，以至于成为一点）、环点（一条纹路分开成为两条后，立即合并成为一条，这样形成的一个小环）、短纹（一端较短但不至于成为一点的纹路）。其中，最典型和最常用的是终结点和分叉点。在自动指纹识别技术中，一般只检测这两种类型的节点数量，并结合节点的位置、方向和所在区域纹路的曲率，得到唯一的指纹特征。指纹识别的准确率与输入指纹图像的质量有着非常重要的关系。噪声、不均匀接触等原因可能导致指纹图像获取时产生许多畸变，这样在分析指纹特征时，就会产生大量的可疑特征点，从而湮没真实特征点，所以应采用平滑、滤波、二值化、细化等图像处理方法来提高纹路的清晰度，同时删除被大量噪声破坏的区域。指纹识别主要包括指纹图像增强、特征提取、指纹分类和指纹匹配。

1. 指纹图像增强

指纹图像增强的目的是提高可恢复区域的脊信息清晰度，同时删除不可恢复区域，一般包括规格化、方向图估计、频率图估计、生成模板、滤波几个环节。其关键是利用脊的平行性设计合适的自适应方向滤波器和取得合适的阈值。

2. 特征提取

美国国家标准局提出用于指纹匹配细节的四种特征为脊终点、分叉点、复合特征（三分叉或交叉点）及未定义。但目前最常用细节特征的定义源自美国联邦调查局

（FBI）提出的细节模型，它将指纹图像的最显著特征分为脊终点和分叉点，每个清晰指纹一般有 40 ~ 100 个这样的细节点。指纹特征的提取采用链码搜索法对指纹纹线进行搜索，自动指纹识别系统（AFIS）依赖于这些局部脊特征及其关系来确定其身份。另外，指纹图像的预处理和特征提取也可采用基于脊线跟踪的方法。其基本思想是沿纹线方向自适应地追踪指纹脊线，在追踪过程中，局部增强指纹图像，最后得到一幅细化后的指纹脊线骨架图和附加在其上的细节点信息。由于该算法只在占全图比例很少的点上估算方向并滤波处理，计算量相对较少，在时间复杂度上具有一定的优势。

3. 指纹分类

常见的有基于神经网络的分类方法、基于奇异点的分类方法、基于脊线几何形状的分类方法、隐马尔可夫分类器的方法、基于指纹方向图分区和遗传算法的连续分类方法。

4. 指纹匹配

指纹匹配是指纹识别系统的核心步骤，匹配算法包括图匹配、结构匹配等，但最常用的方法是用 FBI 提出的细节模型来做细节匹配，即点模式匹配。点模式匹配问题是模式识别中的经典难题，研究者先后提出过很多算法，如松弛算法、模拟退火算法、遗传算法、基于 Hough 变换的算法等，在实践中可以同时采用多种匹配方法以提高指纹识别系统的可靠性及识别率。

（二）虹膜识别

与指纹识别一样，虹膜识别也是以人的生物特征为基础，而虹膜也同样具有高度不可重复性。虹膜是眼球中包围瞳孔的部分，每一个虹膜都包含一个独一无二的基于像冠、水晶体、细丝、斑点、结构、凹点、射线、皱纹和条纹等特征的结构，这些特征组合起来形成一个极其复杂的锯齿状网络花纹。与指纹一样，每个人的虹膜特征都不相同，到目前为止，世界上还没有发现虹膜特征完全相同的案例，即便是同卵双胞胎，虹膜特征也大不相同，而同一个人左右眼的虹膜特征也有很大的差别。此外，虹膜具有高度稳定性，其细部结构在胎儿时期形成之后就终生不再发生改变，除了白内障等少数病理因素会影响虹膜外，即便用户接受眼角膜手术，其虹膜特征也与手术前完全相同。高度不可重复性和结构稳定性让虹膜可以作为身份识别的依据，事实上，它也许是最可靠、最不可伪造的身份识别技术。

基于虹膜的生物识别技术同指纹识别一样，主要由以下几部分构成：虹膜图像获取、虹膜图像预处理、虹膜特征提取以及匹配与识别。

1. 虹膜图像获取

获取虹膜图像时，人眼不与电荷耦合器（CCD）、互补金属氧化物半导体

（CMOS）等光学传感器直接接触，采用的是一种非侵犯式的采集技术。作为身份鉴别系统中的一项重要生物特征，虹膜识别凭借虹膜丰富的纹理信息及其稳定性、唯一性和非侵犯性，越来越受到学术界和工业界的重视。虹膜图像的获取是非常困难的一步。一方面，由于人眼本身就是一个镜头，许多无关的杂光会在人眼中成像，从而被摄入虹膜图像中；另一方面，由于虹膜直径只有十几毫米，不同人种的虹膜颜色有着很大的差别，如白种人的虹膜颜色浅，纹理显著，而黄种人的虹膜则多为深褐色，纹理非常不明显，所以在普通状态下，很难拍到可用的图像。

2.虹膜图像预处理

虹膜图像的预处理包括对虹膜图像的定位、归一化和增强三个步骤。虹膜图像定位指的是去除采集到的眼睑、睫毛、眼白等，找出虹膜的圆心和半径。为了消除平移、旋转、缩放等几何变换对虹膜识别的影响，必须把原始虹膜图像调整到相同的尺寸和对应位置。虹膜的环形图案特征决定了虹膜图像可采用极坐标变换形式进行归一化。虹膜图像在采集过程中受到的不均匀光照会影响纹理分析的效果。一般采取直方图均衡化的方法进行图像增强，减少光照不均匀分布的影响。

3.虹膜特征提取以及匹配与识别

虹膜的特征提取和匹配识别方法最早由英国剑桥大学的约翰·道格曼（John Daugman）博士于1993年提出，之后许多虹膜识别技术都是以此为基础展开的。道格曼博士用Gabor滤波器对虹膜图像进行编码，基于任意一个虹膜特征码都与其他的不同虹膜生成的特征码统计不相关这一特性，比对两个虹膜特征码的Hamming距离就可实现虹膜识别。

随着虹膜识别技术研究和应用的进一步发展，虹膜识别系统的自动化程度越来越高，神经网络算法、模糊识别算法也逐步应用到虹膜识别中。进入21世纪后，随着外围硬件技术的不断进步，虹膜采集设备技术越来越成熟，虹膜识别算法所要求的计算能力也越来越不是问题。由于虹膜识别技术在采集、精确度等方面的独特优势，它必然会成为未来社会的主流生物认证技术。在未来的安全控制、海关进出口检验、电子商务等多种领域中，虹膜识别技术也必然会成为重点应用技术。如今这种趋势已经在全球各地的各种应用中逐渐显现。

（三）行为识别

目前，关于生物特征行为的识别方法研究比较多的是基于步态的身份识别技术。

步态识别是一种新兴的生物特征识别技术，旨在根据人们走路的姿势进行身份识别。步态特征是在远距离情况下唯一可提取的生物特征，早期的医学研究证明了步态具有唯一性，因此，可以通过对步态的分析进行人的身份识别。它与其他生物特征识别方法（如指纹、虹膜、人脸等）相比有其独特的特点。

1. 远距离性

传统的指纹和人脸识别只能在接触或近距离情况下才能感知，而步态特征可以在远距离情况下感知。

2. 侵犯性

在信息采集过程中，其他的生物特征识别技术需要在与用户的协同合作（如接触指纹仪、注视虹膜捕捉器等）下完成，交互性很强，而步态特征却能够在用户并不知情的情况下获取。

3. 难于隐藏和伪装

在安全监控中，作案对象通常会采取一些措施（如戴上手套、眼镜和头盔等）来掩饰自己，以逃避监控系统的监视，此时，人脸和指纹等特征已不能发挥它们的作用。然而，人要行走，步态是难以隐藏和伪装的，否则，在安全监控中只会令其行为变得可疑，更容易引起注意。

4. 便于采集

传统的生物特征识别对所捕捉的图像质量要求较高，而步态特征受视频质量的影响较小，即使在低分辨率或图像模糊的情况下也可以获取。

目前，有关步态识别的研究尚处于理论探索阶段，还没有应用于实际当中。但基于步态的身份识别技术具有广泛的应用前景，主要应用于智能监控，适于监控那些对安全敏感的场合，如银行、军事基地、国家重要安全部门、高级社区等。在这些敏感场合，出于管理和安全的需要，人们可以采用步态识别方法，实时监控该区域内发生的事件，帮助人们更有效地进行人员身份鉴别，从而快速检测危险并提供不同人员不同的进入权限级别。因此，对于开发实时稳定的基于步态识别的智能身份认证系统具有重要的理论和实际意义。

# 第四节　物联网访问控制分析

访问控制是对用户合法使用资源的认证和控制。物联网应用系统是多用户、多任务的工作环境，这为非法使用系统资源打开了方便之门。因此，迫切要求人对计算机及其网络系统采取有效的安全防范措施，防止非法用户进入系统及合法用户非法使用系统资源，这就需要用到访问控制系统。

## 一、访问控制的功能

访问控制应具备身份认证、授权、文件保护和审计等主要功能。

### （一）认证

认证就是证实用户的身份。认证必须和标识符共同起作用。认证时首先需要输入账户名、用户标识或者注册标识，告诉主机是谁。账户名应该是秘密的，任何其他用户都不能拥有它。但是为了防止因账户名或用户标识泄露而出现的非法用户访问，还需要进一步用认证技术证实用户的合法身份。口令是一种简单易行的认证手段，但是因为容易被猜出来而比较脆弱，容易被非法用户利用。生物技术是一种严格而有前景的认证方法，如指纹、视网膜、虹膜等，但因技术复杂，目前还没有被广泛采用。

### （二）授权

系统正确认证用户之后，会根据不同的用户标识分配不同的使用资源，这项任务被称为授权。授权的实现是靠访问控制完成的。访问控制是一项特殊的任务，它用标识符 ID 做关键字控制用户访问的程序和数据。访问控制主要用在关键节点、主机和服务器上，一般节点很少使用。但如果在一般节点上增加访问控制功能，则应该安装相应的授权软件。在实际应用中，通常需要从用户类型、应用资源及访问规则三个方面来明确用户的访问权限。

1. 用户类型

对于一个已经被系统识别和认证了的用户，还要对他的访问操作实施一定的限制。对于一个通用计算机系统来讲，用户范围很广，层次不同权限也不同。用户类型一般有系统管理员、一般用户、审计用户和非法用户。系统管理员的权限最高，可以对系统中的任何资源进行访问，并具有所有类型的访问操作权力。一般用户的访问操作要受到一定的限制。根据需要，系统管理员对这类用户分配不同的访问操作权力。审计用户负责对整个系统的安全控制与资源使用情况进行审计。非法用户则是被取消访问权力或者被拒绝访问系统的用户。

2. 应用资源

系统中的每个用户共同分享系统资源。系统内需要保护的是系统资源，因此，需要对被保护的资源定义一个访问控制包（Access Control Packet，ACP），访问控制包为每一个资源或资源组勾画出一个访问控制列表（Access Control List，ACL），它描述了哪个用户可以使用哪个资源及如何使用。

### 3. 访问规则

访问规则定义了若干条件，在这些条件下可准许访问一个资源。一般来讲，规则使用户和资源配对，并指定该用户可以在该资源上执行哪些操作，如只读、不允许执行或不许访问。这些规则由负责实施安全政策的系统管理人员根据最小特权原则确定，即在授予用户访问某种资源的权限时，只给他访问该资源的最小权限。例如，用户需要读权限时，则不应该授予读写权限。

### （三）文件保护

文件保护对该文件提供附加保护，使非授权用户不可读。一般采用对文件加密的附加保护方式。

### （四）审计

审计主要是记录用户的行为，以说明安全方案的有效性。审计是记录用户系统所进行的所有活动的过程，即记录用户违反安全规定使用系统的时间、日期及用户活动。因为可能收集的数据量非常大，所以良好的审计系统最低限度应具有容许进行筛选并报告审计记录的工具。此外，还应容许对审计记录做进一步的分析和处理。

## 二、访问控制的关键要素

访问控制是指主体依据某些控制策略和权限对客体或其他资源进行不同授权的访问。访问控制包括三个要素：主体、客体和控制策略。

### （一）主体

主体是可以在信息客体间流动的一种实体。主体通常指的是访问用户，但是进程或设备也可以成为主体，所以对文件进行操作的用户是一个主体；用户调度并运行的某个作业也是一个主体；检测电源故障的设备也是一个主体。大多数交互式系统的工作过程是：用户首先在系统中注册，然后启动某一进程完成某项任务，该进程继承了启动它的用户的访问权限。在这种情况下，进程也是一个主体。一般来讲，审计机制应能对主体涉及的某一客体进行的与安全有关的所有操作都做相应的记录和跟踪。

### （二）客体

客体本身是一种信息实体，或者是从其他主体或客体接收信息的载体。客体不受它们所依存的系统的限制，它可以是记录、数据块、存储页、存储段、文件、目录、目录树、邮箱、信息、程序等，也可以是位、字节、字、域、处理器、通信线路、时钟、网络节点等。有时也可以把主体当做客体处理。例如，一个进程可能含有许多子进程，这些子进程就可以被认为是一种客体。在一个系统中，作为一个处理单位的最小信息集合就被称为一个文件，每一个文件都是一个客体。但是如果文件可以分成许多小块，并且每个小块又可以单独处理，那么每个小块也都是一个客体。另外，如果文件系统组织成一个树形结构，这种文件目录也是客体。

在有些系统中，在逻辑上所有客体都可作为文件来处理。每种硬件设备都作为一种客体处理，因而，每种硬件设备都具有相应的访问控制信息。如果一个主体准备访问某个设备，它必须具有适当的访问权，而设备的安全校验机制将对访问权进行校验。例如，主体想对终端进行写操作，需要将想写入的信息先写入相应的文件中，安全机制将根据该文件的访问信息决定是否允许该主体对终端进行写操作。

## （三）控制策略

控制策略是主体对客体的操作行为集和约束条件集（简记为 KS），即控制策略是主体对客体的访问规则集，这个规则集直接定义了主体对客体的作用行为和客体对主体的条件约束。访问策略体现了一种授权行为，也就是客体对主体的权限允许，这种允许不超越规则集，由其给出。

访问控制系统的三个要素可以用三元组（S、O、P）来表示，其中 S 表示主体，O 为客体，P 为许可。主体 S 提出的一系列正常请求信息 $I_1$、$I_2$、$I_3$、…，$I_n$，通过物联网系统的入口到达控制规则集 KS 监视的监控器，由 KS 判断允许或拒绝这次请求。在这个过程中，必须先确认 S 是合法的主体，而不是假冒的欺骗者，也就是对主体进行认证。主体通过验证后，才能访问客体，但并不保证其有可以对客体进行操作的权限。客体对主体的具体约束由访问控制表来控制实现，对主体的验证一般都是通过鉴别用户标志和用户密码实现。用户标志是一个用来鉴别用户身份的字符串，每个用户有且只能有唯一的一个用户标志，以便与其他用户有所区别。当一个用户进行系统注册时，必须先提供其用户标志，然后系统执行一个可靠的审查来确信当前用户是对应用户标志的那个用户。

当前访问控制实现的模型普遍采用了主体、客体、授权的定义和这三个定义之间的关系的方法来描述。访问控制模型能够对计算机系统中的存储元素进行抽象表达。访问控制要解决的一个根本问题便是当主动对象（如进程）对被动的受保护对象（如被访问的文件等）进行访问时，按照安全策略对其进行控制。主动对象称为主体，被动对象称为客体。

对于一个安全的系统，或者是将要在其上实施访问控制的系统，一个访问可以对被访问的对象产生如下两种作用：一是对信息的抽取；二是对信息的插入。对于对象来说，可以有"只读不修改""只读修改""只修改不读""既读又修改"四种类型。

访问控制模型可以根据具体安全策略的配置决定一个主体对客体的访问属于以上四种访问方式中的哪一种，并且根据相应的安全策略决定是否给予主体相应的访问权限。

## 三、访问控制策略的实施

访问控制策略是物联网信息安全的核心策略之一，其任务是保证物联网信息不被非法使用和非法访问，为保证信息基础的安全性提供一个框架，提供管理和访问物联网资源的安全方法，规定各要素要遵守的规范及应负的责任，使物联网系统的安全具有可靠的依据。

### （一）访问控制策略的基本原则

访问控制策略的制定与实施必须围绕主体、客体和安全控制规则集三者之间的关系展开。访问控制策略必须遵守三项基本原则。

1. 最小特权原则

最小特权原则指主体执行操作时，按照主体所需权力的最小化原则分配给主体权力。最小特权原则的优点是最大限度地限制了主体实施授权行为，可以避免来自突发事件、错误和未授权主体的危险。即为了达到一定的目的，主体必须执行一定的操作，但它只能做它被允许的。

2. 最小泄露原则

最小泄露原则指主体执行任务时，按照主体需要知道的信息最小化的原则分配给主体权力。

3. 多级安全策略

多级安全策略指主体和客体间的数据流向和权限控制按照安全级别的绝密、秘密、机密、限制和无级别五个级别划分。多级安全策略的优点是可避免敏感信息的扩散。对于具有安全级别的信息资源，只有安全级别比它高的主体才能访问。

### （二）访问控制策略的实现方式

访问控制的安全策略包括基于身份的安全策略和基于规则的安全策略。目前使用这两种安全策略建立的基础都是授权行为。

1. 基于身份的安全策略

基于身份的安全策略有两种基本的实现方法：访问能力表和访问控制列表。访问能力表提供了针对主体的访问控制结构；访问控制列表提供了客体的访问控制结构。在一个安全系统中，应该标注数据或资源的安全标记，代表用户进行活动的进程可以得到与其原发者相应的安全标记。

基于身份的安全策略与鉴别行为一致，其目的是过滤对数据或资源的访问，只有能通过认证的那些主体才有可能正常使用客体的资源。基于身份的策略包括基于个人的策略和基于组的策略。

（1）基于个人的策略

基于个人的策略是指以用户为中心建立的一种策略，这种策略由一些列表组成，这些列表限定了针对特定的客体，哪些用户可以实现何种策略操作行为。

（2）基于组的策略

基于组的策略是基于个人的策略扩充，指一些用户被允许使用同样的访问控制规则访问同样的客体。

2. 基于规则的安全策略

基于规则的安全策略的实现方式是，由系统通过比较用户的安全级别和客体资源的安全级别来判断是否允许用户进行访问。

## 四、访问控制的分类

访问控制可以限制用户对应用中关键资源的访问，防止非法用户进入系统及合法用户对系统资源的非法使用。传统的访问控制一般采用自主访问控制（Discretionary Access Control，DAC）、强制访问控制（Mandatory Access Control，MAC）和基于角色的访问控制（Role-Based Access Control，RBAC）技术。随着分布式应用环境的出现，又发展出基于属性的访问控制（Attribute-Based Access Control，ABAC）、基于任务的访问控制（Task-Based Access Control，TBAC）、基于对象的访问控制（Object-Based Access Control，OBAC）等多种访问控制技术。

### （一）基于角色的访问控制

在基于角色的访问控制中，权限和角色相关，角色是实现访问控制策略的基本语义实体。用户（User）被当做相应角色（Role）的成员而获得角色的权限。

基于角色访问控制的核心思想是将权限同角色关联起来，而用户的授权则通过赋予其相应的角色完成，用户所能访问的权限由该用户所拥有的所有角色的权限集合的并集决定。角色可以有继承、限制等逻辑关系，并通过这些关系影响用户和权限的实际对应。在整个访问控制过程中，访问权限和角色相关联，角色再与用户相关联，实现了用户与访问权限的逻辑分离。可以把角色看成一个表达访问控制策略的语义结构，它可以表示承担特定工作的资格。

### （二）基于属性的访问控制

基于属性的访问控制主要针对面向服务的体系结构和开放式网络环境。在这种环境中，要能够基于访问的上下文建立访问控制策略，处理主体和客体的异构性和变化性，基于角色的访问控制模型已不能适应这样的环境。基于属性的访问控制不能直接在主体和客体之间定义授权，而是把它们关联的属性作为授权决策的基础，并利用属性表达式描述访问策略。它能够根据相关实体属性的变化，适时更新访问控制决策，从而提供一种更细粒度的、更加灵活的访问控制方法。

### （三）基于任务的访问控制

基于任务的访问控制是一种采用动态授权且以任务为中心的主动安全模型。在授予用户访问权限时，不仅仅依赖主体、客体，还依赖主体当前执行的任务和任务的状态。当任务处于活动状态时，主体就拥有访问权限；一旦任务被挂起，主体拥有的访问权限就会被冻结；如果任务恢复执行，主体将重新拥有访问权限；任务处于终止状态时，主体拥有的权限马上被撤销。TBAC 从任务的角度对权限进行动态管理，适合分布式环境和多点访问控制的信息处理控制，但这种技术的模型比较复杂。

### （四）基于对象的访问控制

基于对象的访问控制将访问控制列表与受控对象关联，并将访问控制选项设计为用户、组或角色及其对应权限的集合；同时允许对策略和规则进行重用、继承和派生操作。这对信息量大、信息内容更新变化频繁的应用系统非常有用，可以减轻由于信息资源的派生、演化和重组带来的分配、设定角色权限等的工作量。

## 五、访问控制的基本原则

访问控制机制是用来对资源访问加以限制的策略机制，这种策略使对资源的访问只限于那些被授权用户。因此，应该建立起申请、建立、发出和关闭用户授权的严格的制度，以及管理和监督用户操作的责任机制。

为了保证系统的安全，授权应该遵守访问控制的三个基本原则。

### （一）最小特权原则

最小特权原则是系统安全中最基本的原则之一。所谓最小特权（Least Privilege），指的是在完成某种操作时所赋予网络中每个主体（用户或进程）的必不可少的特权。最小特权原则则是指，应限定网络中每个主体所必需的最小特权，确保因可能的事故、错误、网络部件的篡改等造成的损失最小。

最小特权原则使得用户所拥有的权力不能超过他执行工作时所需的权限。最小特权原则一方面给予主体"必不可少"的特权，这就保证了所有的主体都能在所赋予的特权之下完成所需要完成的任务或操作；另一方面，它只给予主体"必不可少"的特权，这就限制了每个主体所能进行的操作。

### （二）多人负责原则

多人负责原则即授权分散化，对于关键的任务必须在功能上进行划分，由多人来共同承担，保证没有任何个人具有完成任务的全部授权或信息。如将责任做分解，使得没有一个人具有重要密钥的完全副本。

### （三）职责分离原则

职责分离是保障安全的一个基本原则。职责分离是指将不同的责任分派给不同的人员以期达到互相牵制的目的，消除一个人执行两项不相容的工作的风险。例如，会计员、出纳员、审计员应由不同的人担任。计算机环境下也要做到职责分离，为避免出现安全方面的漏洞，有些许可不能同时被同一用户获得。

## 六、BLP 访问控制

BLP 模型是由戴维·贝尔（David Bell）和莱纳德·拉·帕杜拉（Leonard La Padula）于 1973 年提出，并于 1976 年整合、完善的安全模型。BLP 模型的基本安全策略是"下读上写"，即主体对客体向下读、向上写。主体可以读安全级别比它低或相等的客体，可以写安全级别比它高或相等的客体。"下读上写"的安全策略保证了数据库中的所有数据只能按照安全级别从低到高的流向流动，从而保证了敏感数据不泄露。

### （一）BLP 安全模型

BLP 安全模型是一种访问控制模型，它通过制定主体对客体的访问规则和操作权限来保证系统信息的安全性。BLP 模型中的基本安全控制方法有以下两种。

1.强制访问控制

强制访问控制（MAC）它主要是通过"安全级"来进行，访问控制通过引入"安全级""组集"和"格"的概念，为每个主体规定了一系列的操作权限和范围。"安全级"通常由普通、秘密、机密、绝密四个不同的等级构成，用以表示主体的访问能力和客体的访问要求。"组集"就是主体能访问客体所从属的区域的集合，如部门、科室、院系等。"格"定义了一种比较规则，只有在这种规则下，当主体控制客体时才允许主体访问客体。强制访问控制是 BLP 模型实现控制手段的主要实现方法。

作为实施强制型安全控制的依据，主体和客体均被赋予一定的"安全级"。其中，人作为安全主体，其部门集表示他可以涉猎哪些范围内的信息，而一个信息的部门集则表示该信息所涉及的范围。主体与客体的关系包含下述三点：①主体的安全级高于客体，当且仅当主体的密级高于客体的密级，且主体的部门集包含客体的部门集；②主体可以读客体，当且仅当主体安全级高于或等于客体；③主体可以写客体，当且仅当主体安全级低于或等于客体。

BLP 强制访问策略赋予每个用户及文件一个访问级别，如最高秘密级（Top Secret）、秘密级（Secret）、机密级（Confidential）和无级别级（Unclassified），其级别依次降低，系统则根据主体和客体的敏感标记决定访问模式。访问模式包括下读（Read down），即用户级别大于文件级别的读操作；上写（Write up），即用户级别小于文件级别的写操作；下写（Write down），即用户级别等于文件级别的写操作，上读（Read up），即用户级别小于文件级别的读操作。

2. 自主访问控制

自主访问控制（DAC）也是 BLP 模型中非常重要的实现控制的方法。它通过客体的属主自行决定其访问范围和方式，实现对不同客体的访问控制。在 BLP 模型中，自主访问控制是强制访问控制的重要补充和完善。

主体对其拥有的客体，有权决定自己和他人对该客体具有的访问权限。最终的结果是，在 BLP 模型的控制下，主体要获取对客体的访问，必须同时通过 MAC 和 DAC 两种安全控制方法。

BLP 安全模型所遵循的原则是利用不上读或不下写来保证数据的保密性，依据这一原则，不允许低信任级别的用户读取高敏感度的信息，也不允许高敏感度的信息写入低敏感度区域，禁止信息从高级别流向低级别。强制访问控制通过这种梯度安全标签实现了信息的单向流通。

（二）BLP 安全模型的优缺点

1.BLP 模型的优点

第一，它是一种严格的形式化描述。第二，控制信息只能由低向高流动，能满足军事部门等对数据保密性要求特别高的机构的需求。

2.BLP 模型的缺点

第一，上级对下级发文受到限制。第二，部门之间信息的横向流动被禁止。第三，缺乏灵活、安全的授权机制。

## 七、基于角色的访问控制

基于角色的访问控制是美国 NIST 提出的一种新的访问控制技术。该技术的基本思想是将用户划分为与其在组织结构体系中一致的角色，将权限授予角色而不是直接授予主体，主体通过角色分派得到客体操作权限，从而实现授权。由于角色在系统中具有的稳定性比主体更高，并便于直观理解，从而大大降低了系统授权管理的复杂性，也降低了安全管理员的工作复杂性和工作量。

在 RBAC 的发展过程中，最早出现的是 RBAC96 模型和 ARBAC97 模型，此处只对 RBAC96 模型进行介绍。

RBAC96 模型的成员包括 RBAC0、RBAC1、RBAC2、RBAC3。 RBAC0 是基于角色访问控制模型的基本模型，规定了 RBAC 模型所必需的最小需求；RBAC1 为角色层次模型，在 RBAC0 的基础上加入了角色继承关系，可以根据组织内部的职责和权力构造角色与角色之间的层次关系；RBAC2 为角色限制模型，在 RBAC1 的基础上加入了各种用户与角色之间、权限与角色之间及角色与角色之间的限制关系，如角色互斥、角色最大成员数、前提角色和前提权限等；RBAC3 为统一模型，它不仅包括角色的继承关系，还包括限制关系，是对 RBAC1 和 RBAC2 的集成。

基于角色访问控制的要素包括用户、角色、许可等基本定义。在 RBAC 中，用户就是一个可以独立访问计算机系统中的数据或者用数据表示的其他资源的主体。角色是指一个组织或任务中的工作或者位置，它代表了一种权利、资格和责任。许可（特权）就是允许对一个或多个客体执行的操作。一个用户可以经授权而拥有多个角色，一个角色可以由多个用户构成；每个角色可以拥有多种许可，每个许可也可以授权给多个不同的角色；每个操作可施加于多个客体（受控对象），每个客体也可以接受多个操作。

上述要素的实现形式有五种。第一，用户表（Users），包括用户标识、用户姓名、用户登录密码。用户表是系统中的个体用户集，随用户的添加与删除动态变化。第二，角色表（Roles），包括角色标识、角色名称、角色基数、角色可用标识。角色表是系统角色集，由系统管理员定义角色。第三，客体表（Objects），包括对象标识、对象名称。客体表是系统中所有受控对象的集合。第四，操作算子表（Operations），包括操作标识、操作算子名称。系统中所有受控对象的操作算子构成操作算子表。第五，许可表（Permissions），包括许可标识、许可名称、受控对象、操作标识。许可表给出了受控对象与操作算子的对应关系。

RBAC 系统由 RBAC 数据库、身份认证模块、系统管理模块、会话管理模块组成。

身份认证模块通过用户标识、用户口令来确认用户身份。此模块仅使用 RBAC 数据库的 Users 表。

系统管理模块主要完成用户增减（使用 Users 表）、角色增减（使用 Roles 表）、用户或角色的分配（使用 Users 表、Roles 表、用户或角色分配表、用户或角色授权表）、角色或许可的分配（使用 Roles 表、Permissions 表、角色或许可授权表）、定义角色间的关系（使用 Roles 表、角色层次表、静态互斥角色表、动态互斥角色表）等操作。其中每个操作都带有参数，每个操作都有一定的前提条件，操作使 RBAC 数据库发生动态变化。系统管理员使用该模块初始化 RBAC 数据库并维护 RBAC 数据库。

系统管理模块的操作包括添加用户、删除用户、添加角色、删除角色、设置角色可用性、为角色增加许可、取消角色的某个许可、为用户分配角色、取消用户的某个角色、设置用户授权角色的可用性、添加角色继承关系、取消角色继承、添加一个静态角色互斥关系、删除一个静态角色互斥关系、添加一个动态角色互斥关系、删除一个动态角色互斥关系、设置角色基数。

会话管理模块结合 RBAC 数据库管理会话，包括会话的创建与取消及对活跃角色的管理。此模块使用 Users 表、Roles 表、动态互斥角色表、会话表和活跃角色表。

RBAC 系统的运行有两个步骤：第一步，用户登录时向身份认证模块发送用户标识、用户口令，确认用户身份；第二步，会话管理模块从 RBAC 数据库中检索该用户的授权角色集并送回用户，用户从中选择本次会话的活跃角色集，在此过程中，会话管理模块维持动态角色互斥。会话创建成功，本次会话的授权许可体现在菜单与按钮上，如不可用则显示为灰色。在此会话过程中，系统管理员若要更改角色或许可，可以在此会话结束后进行或终止此会话立即进行。

## 第五节　物联网公钥基础设施分析

首先我们看一个例子。艾丽丝（Alice）和鲍伯（Bob）准备进行秘密通信。

Alice—Bob：我叫 Alice，我的公开密钥是 Ka，你选择一个会话密钥 K，用 Ka 加密后传送给我。

Bob—Alice：使用 Ka 加密会话密钥 K。

Alice — Bob：使用 K 加密传输信息。

Bob—Alice：使用 K 解密传输信息。

如果卡洛里（Callory）是艾丽丝和鲍伯通信线路上的一个攻击者，并且能够截获传输的所有信息，卡洛里将会截取艾丽丝的公开密钥 Ka 并将自己的公开密钥 Km 传送给鲍伯。当鲍伯用艾丽丝的公开密钥（实际上是卡洛里的公开密钥）加密会话密钥 K 并传送给艾丽丝时，卡洛里截获它，并用他的私钥解密获取会话密钥 K，然后再用艾丽丝的公开密钥重新加密会话密钥 K，并将它传送给艾丽丝。由于卡洛里截获了艾丽丝与鲍伯的会话密钥 K，从而可以获取他们的通信内容并且不被发现。卡洛里的这种攻击被称为中间人攻击。

上述攻击成功的本质在于鲍伯收到的艾丽丝的公开密钥可能是攻击者假冒的，即无法确定获取的公开密钥的真实身份，从而无法保证信息传输的保密性、不可否认性和数据交换的完整性。为了解决这些安全问题，目前初步形成了一套完整的 Internet 安全解决方案，即广泛采用的公钥基础设施（Public Key Infrastructure，PKI）。

## 一、PKI 结构

PKI 的核心是证书授权（Certificate Authority，CA）中心。CA 中心是受一个或多个用户信任，提供用户身份验证的第三方机构，承担公钥体系中公钥的合法性检验责任。

目前，我国一些单位和部门已经建成了自己的 CA 中心体系。其中，较有影响的有中国电信 CA 安全认证体系（CTCA）、上海电子商务 CA 认证中心（SHECA）和中国金融认证中心（CFCA）等。

根据 CA 中心之间的关系，PKI 的体系结构可以分为三种情况：单个 CA 中心、分级（层次）结构的 CA 中心和网状结构的 CA 中心。

### （一）单个 CA 中心

单个 CA 中心的结构是最基本的 PKI 结构，PKI 中的所有用户对此单个 CA 给予信任，它是 PKI 系统内单一的用户信任点，为 PKI 中的所有用户提供 PKI 服务。

这种结构只需建立一个根 CA，所有的用户都能通过该 CA 实现相互认证，但单个 CA 的结构不易扩展到支持大量的或不同的群体的用户。

### （二）分级（层次）结构的 CA 中心

一个以主从 CA 关系建立的 PKI 称做分级（层次）结构的 PKI。在这种结构下，所有的用户都信任最高层的根 CA，上一层 CA 向下一层 CA 发放公钥证书。若一个持有由特定 CA 发证的公钥用户要与由另一个 CA 发放公钥证书的用户进行安全通信，需要解决跨域的认证，这一认证过程在于建立一个从根出发的可信赖的证书链。

分级结构的 PKI 也有缺点，这就是因为它依赖于一个单一的可信任点——根 CA。根 CA 安全性的削弱，将导致整个 PKI 系统安全性的削弱，若根 CA 出现故障，对整个 PKI 系统来说将是一场灾难。

### （三）网状结构的 CA 中心

以对等 CA 关系建立的交叉认证扩展了 CA 域之间的第三方信任关系，这样的 PKI 系统被称为网状结构的 PKI。

完整的 PKI 包括认证策略的制定，认证规则、运作制度的制定，所涉及的各方法律关系内容及技术的实现。从功能上来说，一个 CA 中心可以划分为接受用户证书申请的证书受理者（Releasee, RS）、证书发放的审核部门（Registration Authority, RA）、证书发放的操作部门（Certificate Perform, CP）以及记录证书作废的证书作废表（又叫黑名单，Certificate Repeal List, CRL）。

RA 负责对证书申请者进行资格审查，并决定是否同意给该申请者发放证书，如果审核错误或为不满足资格的人发放了证书，所引起的一切后果都由该部门承担。

CP 负责为已授权的申请者制作、发放和管理证书，并承当因操作运营错误所造成的一切后果，包括失密和为没有获得授权者发放证书等，它可以由审核授权部门自己担任，也可以委托给第三方。

RS 用于接受用户的证书申请请求，转发给 CP 和 RA 进行响应处理。

CRL 记录尚未过期但已经声明作废的用户证书序列号，供证书使用者在认证与之通信的对方证书是否作废时查询。

## 二、证书及格式

证书是公开密钥体制的一种密钥管理媒介。证书提供了一种在互联网上验证身份的方式，其作用类似于司机的驾驶执照或日常生活中的身份证。证书包含了能够证明证书持有者身份的可靠信息，是持有者在网络上证明自己身份的凭证。

证书是由权威机构 CA 中心发放的。一方面，证书可以用来向系统中的其他实体证明自己的身份；另一方面，由于每份证书都携带证书持有者的公钥，所以证书也可以向接收者证实某人或某个机构对公开密钥的拥有，同时起着公钥分发的作用。

证书的格式遵循 ITU-T X.509 标准。该标准是为了保证使用数字证书的系统间的互操作性而制定的。证书内容包括版本、序列号、签名算法标识、签发者、有效期、主体、主体公开密钥信息、CA 的数字签名、可选项等。

## 三、证书授权中心

证书授权中心在 PKI 中扮演可信任的代理角色。只要用户相信一个 CA 及其发行和管理证书的商业策略，用户就能相信由该 CA 颁发的证书，即第三方信任。CA 负责产生、分配并管理 PKI 结构下的所有用户的证书，把用户的公钥和其他信息捆绑在一起，证书上的 CA 的签名保证了证书的内容不会被篡改。

认证机构在发放证书时要遵循一定的准则，如要保证自己发出的证书的序列号不重复，两个不同的实体获得的证书中的主体内容不一致，不同主体内容的证书所包含的公开密钥不相同等。

CA 的功能包括证书发放、证书更新、证书撤销和证书验证，它的核心功能就是发放和管理数字证书，具体描述如下：签发自签名的根证书、审核和签发其他 CA 系统的交叉认证证书、向其他 CA 系统申请交叉认证证书、受理和审核各注册审批机构（RA）的申请、为 RA 机构签发证书、接收并处理各 RA 服务器的证书业务请求、证书的审批（确定是否接受用户数字证书的申请）、证书的发放（向申请者颁发或拒绝颁发数字证书）、证书的更新（接收并处理最终用户的数字证书更新请求）、接收用户数字证书的撤销请求、产生和发布证书废止列表、管理全系统的用户资料、管理全系统的证书资料、维护全系统的证书作废表、维护全系统的证书在线验证系统（Online Certificate Status Authentication System，OCSAS）、查询数据、密钥备份、历史数据归档。

# 第八章　物联网的网络安全技术研究

随着互联网的快速发展和广泛应用，如何保护网络系统中软硬件资源免受偶然或者恶意的破坏成为网络系统亟待解决的问题之一。本章主要研究物联网系统中存在的安全问题及针对该问题应采取的安全措施。

## 第一节　物联网系统安全分析

### 一、系统安全的范畴

#### （一）嵌入式节点安全

随着物联网技术的迅猛发展，人们对于嵌入式节点的功能和性能要求也越来越高，嵌入式系统在物联网中的作用也越来越突出。嵌入式系统的安全成为物联网中一个非常重要的安全问题。嵌入式设备的互联与移动特性日益突出，这也大大增强了对互联和安全性的要求。虽然可以借鉴桌面系统的安全增强方法，但受硬件资源和开发环境电源等因素的限制，嵌入式系统的安全比桌面系统更加复杂。

由于嵌入式系统对计算能力、面积、内存、能量等有着严格的资源约束，因此，直接将通用计算机系统的安全机制应用到嵌入式系统是不合适的。与通用计算机系统相比，嵌入式系统主要面临五大安全挑战。

（1）资源受限

在通用计算机系统中，内存容量、CPU 计算能力和能量消耗等资源因素通常不是安全方案的主要关注点，而嵌入式系统对这些方面却十分敏感。

（2）物理可获取

一些嵌入式设备具有便携和可移动的特点，这些设备在物理层容易被窃取或破坏，同时对存储在嵌入式设备中的敏感数据构成严重威胁。

（3）恶劣的工作环境

与通用计算机系统的工作环境不同，许多嵌入式系统被要求在不信任的环境中，甚至在被不信任的实体获取后也能保持正常工作。

（4）严格的稳定性和灵活性

一些嵌入式系统控制着关乎国家安全的重大设施，如电网、核设施等，因此，要求更加严格的稳定性和灵活性。

（5）复杂的设计过程

为了满足严密的设计周期和费用限制，复杂的嵌入式系统实现的部件可能来源于不同的公司或组织，即使系统的每一个部件本身是安全的，部件间的集成也可能暴露新的问题。

一个安全的嵌入式系统的整体结构包括安全的底层硬件设备、安全的嵌入式操作系统、安全的应用程序。因此，嵌入式系统的设计需要通盘考虑安全问题，在综合考虑成本、性能和功耗等因素的基础上构建出一个完整的安全体系结构。由于很难通过软件设计来保证系统的全面安全性，因此需要借助硬件保证系统的安全性，降低设计的复杂度。同时，由于各类加密算法已经具有比较好的安全强度，因此，嵌入式系统安全设计的重点在硬件保护的设计上，而不是在加密算法上。就目前的软硬环境而言，未来嵌入式系统安全技术的发展趋势将是以软硬件相结合为主导的。

**（二）网络通信系统安全**

网络通信系统安全是物联网系统安全中非常重要的组成部分，安全协议是通信安全保障的灵魂。安全协议是通过一系列步骤定义的分布式算法，这些步骤规定了两方或多方主体为达到某个安全目标要采取的动作。其目的是在网络信道不可靠的情况下，确保通信安全及传输数据的安全。为了实现不同的信息安全需求，需要借助不同类型的安全协议达到相应的目标，使用适当的安全机制加以实现。根据安全目标的不同，安全协议分为保密协议、密钥建立协议、认证协议、公平交换协议、电子投票协议等。

各种安全机制，如加密、签名、认证码等都是通过安全协议在实际应用中发挥作用的。具体的安全机制通常并不直接面向用户的安全需求，而是通过安全协议来实现。事实上，所有的信息交换必须在一定的协议规范下完成，并且所有的密码手段都将通过安全协议发挥自己的作用。形象地说，密码机制就像门锁一样，是保障房间安全的手段，而协议就像门一样，通过将锁安装在门上，实现对房间的安全保护。协议分析可以比喻为通过分析一把锁在门上安装的位置、方法等是否合理确定其能否达到保护房间的目的。根据采用的安全机制的不同，安全协议通常被分为对称加密、非对称加密和签名协议、承诺和零知识证明协议等。

安全协议还是各种安全信息系统之间的纽带。在网络的层次结构中，从硬件层面来看，网络是计算机的纽带；从软件层面来看，协议是信息系统间的纽带，而安全协议则是安全信息系统之间的纽带。人们通常将软件比做计算机的灵魂，那么，在网络环境下，安全协议就是信息安全保障的灵魂。没有安全的协议，就没有信息的安全传输和存储，网络信息的安全需求就无法得到满足。可见，对于信息安全保障来说，安全需求是目标，安全机制是手段，网络是载体，安全协议是关键和灵魂。

安全认证是网络安全中一个非常重要的问题，一般分为节点身份认证和信息认证两种。身份认证又被称为实体认证，是接入控制的核心环节，是网络中的一方根据某种协议规范确认另一方身份并允许其做与身份对应的相关操作的过程。

无线传感器节点部署到工作区域之后，首先要进行邻居节点之间及节点和汇聚节点（Sink）或基站之间的合法身份认证，为所有节点接入网络提供安全准入机制。随着不可信节点被发现、旧节点能量耗尽及新节点的加入等新情况的出现，一些节点需要从合法节点列表中清除，不同时段新部署的节点需要通过旧节点的合法身份认证完成入网手续。同时，来自汇聚节点或基站的控制信息要传达到每个节点，需要通过节点间的多跳转发。因此，必须引入认证机制对控制信息发布源进行身份验证，确保信息的完整性，同时防止非法或可疑节点在控制信息的发布传递过程中伪造或篡改控制信息。

身份认证和控制信息认证的过程都需要使用认证密钥。在无线传感网的安全机制中，密钥的安全性是基础，相应的密钥管理是传感器网络安全中最基本的问题。认证密钥（Authentication Key）和通信密钥（Session Key）同属于无线传感网中密钥管理的对象实体，前者保障了认证安全，后者直接为节点间的加、解密安全通信提供服务。

1. 初始化认证阶段

传感器节点一旦部署到工作区域，首先要进行相邻节点身份的安全认证，通过认证即成为可信任的合法节点。

2. 身份认证管理

身份认证管理过程中主要会出现两种情况。

第一种情况是部分节点能量即将耗尽或已经耗尽，这些节点的"死亡"状况以主动通告或被动查询的方式反映到邻居节点，并最终反馈到汇聚节点或基站处，其身份ID 将从合法节点列表中被剔除。为防止敌方利用这些节点的身份信息发起冒充或伪造节点攻击，必须对这个过程中的认证交互通信进行加密保护。此外，当某些节点被敌方俘获时，同样必须及时地将这些节点从合法列表中剔除并通告全网。

第二种情况是随着老节点能量的耗尽及不可靠节点被剔除，需要新的节点加入网络，新节点到位后要和周围的旧节点实现身份的双向安全认证，以防止敌方发起的节点冒充、伪造新节点、拒绝服务（DoS）等攻击。

3. 控制信息认证

随着工作进程的推进，可能需要节点采集不同的数据信息，采集任务的更换命令一般由汇聚节点或基站向周围广播发布。在覆盖面积大、节点数量多的应用场景中，控制信息必然要经由中转节点路由，以多跳转发的方式传递到目标节点群。与普通节点一样，中转节点也面临被敌方窃听甚至被俘获的安全威胁，要确保控制信息转发过程的安全可靠，就必须对逐跳转发进行安全认证，确保控制信息源头的准确性及信息本身的完整性和机密性，保证信息不被转发节点篡改和信息内容不被非网内节点掌握。

**（三）存储系统安全**

数据是最核心的资产，存储系统作为数据的保存空间，是数据保护的最后一道防线。随着存储系统由本地直连向着网络化和分布式的方向发展，并被网络上的众多计算机共享，网络存储系统变得更易受到攻击，因此，存储安全显得至关重要，安全存储技术主要包括存储安全技术、重复数据删除技术、数据备份及灾难恢复技术等。

经过近几年的发展，网络存储已演变为多个系统共享的一种资源。各类存储设备必须保护各个系统上的有价值的数据，防止其他系统未经授权访问数据或破坏数据。相应的，存储设备必须要防止未被授权的设置改动，对所有的更改都要做审计跟踪。

存储安全是客户安全计划的一部分，也是数据中心安全和组织安全的一部分。如果只保护存储的安全而将整个系统向互联网开放，这样的存储安全是毫无意义的。

在实践中，建立存储安全需要专业的知识，还需要留意细节，不断检查，确保存储解决方案继续满足业务不断改动的需要，减少诸如伪造回复地址这样的威胁。安全的本质要在三方面达到平衡，即采取安全措施的成本、安全缺口带来的影响、入侵者要突破安全措施所需的资源。

从原理上来说，安全存储要解决两个问题：一是保证文件数据完整可靠，不泄密；二是保证只有合法的用户才能访问相关的文件。

要解决上述两个问题，需要使用数据加密和认证授权管理技术，这也是安全存储的核心技术。在安全存储中，利用技术手段把文件变为密文（加密）存储，在使用文件的时候，用相同或不同的手段还原（解密）。这样，存储和使用文件就在密文和明文状态之间进行切换，既保证了安全，又能方便地使用。加、解密的核心就是算法和密钥，数据加密算法分为对称加密和非对称加密两大类。对称加密以数据加密标准（Data Encryption Standard，DES）算法为典型代表，非对称加密通常以公钥加密（RSA）算法为代表。对称加密的加密密钥和解密密钥相同，而非对称加密的加密密钥和解密密钥不同；加密密钥可以公开，而解密密钥需要保密。

一般来说，非对称密钥主要用于身份认证，或者保护对称密钥。而日常的数据加密，一般都使用对称密钥。现代的成熟加密或解密算法，都具有可靠的加密强度，除非能够持有正确的密钥，否则很难强行破解。在安全存储产品实际部署时，如果需要更高强度的身份认证，还可以使用U-key，这种认证设备在网上银行中应用得很普遍。

## 二、系统的安全隐患

随着计算机网络的迅速发展，信息的交换和传播变得非常容易。由于信息在存储、共享、处理和传输的过程中，存在被非法窃听、截取、篡改和破坏的风险，容易导致不可估量的损失。因此一些重要部门和系统，如政府部门、军事系统、银行系统、证券系统和商业系统等对在公共通信网络中信息的存储和传输的安全问题尤为重视。

### （一）安全威胁

安全威胁是指对安全的一种潜在侵害，威胁的实施被称为攻击。信息安全的威胁就是指某个主体对信息资源的机密性、完整性、可用性等造成的侵害。威胁可能来源于对信息直接或间接、主动或被动的攻击，如泄露、篡改、删除等，它往往会在信息机密性、完整性、可用性、可控性和可审查性等方面造成危害。攻击就是安全威胁的具体实施，虽然人为因素和非人为因素都可能对信息安全构成威胁，但是精心设计的恶意攻击威胁最大。

安全威胁可能来自各方面，从威胁的主体来源来看，可以分为自然威胁和人为威胁两大类。自然威胁是指自然环境对计算机网络设备设施的影响，这类威胁一般具有突发性、自然性和不可抗性。自然威胁通常表现在对系统中物理设施的直接破坏，由自然威胁造成的破坏影响范围通常较大，损坏程度较为严重。自然因素的威胁包括各种自然灾害，如水、火、雷、电、风暴、烟尘、虫害、鼠害、海啸和地震等。系统的环境和场地条件（如温度、湿度、电源、地线）以及其他防护设施不良造成的威胁，电磁辐射和电磁干扰的威胁，硬件设备自然老化、可靠性下降的威胁等都属于自然威胁。人为威胁从威胁主体是否存在主观故意来看，可以分为故意和无意两种。故意的威胁又可以进一步细分为被动攻击和主动攻击。被动攻击主要威胁的是信息的机密性，因为一般被动攻击不会修改、破坏系统中的信息，如搭线窃听、网络数据嗅探分析等。主动攻击的目标则是破坏系统中信息的完整性和可用性，篡改系统信息或改变系统的操作状态。无意的威胁主要是指合法用户在信息处理、传输过程中的不当操作所造成的对信息机密性、完整性和可用性等的破坏。无意威胁的事件主要包括操作失误（操作不当、误用媒体、设置错误）、意外损失（电力线搭接、电火花干扰）、编程缺陷（经验不足、检查漏项、不兼容文件）、意外丢失（被盗、被非法复制、丢失媒体）、管理不善（维护不利、管理松懈）、无意破坏（无意损坏、意外删除）等。

人为恶意攻击主要有窃听、重传、伪造、篡改、拒绝服务攻击、行为否认、非授权访问和病毒等形式。人为的恶意攻击具有智能性、严重性、隐蔽性和多样性的特点。智能性是指恶意攻击者大都具有高水平的专业技术和熟练的技能，攻击前都经过周密的预谋和精心的策划。严重性是指若涉及金融资产的网络信息系统受到恶意攻击，往往会因资金损失巨大而使金融机构和企业蒙受重大损失。如果涉及对国家政府部门的攻击，则会引起重大的政治和社会问题。隐蔽性是指攻击者在进行攻击后会及时删除入侵痕迹信息和证据，具有很强的隐蔽性，很难被发现。多样性是指随着计算机网络的发展，攻击手段、攻击目标等都在不断变化。

目前，对信息安全的威胁尚无统一的分类方法，由于信息安全所面临的威胁与环境密切相关，不同威胁带来的危害程度随环境的变化而变化。

### （二）系统缺陷和恶意软件的攻击

系统缺陷又称系统漏洞，是指应用软件、操作系统或系统硬件在逻辑设计上无意造成的设计缺陷或错误。攻击者一般利用这些缺陷，植入木马、病毒攻击或控制计算机，窃取信息，甚至破坏系统。系统漏洞是应用软件和操作系统的固有特性，不可避免，因此，防护系统漏洞攻击的最好办法就是及时升级系统和漏洞补丁。

恶意软件的攻击主要表现为各种木马和病毒软件对信息系统的破坏。计算机病毒所造成的危害主要有8种：第一，格式化磁盘，致使信息丢失；第二，删除可执行文件或者数据文件；第三，破坏文件分配表，使磁盘信息无法被读取；第四，修改或破坏文件中的数据；第五，迅速自我复制，占用空间；第六，影响内存常驻程序的运行；第七，在系统中产生新的文件；第八，占用网络带宽，造成网络堵塞。

拒绝服务攻击（Denial of Services，DoS）是典型的外部网络攻击的例子，它利用网络协议的缺陷和系统资源的有限性实施攻击，会导致网络带宽和服务器资源耗尽，使服务器无法正常对外提供服务，破坏信息系统的可用性。常用的拒绝服务攻击技术主要有 TCP flood 攻击、Smurf 攻击和 DDoS 攻击等。

## 1. TCP Flood 攻击

标准的 TCP 协议的连接过程需要三次握手完成连接确认。起初由连接发起方发出 SYN 数据报到目标主机，请求建立 TCP 连接，等待目标主机确认。目标主机接收到请求的 SYN 数据报后，向请求方返回 SYN+ACK 响应数据报。连接发起方接收到目标主机返回的 SYN+ACK 数据报并确认目标主机愿意建立连接后，再向目标主机发送确认 ACK 数据报。目标主机收到 ACK 后，TCP 连接建立完成，进入 TCP 通信状态。一般来说，目标主机返回 SYN+ACK 数据报时需要在系统中保留一定缓冲区，准备进一步的数据通信并记录本次连接信息，直到再次收到 ACK 信息或超时为止。在这一过程中，攻击者利用协议本身的缺陷，通过向目标主机发送大量的 SYN 数据报，并忽略目标主机返回的 SYN+ACK 信息，不向目标主机发送最终的 ACK 确认数据报，使目标主机的 TCP 缓冲区被大量虚假连接信息占满，无法对外提供正常的 TCP 服务，同时目标主机的 CPU 也由于要不断处理大量过时的 TCP 虚假连接请求而耗尽资源。

## 2. Smurf 攻击

ICMP 协议用于在 IP 主机、路由器之间传递控制信息，包括报告错误、交换受限状态、主机不可达等状态信息。ICMP 协议允许将一个 ICMP 数据报发送到一个计算机或一个网络，并根据反馈的报文信息判断目标计算机或网络是否连通。攻击者利用协议的这一功能，伪造大量的 ICMP 数据报，将数据报的目标私自设为一个网络地址，并将数据报中的原发地址设置为被攻击的目标计算机 IP 地址。这样，被攻击的目标计算机就会收到大量的 ICMP 响应数据报，目标网络中包含的计算机数量越多，被攻击的计算机接收到的 ICMP 响应数据报就越多，这会导致目标计算机资源被耗尽，不能正常对外提供服务。由于 Ping 命令是简单网络测试命令，采用的是 ICMP 协议，因此，连续大量向某个计算机发送 Ping 命令也可以给目标计算机带来危害。这种使用 Ping 命令的 ICMP 攻击被称为"Ping of Death"攻击。要防范这种攻击，一种方法是在路由器上对 ICMP 数据报进行带宽限制，将 ICMP 占用的带宽限制在一定范围内，这样即使有 ICMP 攻击，由于其所能占用的网络带宽非常有限，也不会对整个网络造成太大影响；另一种方法是在主机上设置 ICMP 数据报的处理规则，如设定拒绝 ICMP 数据报。

## 3.DDoS 攻击

攻击者为了进一步隐藏自己的攻击行为，并提升攻击效果，常常采用分布式拒绝服务攻击（Distributed Denial of Service，DDoS）。DDoS 攻击是在 DoS 攻击的基础上演变出来的一种攻击方式。攻击者在进行 DDoS 攻击前已经通过其他入侵手段控制了互联网上的大量计算机，其中部分计算机已被攻击者安装了攻击控制程序，这些计算机被称为主控计算机。攻击者发起攻击时，首先向主控计算机发送攻击指令，主控计算机再向攻击者控制的其他大量的计算机（也称代理计算机或僵尸计算机）发送攻击指令，然后大量代理计算机向目标主机进行攻击。为了达到攻击效果，一般攻击者所使用的代理计算机数量非常惊人，据估计能达到数十万或百万。在 DDoS 攻击中，攻击者大多使用多级主控计算机及代理计算机进行攻击，所以攻击非常隐蔽，一般很难查找到攻击的源头。

其他的拒绝服务攻击方式还有邮件炸弹攻击、刷 Script 攻击和 LAND 攻击等。

钓鱼攻击是一种在网络中通过伪装成信誉良好的实体以获得如用户名、密码和信用卡明细等个人敏感信息的诈骗犯罪过程。这些伪装的实体往往假冒为知名社交网站、拍卖网站、网络银行、电子支付网站或网络管理者，以此诱骗受害人点击登录或进行支付。网络钓鱼通常通过 E-mail 或者即时通信工具进行，它常常引导用户到界面外观与真正网站几无二致的假冒网站输入个人数据，就算使用强加密的 SSL 服务器认证，也很难侦测网站是否仿冒。由于网络钓鱼主要针对的是银行、电子商务网站及电子支付网站，因此，常常会给用户造成非常大的经济损失。目前，针对网络钓鱼的防范措施主要有浏览器安全地址提醒、增加密码注册表和过滤网络钓鱼邮件等方法。

# 第二节　网络恶意攻击

## 一、恶意攻击的出现

网络恶意攻击通常是指利用系统存在的安全漏洞或弱点，通过非法手段获得某信息系统的机密信息的访问权，以及系统部分或全部的控制权，并对系统安全构成破坏或威胁。目前常见的技术手段有用户账号及密码破解、程序漏洞中可能造成的"堆栈溢出"、程序中设置的"后门"、通过各种手段设置的"木马"、网络访问的伪造与劫持、各种程序设计和开发中存在的安全漏洞等。每一种攻击类型在具体实施时针对不同的网络服务又有多种技术手段，并且随着时间的推移、版本的更新，还会不断产生新的手段，呈现出不断变化演进的特性。

分析发现，除破解账号及口令等手段外，最终一个系统被黑客攻陷，其本质原因往往是系统或软件本身存在可被黑客利用的漏洞或缺陷，它们可能是设计上的、工程上的，也可能是配置管理疏漏等原因造成的。解决这些问题通常有两种方式：①提高软件安全设计及施工的开发力度，保障产品的安全，这是目前可信计算研究的内容之一；②用技术手段保障产品的安全（如身份识别、加密、IDS/IPS、防火墙等）。人们更寄希望于后者，原因是造成程序安全性漏洞或缺陷的原因非常复杂，能力、方法、经济、时间，甚至情感等诸多方面都可能对软件产品的安全质量产生影响。软件产品安全效益的间接性，安全效果难以用一种通用的规范加以测量和约束，以及人们普遍存在的侥幸心理，使得软件产品的开发在安全性与其他方面产生冲突时，前者往往处于下风。虽然一直有软件工程规范指导软件的开发，但似乎完全靠软件产品本身的安全设计与施工还很难解决其安全问题。这也是诸多产品，包括大公司的号称"安全加强版"的产品仍然不断暴露安全缺陷的原因所在。于是人们更寄望于通过专门的安全防范工具来解决信息系统的安全问题。

## 二、恶意攻击的来源

网络恶意攻击类型多样，很难给出一个统一的标准。这里主要从攻击来源的角度介绍一些网络攻击行为。

恶意软件是指在未明确提示用户或未经用户许可的情况下，在用户计算机或其他终端上安装运行，侵犯用户合法权益的软件。

计算机遭到恶意软件入侵后，黑客会通过记录击键情况或监控计算机活动获取用户个人信息的访问权限，他们也可能会在用户不知情的情况下，控制用户的计算机，以访问网站或执行其他操作。恶意软件主要包括特洛伊木马、蠕虫和病毒三大类。

特洛伊木马是一种后门程序，黑客可以利用其盗取用户的隐私信息，甚至远程控制对方的计算机。特洛伊木马程序通常通过电子邮件附件、软件捆绑和网页挂马等方式向用户传播。

蠕虫是一种恶意程序，它不用将自己注入其他程序就能传播。它可以通过网络连接自动将自身从一台计算机分发到另一台计算机上，一般这个过程不需要人工干预。蠕虫会执行有害操作。例如，消耗网络或本地系统资源，这可能会导致拒绝服务攻击。某些蠕虫无需用户干预即可执行和传播，而有些蠕虫则需用户直接执行蠕虫代码才能传播。

病毒是一种人为制造的、能够进行自我复制的、会对计算机资源造成破坏的一组程序或指令的集合，病毒的核心特征就是可以自我复制并具有传染性。病毒会尝试将其自身附加到宿主程序，以便在计算机之间进行传播。它可能会损害硬件、软件或数据。当宿主程序执行时，病毒代码也随之运行，并会感染新的宿主。

恶意软件的特征：第一，强制安装：指在未明确提示用户或未经用户许可的情况下，在用户计算机或其他终端上安装软件的行为；第二，难以卸载：指未提供通用的卸载方式，或在不受其他软件影响、人为破坏的情况下，卸载后仍是活动程序的行为；第三，浏览器劫持：指未经用户许可，修改用户浏览器或其他相关设置，迫使用户访问特定网站或导致用户无法正常上网的行为；第四，广告弹出：指在未明确提示用户或未经用户许可的情况下，利用安装在用户计算机或其他终端上的软件弹出广告的行为；第五，恶意收集用户信息：指未明确提示用户或未经用户许可，恶意收集用户信息的行为；第六，恶意卸载：指未明确提示用户或未经用户许可，或误导、欺骗用户卸载非恶意软件的行为；第七，恶意捆绑：指在软件中捆绑已被认定为恶意软件的行为；第八，其他侵犯用户知情权、选择权的恶意行为。

DDoS 是目前互联网最严重的威胁之一，它的核心思想是消耗攻击目标的计算资源，阻止目标为合法用户提供服务。Web 服务器、DNS 服务器为最常见的攻击目标，可消耗的计算资源可以是 CPU、内存、带宽、数据库服务器等。国内外知名互联网企业，如亚马逊（Amazon）、易贝（eBay）、新浪（Sina）、百度（Baidu）等网站都曾受到过 DDoS 攻击。DDoS 攻击不仅可以实现对某一个具体目标，如 Web 服务器或 DNS 服务器的攻击，还可以实现对网络基础设施，如路由器的攻击。它利用巨大的攻击流量，可以使攻击目标所在的互联网区域的网络基础设施过载，导致网络性能大幅度下降，从而影响网络所承载的服务。近年来，DDoS 攻击事件层出不穷，各种相关报道也屡见不鲜，比较典型的事件有 2009 年 5 月 19 日发生的暴风影音事件。该事件导致了中国南方六省电信用户的大规模断网，预计经济损失超过 1.6 亿元人民币，其根本原因是服务于暴风影音软件的域名服务器 DNS 遭到黑客的 DDoS 攻击，从而无法提供正常域名请求。

# 第三节 物联网病毒分析

## 一、病毒的定义

物联网病毒与计算机病毒的原理是相同的。计算机病毒（Computer Virus）的广义定义是，一种人为制造的、能够进行自我复制的、对计算机资源具有破坏作用的一组程序或指令的集合。计算机病毒把自身附着在各种类型的文件上或者生在存储媒介中，能对计算机系统和网络进行破坏，同时有独特的复制能力和传染性，能够自我复制和传染。

在 1994 年 2 月 18 日公布的《中华人民共和国计算机信息系统安全保护条例》中，计算机病毒被定义为："计算机病毒，是指编制或者在计算机程序中插入的破坏计算机功能或者毁坏数据，影响计算机使用，并能自我复制的一组计算机指令或者程序代码。"

计算机病毒与生物病毒一样，有病毒体（病毒程序）和寄生体（宿主）。所谓感染或寄生，是指病毒将自身植入宿主的指令序列中。寄生体是一种合法程序，它为病毒提供一种生存环境，当病毒程序寄生于合法程序之后，病毒就成为程序的一部分，并在程序中占有合法地位。这样，合法程序就成为病毒程序的寄生体，或称为病毒程序的载体。病毒可以寄生在合法程序的任何位置。病毒程序一旦寄生于合法程序之后，就随原合法程序的执行而执行，随它的生存而生存，随它的消失而消失。为了增强活力，病毒程序通常寄生于一个或多个被频繁调用的程序中。

## 二、病毒的特点

计算机病毒种类繁多，特征各异，但一般都具有自我复制能力、感染性、潜伏性、触发性和破坏性。计算机病毒的基本特征有以下几个方面。

### （一）计算机病毒的可执行性

计算机病毒与其他合法程序一样，是一段可执行的程序。计算机病毒在运行时会与合法程序争夺系统的控制权。例如，病毒一般在运行其宿主程序之前先运行自己，通过这种方法抢夺系统的控制权。计算机病毒只有在计算机内得以运行时，才具有传染性和破坏性等活性。计算机病毒一旦在计算机上运行，在同一台计算机内，病毒程序与正常系统程序，或某种病毒与其他病毒程序争夺系统控制权时，往往会造成系统崩溃，导致计算机瘫痪。

### （二）计算机病毒的传染性

计算机病毒的传染性是指病毒具有把自身复制到其他程序和系统的能力。计算机病毒也会通过各种渠道从已被感染的计算机扩散到未被感染的计算机，在某些情况下会造成被感染的计算机工作失常，甚至系统瘫痪。计算机病毒一旦进入计算机并得以执行，就会搜寻符合其传染条件的其他程序或存储介质，确定目标后，再将自身代码插入其中，达到自我繁殖的目的。而被感染的目标又成为新的传染源，当它被执行以后，便又去感染另一个可以被其传染的目标。计算机病毒可以通过各种可能的渠道，如 U 盘、计算机网络等传染其他计算机。

### （三）计算机病毒的非授权性

一般正常的程序是由用户调用，再由系统分配资源，完成用户交给的任务，其目的对用户是可见的、透明的。而病毒隐藏在正常的程序中，其在系统中的运行流程一般是：做初始化工作寻找传染目标—窃取系统控制权—完成传染破坏活动，其目的对用户是未知的，是未经用户允许的。因此，计算机病毒具有非授权性。

### （四）计算机病毒的隐蔽性

计算机病毒通常附在正常程序中或磁盘较隐蔽的地方，也有个别病毒以隐含文件的形式出现，目的是不让用户发现它的存在。如果不经过代码分析，病毒程序与正常程序很难区别，而一旦病毒发作表现出来，就往往已经给计算机系统造成了不同程度的破坏。

### （五）计算机病毒的潜伏性

一个编制精巧的计算机病毒程序，进入系统后一般不会马上发作。潜伏性越好，其在系统中的存在时间就会越长，病毒的传染范围就会越大。病毒程序必须用专用检测程序才能检查出来，并有一种触发机制，不满足触发条件时，计算机病毒只传染计算机但不做破坏，只有当满足触发条件时，病毒的表现模块才会被激活从而使计算出现中毒症状。

### （六）计算机病毒的破坏性

计算机病毒一旦运行，会对计算机系统造成不同程度的影响，轻者降低计算机系统的工作效率，占用系统资源，如占用内存空间、磁盘存储空间及系统运行时间等；重者则导致数据丢失，系统崩溃。计算机病毒的破坏性决定了病毒的危害性。

### （七）计算机病毒的寄生性

病毒程序嵌入宿主程序中，依赖于宿主程序的执行而生存，这就是计算机病毒的寄生性。病毒程序在侵入宿主程序后，一般会对宿主程序进行一定的修改，宿主程序一旦执行，病毒程序就会被激活，从而进行自我复制和繁衍。

### （八）计算机病毒的不可预见性

从对病毒的检测来看，病毒还有不可预见性。不同种类的病毒，它们的代码千差万别，但有些操作是共有的，如驻内存、改中断。计算机病毒新技术的不断涌现，也使得对未知病毒的预测难度大大增加，这就决定了计算机病毒的不可预见性。事实上，反病毒软件的预防措施和技术手段的更新往往滞后于病毒的产生速度。

### （九）计算机病毒的诱惑欺骗性

某些病毒常以某种特殊的表现方式引诱、欺骗用户不自觉地触发、激活病毒，从而实施其感染、破坏功能。某些病毒会通过引诱用户点击电子邮件中的相关网址、文本、图片等进行激活和传播。

## 三、病毒的分类

根据病毒传播和感染的方式，计算机病毒主要有以下几种类型。

### （一）引导型病毒

引导型病毒（Boot Strap Sector Virus）藏匿在磁盘片或硬盘的第一个扇区。磁盘操作系统（DOS）的架构设计使得病毒可以在每次开机时，在操作系统被加载之前就被加载到内存中，这个特性使得病毒可以完全控制 DOS 的各类中断程序，并且拥有更强的传染与破坏能力。

### （二）文件型病毒

文件型病毒（File Infector Virus）通常寄生在可执行文件中。当这些文件被执行时，病毒程序就跟着被执行。文件型病毒依传染方式的不同分为非常驻型和常驻型两种。非常驻型病毒将自己寄生在 *.COM、*.EXE 或是 *.SYS 文件中。当这些中毒的程序被执行时，它就会尝试着去传染另一个或多个文件；常驻型病毒隐藏在内存中，通常寄生在中断服务程序中，通过磁盘访问操作传播。因此，常驻型病毒往往会对磁盘造成更大的伤害。一旦常驻型病毒进入内存，只要执行文件，文件就会被感染。

### （三）复合型病毒

复合型病毒（Multi-Partite Virus）兼具引导型病毒及文件型病毒的特性。它们可以传染 *.COM、*.EXE 文件，也可以传染磁盘的引导区。由于这个特性，这种病毒具有相当强的传染力，一旦发作，其破坏的程度将相当大。

### （四）宏病毒

宏病毒（Macro Virus）主要是利用软件本身所提供的宏能力来设计病毒，所以凡是具有写宏能力的软件都有宏病毒存在的可能，如 Word、Excel、PowerPoint 等。

### （五）计算机蠕虫

在非 DOS 操作系统中，蠕虫（Worm）是典型的病毒，它不占用除内存以外的任何资源，不修改磁盘文件，只需利用网络功能搜索网络地址，便可将自身传播到下一地址，有时它也存在于网络服务器和启动文件中。

### （六）特洛伊木马

木马病毒的共有特性是通过网络或者系统漏洞进入用户的系统并隐藏，然后向外界泄露用户的信息，或对用户的计算机进行远程控制。随着网络的发展，特洛伊木马（Trojan）和计算机蠕虫之间的依附关系日益密切，有越来越多的病毒同时结合了这两种病毒形态，破坏能力更大。

# 第四节　物联网网络防火墙技术

## 一、物联网防火墙的概念

互联网防火墙是一种装置，它由软件或硬件设备组合而成，通常处于企业的内部局域网与互联网之间，限制互联网用户对内部网络的访问并管理内部用户访问外界的权限。换言之，一个防火墙就是在一个被认为是安全和可信的内部网络和一个被认为是不那么安全和可信的外部网络（通常是互联网）之间构建的一道保护屏障。防火墙是一种被动的技术，因为它假设了网络边界的存在，所以它对内部的非法访问难以有效控制。防火墙是一种网络安全技术，最初它被定义为一个通过实施某些安全策略保护一个可信网络，用以防止一个不可信任的网络访问的安全技术。网络防火墙技术是一种用来加强网络之间访问控制，防止外部网络用户以非法手段通过外部网络进入内部网络访问内部网络资源，保护内部网络操作环境的特殊网络互联设备。它对两个或多个网络之间传输的数据包（如链接方式）按照一定的安全策略来实施检查，以决定网络之间的通信是否被允许，并监视网络的运行状态。

从基本的防火墙系统模型实现上来看，防火墙实际上是一个独立的进程或一组紧密联系的进程，运行于路由服务器上，控制经过它们的网络应用服务及数据。安全、管理、速度是防火墙的三大要素。如今，防火墙已成为实现网络安全策略的最有效的工具之一，并被广泛地应用到互联网的建设上。

作为内部网与外部网之间的一种访问控制设备，防火墙常常被安装在内部网和外部网交流的点上。互联网防火墙是路由器、堡垒主机或任何提供网络安全的设备的组合，是安全策略的一个部分。如果仅设立防火墙系统，而没有全面的安全策略，那么防火墙就形同虚设。全面的安全策略要告诉用户应有的责任以及公司规定的网络访问、服务访问、本地和远地的用户认证、拨入和拨出、磁盘和数据加密、病毒防护措施、雇员培训等。对于所有可能受到网络攻击的地方都必须以同样的安全级别加以保护。

防火墙系统可以是路由器，也可以是个人主机、主系统或一批主系统，用于把网络或子网同那些子网外的可能是不安全的系统隔绝。防火墙系统通常位于等级较高的网关或网点与 Internet 的连接处。

防火墙设计政策是防火墙专用的，它定义了用来实施服务访问政策的规则，一个人不可能在完全不了解防火墙的能力、限制及与 TCP/IP 相关联的威胁和易受攻击性等问题的真空条件下设计这一政策。

**（一）防火墙一般遵循的基本设计准则**

1. 只允许访问特定的服务，一切未被允许的就是禁止的

基于该准则，防火墙应封锁所有信息流，然后对希望提供的服务逐项开放。这是一个非常实用的方法，可以营造一种十分安全的环境，因为只有经过仔细挑选的服务才会被允许使用。其弊端是，安全性高于用户使用的方便性，用户所能使用的服务范围受到限制。

2. 只拒绝访问特定的服务，一切未被禁止的就是允许的

基于该准则，防火墙应转发所有信息流，然后逐项屏蔽可能有害的服务。采用这种方法可以营造一种更为灵活的应用环境，可以为用户提供更多的服务。其弊端是在日益增多的网络服务面前，网管人员疲于奔命，特别是当受保护的网络范围扩大时，很难提供可靠的安全防护。

**（二）防火墙系统应具有的特性**

（1）所有在内部网络和外部网络之间传输的数据都必须能够通过防火墙。

（2）只有被授权的合法数据，即防火墙系统中安全策略允许的数据，才可以通过防火墙。

（3）防火墙本身不受各种攻击的影响。

（4）使用目前新的信息安全技术，如现代密码技术、一次口令系统、智能卡。

（5）人机界面良好、用户配置使用方便、易管理。系统管理员可以方便地对防火墙进行设置，对 Internet 的访问者、被访问者、访问协议及访问方式进行控制。

**（三）防火墙不可避免的缺陷**

1. 不能防范恶意的知情者（内部攻击）

防火墙可以禁止系统用户通过网络连接发送专有的信息，但用户可以将数据复制到磁盘、磁带上带出去。如果入侵者已经在防火墙内部，防火墙是无能为力的。

2.防火墙不能防范不通过它的连接

防火墙能够有效防止通过它进行传输的信息，然而不能防止不通过它而传输的信息。例如，如果站点允许对防火墙后面的内部系统进行拨号访问，那么防火墙没有办法阻止入侵者进行拨号入侵。

3.防火墙几乎不能防范病毒

普通防火墙虽然可以扫描通过它的信息，但一般只扫描源地址、目的地址和端口号，而不扫描数据的确切内容。

4.防火墙不能防备全部的威胁

防火墙被用来防备已知的威胁，但它一般不能防备新的未知的威胁。

## 二、物联网防火墙的分类

常见的物联网防火墙有三种类型：包过滤防火墙、应用代理防火墙、双穴主机防火墙。

### （一）包过滤防火墙

包过滤防火墙设置在网络层，可以在路由器上实现包过滤。信息过滤表是以其收到的数据包头信息为基础而建成的。信息包头含有数据包源 IP 地址、目的 IP 地址、传输协议类型（TCP、UDP、ICMP 等）、协议源端口号、协议目的端口号、连接请求方向、ICMP 报文类型等。当一个数据包满足过滤表中的规则时，则允许数据包通过，否则禁止通过。这种防火墙可以用于禁止外部不合法用户对内部的访问，也可以用来禁止访问某些服务类型。但包过滤技术不能识别有危险的信息包，无法实施对应用级协议的处理，也无法处理 UDP、RPC 或动态的协议。

### （二）应用代理防火墙

应用代理防火墙又称应用层网关级防火墙，它由代理服务器和过滤路由器组成，是目前较流行的一种防火墙。它将过滤路由器和软件代理技术结合在了一起。过滤路由器负责网络互联，并对数据进行严格选择，然后将筛选过的数据传送给代理服务器。代理服务器在外部网络申请访问内部网络时起到中间转接作用，其功能类似于一个数据转发器，它主要控制哪些用户能访问哪些服务类型。当外部网络向内部网络申请某种网络服务时，代理服务器接受申请，然后根据其服务类型、服务内容、被服务的对象、服务者申请的时间、申请者的域名范围等决定是否接受此项服务，如果接受，它就向内部网络转发这项请求。但应用代理防火墙无法快速支持一些新出现的业务，如多媒体。现在较为流行的代理服务器软件是 WinGate 和 Proxy Server。

### （三）双穴主机防火墙

该防火墙是用主机来执行安全控制功能的。一台双穴主机配有多个网卡，分别连接不同的网络。双穴主机从一个网络收集数据，并且有选择地把它发送到另一个网络上。网络服务由双穴主机上的服务代理来提供。内部网和外部网的用户可以通过双穴主机的共享数据区传递数据，从而保护了内部网络不被非法访问。

# 第五节　物联网入侵检测技术分析

## 一、物联网入侵检测的定义

物联网入侵检测系统指的是一种硬件或者软件系统，该系统对系统资源的非授权使用能够做出及时的判断、记录和报警。

入侵者可以分为两类：外部入侵者和内部入侵者。外部入侵者一般指来自局域网外的非法用户和访问受限制资源的内部用户；内部入侵者指假扮成其他有权访问敏感数据的内部用户或者是能够关闭系统审计的内部用户，内部入侵者不仅难以被发现而且更具危险性。

## 二、物联网入侵检测系统

物联网入侵检测系统主要通过以下几种活动来完成任务：第一，监视、分析用户及系统活动；第二，对系统配置和系统弱点进行审计；第三，识别与已知的攻击模式匹配的活动；第四，对异常活动模式进行统计分析；第五，评估重要系统和数据文件的完整性；第六，对操作系统进行审计跟踪管理，并识别用户违反安全策略的行为。

入侵检测是对防火墙的合理补充，它帮助系统对付网络攻击，拓展了系统管理员的管理能力，提高了信息安全基础结构的完整性。入侵检测被认为是防火墙之后的第二道安全闸门，在不影响网络性能的情况下能对网络进行检测，从而提供对内部攻击、外部攻击和误操作的实时拦截。

对一个成功的入侵检测系统来讲，它不但可以使系统管理员时刻了解网络系统的任何变更，还能给网络安全策略的制定提供指南。更为重要的一点是，它管理、配置简单，从而使非专业人员可以非常容易地获得网络安全。另外，入侵检测的规模还可以根据网络威胁、系统构造和安全需求的改变而改变。入侵检测系统在发现入侵后，会及时做出响应，包括切断网络连接、记录事件和报警等。最早的入侵检测系统模型是由多萝西·丹宁（Dorothy Denning）于 1987 年提出的，该模型虽然与具体系统和具体输入无关，但是对此后的大部分实用系统都有很大的借鉴价值。

## 三、物联网入侵检测方法

### （一）异常入侵检测技术

异常入侵检测也被称基于统计行为的入侵检测。它需要先建立一个检测系统认为是正常行为的参考库，然后把用户当前行为的统计报告与参考库进行比较，寻找是否有偏离正常值的异常行为。如果报告表明当前行为背离正常值并且超过了一定限度，那么检测系统就会将这样的活动视为入侵。它根据使用者的行为或资源使用状况的正常程度来判断是否发生入侵，并依赖于具体行为是否出现来检测。例如，一般在白天使用计算机的用户，如果突然在午夜注册登录，则被认为是异常行为，有可能是某入侵者在使用。异常入侵检测的主要前提条件是入侵性活动集作为异常活动集的子集，而理想状况是异常活动集同入侵性活动集相等。在这种情况下，若能检测所有的异常活动，就能检测所有的入侵性活动。可是，入侵性活动集并不总是与异常活动集相符合。活动存在四种可能性：第一，入侵性而非异常；第二，非入侵性且异常；第三，非入侵性且非异常；第四，入侵且异常。

异常入侵检测要解决的问题就是构造异常活动集并从中发现入侵性活动子集。异常入侵检测方法依赖于异常模型的建立，不同模型就构成了不同的检测方法。异常检测通过观测到的一组测量值偏离度预测用户行为的变化，并做出决策判断。异常入侵检测的方法和技术有以下几种。

1. 基于统计的异常检测方法

基于统计的异常检测方法利用异常检测器观察主体的活动，然后模拟出这些活动正常行为的轮廓。每一个轮廓都记录了用户的当前行为，并定时与存储的轮廓合并，通过比较当前的轮廓与存储的轮廓就可判断异常行为，从而检测出网络入侵。统计异常检测方法的优点是，所应用的技术方法在统计学中已经得到很好的研究，但统计入侵检测系统可能不会发觉事件当中依次相连的入侵行为。

2. 基于特征选择的异常检测方法

基于特征选择的异常检测方法是通过从一组参数数据中挑选能检测出入侵的参数构成子集来准确地预测或分类已检测到的入侵。异常入侵检测的难点是在异常活动和入侵活动之间做出判断。判断符合实际的参数很复杂，因为恰当地选择参数子集依赖于检测到的入侵类型，但是一个参数集是不可能涵盖各种各样的入侵类型的。预先确定特定的参数来检测入侵可能会错过单独的、特别的环境下的入侵。

3. 基于神经网络的异常检测方法

基于神经网络的入侵检测方法就是通过训练神经网络中连续的信息单元来进行异常检测，信息单元指的是命令。网络的输入层是用户当前输入的命令和已执行过的命令；用户执行过的命令被神经网络使用来预测用户输入的下一个命令。若神经网络被训练成预测用户输入命令序列集合，则神经网络就构成用户的轮廓框架。当用这个神经网络预测不出某用户正确的后继命令，即在某种程度上表明了用户行为与其轮廓框架偏离时，就代表有异常事件发生，以此就能进行异常入侵检测。

4. 基于机器学习的异常检测方法

这种异常检测方法通过机器学习实现入侵检测，其可进一步划分为死记硬背式、监督、学习、归纳学习（示例学习）、类比学习等方法。特兰（Terran）和卡拉·布罗列（Carla Brodley）将异常检测问题归结为根据离散数据临时序列学习获得个体、系统和网络的行为特征，并提出一个基于相似度实例学习方法（IBL）。该方法通过新的序列相似度计算，将原始数据，如离散事件流、无序的记录等转化成可度量的空间。然后，应用 IBL 学习技术和一种新的基于序列的分类方法，从而发现异常类型事件，以此检测入侵，其中阈值的选取由成员分类的概率决定。

5. 基于数据挖掘的异常检测方法

计算机联网产生了大量审计记录，这些审计记录大多是以文件形式存放的。若单独依靠手工方法去发现记录中的异常现象是无法做到的，而且操作不便，不容易找出审计记录间的相互关系。温克林（Wenkelee）和萨尔瓦托·斯多夫（Salvatore Stolfo）将数据挖掘技术应用到入侵检测研究领域中，从审计数据或数据流中提取感兴趣的知识，这些知识是隐含的、事先未知的潜在有用信息，提取的知识表示为概念、规则、规律、模式等形式，并用这些知识去检测异常入侵和已知的入侵。基于数据挖掘的异常检测方法目前已有现成的 KDD 算法可以借用，这种方法适合处理大量数据。但是，对于实时入侵检测还存在问题，需要开发出有效的数据挖掘算法和适应体系。

另外，除了以上几种检测方法外，还有基于贝叶斯聚类异常检测方法、基于贝叶斯推理异常检测方法、基于贝叶斯网络异常检测方法、基于模式预测异常检测方法等。

（二）误用入侵检测技术

误用入侵检测又被称为基于规则和知识的入侵检测。它运用已知的攻击方法，即根据已定义好的入侵模式，把当前模式与这些入侵模式相匹配来判断是否出现了入侵。因为很大一部分入侵利用了系统的脆弱性，通过分析入侵过程的特征、条件、排列及事件间的关系，就可以具体描述入侵行为的迹象。这些迹象不仅对分析已经发生的入侵行为有帮助，而且对即将发生的入侵也有警戒作用，因为只要部分满足这些入侵迹象就意味着可能有入侵发生。

误用入侵检测是根据已知的入侵模式来检测入侵的。入侵者常常利用系统和应用软件中的弱点进行攻击，而这些弱点易被编成某种模式，如果入侵者的攻击方式恰好匹配上检测系统中的模式库，则入侵者即被检测到。显然，误用入侵检测依赖于模式库，如果没有构造好模式库，则入侵检测系统就不能检测到入侵者。例如，Internet 蠕虫攻击（Worm Attack）使用了 Fingered 和 Sendmail 错误（Bugs），可以使用误用检测。与异常入侵检测相反，误用入侵检测能直接检测不利的或不能接受的行为，而异常入侵检测是发现同正常行为相违背的行为。

误用入侵检测的主要假设是具有能够被精确地按某种方式编码的攻击，并可以通过捕获攻击及重新整理，确认入侵活动是基于同一弱点进行攻击的入侵方法的变种。误用入侵检测方法和技术主要有以下几种。

1. 基于条件概率的误用入侵检测方法

基于条件概率的误用入侵检测方法将入侵方式对应一个事件序列，通过观测到的事件发生情况来推测入侵的出现。这种方法的依据是外部事件序列，根据贝叶斯定理进行推理检测入侵。基于条件概率的误用入侵检测方法是对贝叶斯方法的改进，其缺点是先验概率难以给出，而且事件的独立性难以满足。

2. 基于专家系统的误用入侵检测方法

基于专家系统的误用入侵检测方法是通过将安全专家的知识表示成 If-Then 规则形成专家知识库，然后运用推理算法来检测入侵。入侵检测专家系统应用的实际问题是要处理大量的数据和依赖于审计跟踪的次序。

3. 基于状态迁移分析的误用入侵检测方法

状态迁移分析方法将攻击表示成一系列被监控的系统状态迁移。攻击模式的状态对应系统状态，并具有迁移到另外状态的判断条件。采用这种方法的系统有 STAT 和在 UNIX 平台上实现了的 USTAT。攻击模式只能说明事件序列，不能说明更复杂的事件，而且除了通过植入模型的原始的判断，没有通用的方法来排除攻击模式部分匹配。

4. 基于键盘监控的误用入侵检测方法

基于键盘监控的误用入侵检测方法假设入侵对应特定的击键序列模式，然后监测用户击键模式，并将这一模式与入侵模式匹配，如此就能检测入侵。这种方法的不利之处是，在没有操作系统支持的情况下，缺少捕获用户击键的可靠方法，存在无数击键方式表示同一种攻击的可能性，而且没有击键语义分析，用户很容易被这种技术欺骗。

5.基于模型的误用入侵检测方法

基于模型的误用入侵检测方法是通过建立误用证据模型，根据证据推理做出误用发生的判断结论。其方法要点是建立攻击剧本（Attack Scenarios）数据库、预警器和规划者。每个攻击剧本表示一个攻击行为序列，在任意的给定时刻，攻击剧本的子集都被用来推断系统遭受入侵。根据当前的活动模型，预警器产生下一步行为，用来在审计跟踪时做验证。规划者负责判断假设的行为是如何反映在审计跟踪数据上的，并将假设的行为变成与系统相关的审计跟踪进行匹配。这种方法的优点在于它以严谨的数学确定的推理理论作为基础。对于采用专家系统方法不容易处理的未确定的中间结论，可以用模型证据推理解决，而且可以减少审计数据量。然而，不足的地方是，它增加了创建每一种入侵检测模型的开销。此外，这种方法的运行效率不能通过建造原型来说明。

### （三）异常入侵检测与误用入侵检测的优缺点

异常分析方式的优点是它可以检测到未知的入侵，缺点则是漏报、误报率高，异常分析一般具有自适应功能，入侵者可以逐渐改变自己的行为模式从而逃避检测，而合法用户正常行为的突然改变也会造成误报。

在实际系统中，统计算法的计算量庞大，效率很低，统计点的选取和参考库的建立也比较困难。与之相对应，误用分析的优点是准确率和效率都非常高，缺点是只能检测出模式库中已有类型的攻击，随着新攻击类型的出现，模式库需要不断更新。

攻击技术是不断发展的，在其攻击模式添加到模式库以前，新类型的攻击就可能对系统造成很大的危害。所以，入侵检测系统只有同时使用这两种入侵检测技术才能避免不足。这两种方法通常与人工智能相结合，以使入侵检测系统有自学的能力。

## 四、物联网蜜罐和蜜网

现有的物联网入侵检测系统及其入侵检测技术都存在一些缺陷。为了避免这一问题，科技人员引入了网络诱骗技术，即蜜罐（Honeypot）和蜜网（Honeynet）技术。

### （一）蜜罐

Honeypot 是一种网络入侵检测系统，它诱导攻击者访问预先设置的蜜罐而不是工作中的网络，从而提高检测攻击和攻击者行为的能力，降低攻击带来的破坏力。

Honeypot 的目的有两个：一是在不被攻击者察觉的情况下监视他们的活动、收集与攻击者有关的所有信息；二是牵制他们，让他们将时间和资源都耗费在攻击 Honeypot 上，从而远离实际的工作网络。

为了达到这两个目的，Honeypot 的设计方式必须与实际的系统一样，还应包括一系列能够以假乱真的文件、目录及其他信息。这样，一旦攻击者入侵 Honeypot，就会以为自己控制了一个很重要的系统，刺激他充分施展他的"才能"。而 Honeypot 就像监视器一样监视攻击者的所有行动，如记录攻击者的访问企图，捕获击键，确定被访问、修改或删除的文件，指出被攻击者运行的程序等。它可以从捕获的数据中学习攻击者的技术，分析系统存在的脆弱性和受害程序，从而做出准确、快速的响应。

Honeypot 可以是这样一个系统：模拟某些已知的漏洞或服务，模拟各种操作系统，在某个系统上做设置使它变成"牢笼"环境，或者是在一个标准的操作系统上可以打开各种服务。

Honeypot 与 NIDS 相比，具有如下特点。

（1）较小的数据量

Honeypot 仅仅收集那些对它进行访问的数据。在同样的条件下，NIDS 可能会记录成千上万的报警信息，而 Honeypot 却只有几百条。这使得 Honeypot 收集信息更容易，分析起来也更为方便。

（2）减少误报率

Honeypot 能显著减少误报率。任何对 Honeypot 的访问都是未授权的、非法的，因此，Honeypot 检测攻击的效率就非常高，从而大大减少了错误的报警信息，甚至可以避免误报。这样，网络安全人员就可以集中精力采取其他的安全措施，如及时打软件补丁。

（3）捕获漏报

Honeypot 可以很容易地鉴别、捕获针对它的新的攻击行为。由于针对 Honeypot 的任何操作都是不正常的，从而使得任何新的以前没有见过的攻击很容易暴露。

（4）资源最小化

Honeypot 所需要的资源很少，即使工作在一个大型网络环境中也是如此。一个简单的 Pentium 主机就可以模拟具有多个 IP 地址的 C 类网络。

### （二）蜜网

Honeynet 的概念是由 Honeypot 发展起来的。起初，人们为了研究黑客的入侵行为，在网络上放置了一些专门的计算机，并在上面运行专用的模拟软件，使得从外界看来这些计算机就是网络上运行某些操作系统的主机。将这些计算机连入网络，并为之设置较低的安全防护等级，入侵者就可以比较容易地进入系统。入侵者进入系统后，一切行为都会被系统软件监控和记录，利用系统软件收集的描述入侵者行为的数据，就可以对入侵者的行为进行分析。目前，Honeypot 的软件有很多，可以模拟各种各样的操作系统，如 Windows、RedHat、FreeBSD，甚至 Cisco 路由器的 IOS，但是模拟软件不能完全反映真实的网络状况，也不可能模拟实际网络中所出现的各种情况，在其上所收集到的数据有很大的局限性，所以就出现了由真实计算机组成的网络——Honeynet。

1. Honeynet 与 Honeypot 的异同

Honeynet 与传统意义上的 Honeypot 的不同表现为三个方面。

（1）一个 Honeynet 是一个网络系统，而并非某台单一主机，这一网络系统是隐藏在防火墙后面的，所有进出的数据都受到关注、捕获及控制。这些被捕获的数据可以用于研究、分析入侵者使用的工具、方法及动机。在这个 Honeynet 中，我们可以使用各种不同的操作系统及设备，如 Solaris、Linux、Windows NT、Cisco Switch 等，这样的网络环境看上去会更加真实可信。同时，我们还可以在不同的系统平台上运行不同的服务，如 Linux 的 DNS Server、Windows NT 的 Web Server 或者一个 Solaris 的 FTP Server，我们可以学习不同的工具及不同的策略——或许某些入侵者仅仅把目标定于几个特定的系统漏洞上，而我们这种多样化的系统就可能更多地揭示出它们的一些特性。

（2）Honeynet 中的所有系统都是标准的机器，上面运行的都是真实完整的操作系统及应用程序——就像在互联网上找到的系统一样，没有刻意地模拟某种环境或者故意使系统不安全。在 Honeynet 里面找到的存在风险的系统，与互联网上一些公司或组织的真实系统毫无二致。你可以把你的操作系统直接放到 Honeynet 中，并不会对整个网络造成影响。

（3）Honeypot 是通过把系统的脆弱性暴露给入侵者或是故意使用一些具有强烈诱惑性的信息，如战略性目标、年度报表等或假信息诱骗入侵者，这样虽然可以对入侵者进行跟踪，但也会引来更多的潜在入侵者（他们因好奇而来）。而更进一步，应该是在实际的系统中运行入侵检测系统，当检测到入侵行为时，才能进行诱骗，从而更好地保护自己。Honeynet 是在入侵检测的基础上实现入侵诱骗，这与目前的 Honeypot 理论差别很大。

2. Honeynet 原型系统

将防火墙、IDS、二层网关和 Honeynet 有机地结合起来，就可以设计成一个 Honeynet 的原型系统。外部防火墙与系统原有安全措施兼容，只需对其安全策略进行调整，就可使之适应加入的 Honeynet 诱骗系统。这样就能实现 Honeynet 的入侵检测子系统和入侵行为重定向子系统。

由于网桥没有 IP 协议栈，也就没有 IP 地址、路由通信量及 TTL 缩减等特征，入侵者难以发现网桥的存在，也不会知道自己正处于被分析和监控之中。而且所有出入 Honeynet 的通信量必须通过网关，这意味着在单一的网关设备上就可以实现对全部出入通信量的数据控制和捕获。通过对网桥上 rc.firewall 和 snort.sh 等脚本的配置可以实现 Honeynet 的防火墙与 IDS 的智能连接控制、防火墙日志及 IDS 日志功能。

网关有 A、B、C 三个网络接口。A 接口用于和外部防火墙相连，接收重定向进来的可疑或真正入侵的网络连接；B 接口用于 Honeynet 内部管理及远程日志等功能；C 接口用于和 Honeypot 主机相连，进行基于网络的入侵检测，实时记录 Honeynet 系统中的入侵行为。可以根据需要在网桥上运行网络流量仿真软件，通过仿真流量来麻痹入侵者。路由器、外部防火墙和二层网关为 Honeynet 提供了较高的安全保障。

两台 Honeypot 主机各自虚拟两个客户操作系统，四个客户操作系统分别拥有各自的网络接口。根据 DMZ 区的应用服务可以模拟部署脆弱性服务，并应用 IP 空间欺骗技术来增加入侵者的搜索空间，运用网络流量仿真、网络动态配置和组织信息欺骗等多种网络攻击诱骗技术来提高 Honeynet 的诱骗质量。通过这种虚实结合的方式就可以构建一个虚拟 Honeynet 脆弱性模拟子系统，从而与入侵者进行交互周旋。

为了进行隐蔽的远程日志和 Honeynet 管理工作，可以在 Honeypot 主机的宿主操作系统、网关和远程日志服务器上分别添加一个网卡，互联成一个对入侵者透明的私有网络。远程日志服务器除了承担远程传来的防火墙日志、IDS 日志及 Honeypot 系统日志三重日志的数据融合工作以外，还充当了 Honeynet 的入侵行为控制中心，对 Honeynet 各个子系统进行协调、控制和管理。远程日志服务器的安全级别最高，关闭了所有不需要的服务。

# 第九章　物联网信息安全技术应用

物联网是建立在互联网基础上的泛在网络发展的一个新阶段，它可以通过各种有线和无线网络与互联网融合，综合应用海量的传感器、智能处理终端、全球定位系统等，实现物与物、物与人的随时随地连接，实现智能管理和控制。本章主要研究物联网系统安全设计和物联网安全的技术应用，详细介绍 EPCglobal 网络安全技术及其应用。

## 第一节　物联网系统安全设计

### 一、物联网面向主题的安全模型

面向主题的物联网安全模型设计过程分为四个步骤：第一步，对物联网进行主题划分；第二步，分析主题的技术支持；第三步，物联网主题的安全属性需求分析；第四步，主题安全模型设计与实现。

#### （一）对物联网进行主题划分

互联网的网络安全是从技术的角度进行研究的，目的是解决已经存在于互联网中的安全问题，如常见的防火墙技术、入侵检测技术、数据加 / 解密技术、数字签名和身份认证技术等，都是从技术的细节去解决已经存在的网络安全问题的，也使得网络安全一直处于被动地位。面对新出现的病毒、蠕虫或者木马，已有的安全技术往往无法在第一时间对系统进行安全防护，必须经过安全专家的分析研究才能获得解决的方法。

面向主题的设计思想是将物联网进行系统化的抽象划分，在进行主题的划分中，首先应该避免的就是从技术的角度进行分类，如果以技术进行划分，则物联网的安全研究也必将走上面向技术的安全研究的套路；其次应该对物联网进行系统化的主题分类。相对互联网而言，物联网的结构更加复杂，因此，物联网的安全必须进行系统化、主题化的研究，否则，物联网的安全研究将处于一种混乱的状态。

在对物联网的定义和物联网的工作运行机制进行研究的基础上，物联网可划分为八个主题，如图9-1所示。

（1）通信

将物联网中各种物体设备进行连接的各种通信技术，它为物联网中物与物的信息传递提供技术支持。

（2）身份标识

在物联网中每个物体设备都需要的唯一的身份标识，如同人类的身份证一样。

（3）定位和跟踪

通过射频技术、无线网络和全球定位等技术对连接到物联网中的物体设备进行物理位置的确定和信息的动态跟踪。

（4）传输途径

在物联网中，各种物体设备间的信息传递都需要一定的传输路径，主要指与物联网相关的各种物理传输网络。

（5）通信设备

连接到物联网中的各种物体设备，物体间可以通过物联网进行通信，进行信息的传递和交互。

（6）感应器

在物联网中，能够随时随地获得物体设备的信息且需要遍布于各个角落。

（7）执行机构

在物联网中发送的命令信息，最终的执行体即为执行机构。

（8）存储

物联网中进行信息的存储。

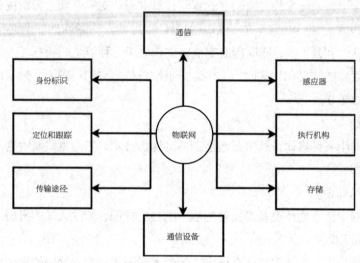

图 9-1　物联网的主题

## （二）分析主题的技术支持

对物联网主题的安全属性要求的研究，为物联网主题的安全研究指明了方向。为了推动物联网快速、稳定地发展，在物联网主题的安全研究中，可以将互联网中安全防御技术应用到物联网中。因此，在对物联网主题的安全进行分析之前，需要分析目前的安全属性现状。

1. 通信

通信主题主要包括无线传输技术和有线传输技术，其中无线传输技术在物联网的体系机构中起到至关重要的作用，其涉及的技术主要包括 WLAN（无线局域网）、3G（第三代移动通信技术）、UWB（超宽带无线通信技术）及蓝牙等技术。

2. 身份标识

在物联网中，任何物体都有唯一的身份标识，可用于身份标识的技术主要有一维条码、二维条码、射频识别技术、生物特征和视频录像等相关技术。

3. 定位和跟踪

定位跟踪是物联网的功能之一，其主要的技术支持包括射频识别、全球移动通信、全球定位和传感器等技术。

4. 传输途径

物联网的传输途径既包括互联网的主要传输网络以太网，还包括传感器网络，以及其他与物联网相连接的网络。

**5. 通信设备**

物联网实现了物与物间的直接连接，因此，物联网中的通信设备种类数目庞大。例如，手机、传感器、射频设备、电脑、卫星等都属于通信设备。

**6. 感应器**

感应器用来识别物联网中的各种物体，其主要的感应属性有音频、视频、温度、位置、距离等。

**7. 执行机构**

物联网中的各个物体涉及各个行业，因此，执行机构对信号的接收处理也千差万别。

**8. 存储**

存储主题主要记录和保存物联网中的各种信息，如分布式哈希表（DHT）储存。

**（三）物联网主题的安全属性需求分析**

对物联网的主题划分和相关技术的研究，为面向主题的物联网安全模型的设计研究打下了坚实的基础。物联网中的主题对安全属性的要求既有共同点又有差异性。因此，需要针对物联网各个主题的特征进行安全属性的需求分析研究。在分析研究信息安全的基本属性的基础上，被信息界称为"滴水不漏"的信息安全管理标准 ISO 17799，将物联网主题的安全基本属性分为完整性、保密性、可用性、可审计性、可控性、不可否认性和可鉴别性，并将各种属性的安全级别分为三个等级，C 为初级要求，B 为中级要求，A 为高级要求。下面根据主题的特征，分析主题的安全属性要求。

**1. 通信**

通信技术的特征，特别是无线传输的特性决定了通信主题最易受到外界的安全威胁，如窃听、伪装、流量分析、非授权访问、信息篡改、否认、拒绝服务等。

**2. 身份标识**

物联网中为了识别物体身份，对物体进行身份唯一标识，要求身份标识有很好的保密性，防止伪造、非法篡改等风险。

**3. 定位和跟踪**

物联网中的物体都有自己唯一的身份标识，因此可以根据物体的身份标识进行定位和跟踪。为了防止非法用户对物体进行非法跟踪和定位，物联网的定位和跟踪的主题安全属性需要具有较高的保密性和可用性。

**4. 传输途径**

物联网在传输途径中容易被窃听，因此，在安全属性要求中需要较高的完整性。

**5. 通信设备**

物联网中的通信设备都有相应的软件或者嵌入式系统的支持，因此，很容易被非法篡改。

**6. 感应器**

感应器作为物联网接收信号或刺激反应的设备，需要很高的完整性。

**7. 执行机构**

物联网中的执行机构涉及各个行业，因此，其安全属性要求主要涉及物联网应用层安全，如用户和设备的身份认证、访问权限控制等。

**8. 储存**

物联网中的信息存储同互联网一样，面临着信息泄露、篡改等威胁，因此，在物联网中的存储需要较高的完整性、保密性。

**（四）主题安全模型设计与实现**

物联网作为一个有机的整体，可分为感知层、网络层和应用层。分析和研究物联网各主题的安全性并不能保障整个物联网的安全性，还需要从整体的角度把各个主题串联起来，使其成为一个系统化的整体。因此，既需要将物联网的感知层、网络层和应用层相互隔离，又需要将各层系统化地联系起来。在物联网安全的构架中，三层体系结构又细化为了五层体系机构，在感知层和网络层间构架了隔离防护层，同样在网络层和应用层间也增加了相应的隔离防护层。这样当物联网出现安全威胁时，可以有效地防止安全威胁在层与层之间的渗透，同时可以在层与层之间建立有机的联系，系统化地保障物联网的安全。因此，在设计面向主题的物联网安全模型时，要将网络安全模型 PDRR 引入到物联网的安全模型中。

**1. 模型的内核**

模型的核心部分就是以主题为中心的安全属性标准和要求，主题的安全属性需要依据主题自身的特点和需求进行研究设计。该部分是整个模型的关键所在，对主题的安全属性设计应遵从整体性、系统化的思想。

**2. 模型的系统**

物联网体系构架由感知层、网络层和应用层组成，在安全模型的设计中，这三个层既需要相互联系又需要相互独立。在物联网的安全模型设计中，在层与层间加上防护层的目的是，当某一层出现安全威胁时，通过隔离层的隔离作用，防止将安全威胁蔓延到其他层。同时层与层之间需要有协作的功能，作为一个有机整体，当某一层出现问题时，其他层需要提供相应的安全措施，使物联网作为一个有机整体进行安全防御。

3. 模型的防护层

物联网的安全不但需要自身的安全策略，还需要外界的防护，因此，将 PDRR 安全模型加入物联网的安全模型中，使物联网的安全成为一个流动的实体，其中的预防、检测、响应、恢复四部分功能是相辅相成的。模型的人为因素在一定程度上起到了至关重要的作用，因此，在面向主题的物联网的安全模型中，最外层是安全管理。图 9-2 是模型的空间表示。

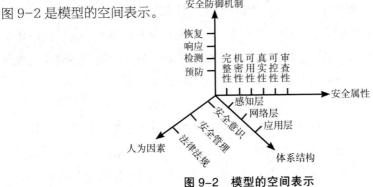

**图 9-2　模型的空间表示**

# 二、物联网公共安全云计算平台系统

## （一）物联网公共安全平台架构

1. 物联网公共安全平台的层次

结合目前业界统一的认定和当前流行的技术，初步把物联网公共安全平台设计为五个层次，分别为感知层、网络层、支撑层、服务层、应用层。

（1）感知层

感知层主要针对最前端公安人员关注的重点领域和事物。它通过各种感知设备，如 RFID、条形识别码、各种智能传感器、摄像头、门禁、票证、GPS 等，对道路、车辆、危险物品、重点人物、交通状况等重点感知领域进行实时管控，获取有用数据。

（2）网络层

网络层主要用于前方感知数据的传输。为了不重复建设，它最大限度地利用现有的网络条件，把公安专网、无线宽带专网、移动公网、有线政务专网、无线物联数据专网、因特网、卫星等通信方式进行了整合。

（3）支撑层

支撑层基于云计算、云存储技术设计，实现分散资源的集中管理及集中资源的分散服务，支撑高效、海量数据的存储与处理；支撑软件系统部署在运行平台上，实现各类感知资源的规范接入、整合、交换与存储，实现各类感知设备的基础信息管理，实现感知信息资源目录发布与同步，实现感知设备证书发布与认证，为感知设备的分建共享提供全面的支撑服务。

（4）服务层

服务层基于拥有的丰富的数据资源和强大的计算能力（依托云计算平台），为构建一个功能丰富的平台提供了基础。它借鉴 SOA，即面向服务的架构思想，通过仿真引擎和推理引擎，把数据库、算法库、模型库、知识库紧密结合在一起，为应用层的实际业务应用软件提供了统一的服务接口，对数据进行了统一、高效的调用，也保证了服务的高可靠性，为整个公共安全平台的后续应用开发提供了可扩展性。

（5）应用层

应用层主要用来承载用户实际使用的各种业务软件。例如，通过对警用物联网业务的详细分析及调用服务层提供的通用接口，设计出符合用户实际使用的业务软件。可将用户分为三类：第一类为相关技术人员，可以使用平台提供的各程序的服务接口和各设备的运行状态，保证整个平台的正常运行；第二类为基层民警，可以实时查看前端感知信息，并对设备进行控制；第三类为高端用户，在系统的智能分析的协助下，对各警力和资源进行指挥和调度。

2. 标准和安全体系

标准规范和信息安全体系应贯穿整个物联网架构的设计，具体应包括以下方面：公共安全领域的传感器资源编码标准；数据共享交换的规范；共享数据管理标准，包括公共数据格式标准、公共数据存储方式标准、共享数据种类标准等；传感资源投入和建设的效益评价标准；新建设传感资源和网络的审批标准；物联网公共安全基础设施建设标准。

物联网本质上是一种大集成技术，涉及的关键技术种类繁多，标准冗杂，因此，物联网的关键和核心是实现大集成的软件和中间件，以及与之相关的数据交换、处理标准和相应的软件架构。

感知层是基于物理、化学、生物等技术发明的传感器，"标准"多成为专利，而网络层的有线和无线网络属于通用网络。有线长距离通信基于成熟的 IP 协议体系，有线短距离通信主要以十多种现场总线标准为主；无线长距离通信基于 GSM 和 CDMA 等技术，其 2G/3G/4G 网络标准也基本成熟，无线短距离通信针对不同的频段也有十多种标准。因此，建立新的物联网通信标准难度较大。

从以上分析可知，目前物联网标准的关键点和大有可为的部分集中在应用层。在上面的架构中，把应用层细分为了支撑层、服务层和应用层。其中，支撑层和服务层在各数据标准的融合中起关键作用，是整个物联网运行的关键所在。

### （二）数据支撑层设计思路

支撑层主要用来对数据进行处理，为上层服务提供统一标准的安全数据。由于整个物联网公共安全平台涉及大量的实时感知数据，考虑到计算能力和成本问题，决定采用云的架构。首先，把网络层上传的数据进行规格化处理，并按照一定规则算法初步过滤一些无用信息，由云计算数据中心对数据进行存储和转发；其次，由各个计算节点对数据进行接入、编码、整合及交换；最后，形成数据目录，便于查询和使用。同时考虑到数据安全问题，还可以设计数据容灾中心进行应急处理。目前，根据公共安全系统的现状，采用云计算中主从式分布存储与数据中心相结合的云存储思路开展设计工作。采用分布式存储、统一管理的设计思路，将公共安全平台内部所有的存储数据进行统一调度，公安网内部的任何一台主机都可以是数据存储的子节点，从而在任何时间、网内任何地点都能实现完全的资源共享。采用计算偏向存储区域的云计算思路，将推理仿真等计算量较大的计算任务放置在存储区域较近的计算服务器平台上，可以减少网络带宽，在计算上采用服务器集群模式，采用虚拟化的形式（常见的中间件，如 VMware 等）实现计算任务的综合调度分配，可以实现计算服务资源的最大利用率。

### （三）基于云计算的数据支撑平台体系架构

物联网支撑平台是各类前端感知信息通过传输网络汇聚的平台，该平台实时处理前端感知设施传入的视频信息、数据信息及由应用服务平台下达的对感知设施的控制指令，主要实现信息接入、标准化处理、信息共享、信息存储及基础管理五大功能。

## 第二节　物联网安全技术应用

物联网安全技术在日常生产生活中的应用，包括物联网机房远程监控预警系统、物联网机房监控设备集成系统、物联网门禁系统、物联网安防监控系统和物联网智能监狱监控报警系统等。下面以物联网机房远程监控预警系统和物联网门禁系统为例进行介绍。

## 一、物联网机房远程监控预警系统

### （一）系统需求分析

在无人值守的机房环境中，急需解决如下问题。

第一，温控设备无法正常工作。一般坐落在野外的无人值守机房内的空调器均采用农用电网直接供电的方式，在出现供电异常后空调器停止工作，当供电恢复正常后，也无法自动启动，必须人为干预才能开机工作。这就需要机房设置可以自行启动空调器的装置，最大限度地延长空调器的工作时间，提高温控效果。

第二，环境异常情况无法及时传递。无人值守机房基本没有环境报警系统，即使存在，也是单独工作的独立设备，无法保障环境异常情况及时有效地得以传递，从而会致使设备或系统发生问题。因此，将机房环境异常情况有效可靠地传递出去也是必须要解决的问题。

第三，无集中有效的监控预警系统。对于机房环境监控，目前还没有真正切实有效的系统来保障机房正常的工作环境。有些机房设置了机房环境监控系统，但系统结构相对单一，数据传输完全依赖于现有的高速公路通信系统。例如，机房设备出现了故障，导致通信系统出现问题，则环境监控就陷入瘫痪，无法正常发挥作用。

根据以上分析，无人值守的机房环境应重点考虑以下三点。

第一，机房短暂停电又再次恢复供电，机房空调器需要及时干预并使其发挥作用。

第二，由于机房未能及时来电或者空调器本身发生故障，机房环境温度迅速升高（降低），超过设备工作温度阈值时，应能够及时向相关人员预警或告知。

第三，建立独立有效的监控预警系统，在高速公路通信系统出现问题时，能够保证有效地进行异常信息发送。

### （二）系统架构设计

环境监测是物联网的一个重要应用领域，物联网自动、智能的特点非常适合环境信息的监测预警。

1. 系统架构

机房环境远程监控预警系统结构主要包括感知层、网络层、应用层三部分。在感知层，数据采集单元作为微系统传感节点，可以对机房温度信息、湿度信息等进行收集。数据信息的收集采取周期性汇报模式，通过 3G 或 4G 网络技术进行远程传输。网络层采用运营商的 3G 通信网络实现互联，进行数据传输，将来自感知层的信息上传。应用层主要由用户认证系统、设备管理系统和智能数据计算系统等组成，分别完成数据收集、传输、报警等功能，构建起面向机房环境监测的实际应用，如机房环境的实时监测、趋势预测、预警及应急联动等。

2. 系统功能

系统功能主要包括信息采集、远程控制、集中控制预警三大类。信息采集是指本系统通过内部数据采集单元采集并记录机房环境的信息，然后将之数字化并通过3G网络传送至集中管理平台系统。若机房增加其他检测传感器，如红外报警、烟雾报警等，也可以接入本系统的数据采集单元中，实现机房全方位的信息采集。远程控制是指当发现机房环境异常时，可以利用本系统控制相应的设备及时进行处置，如温度发生变化，则控制空调器或通风设施进行温度调整。另外，可以在机房增加其他控制设备，如消防设施或者监控设施、灯光等。在管理中心设置一套集中监控预警管理平台，可以实时收集各机房的状态信息，并分析相关的信息内容，根据现场信息反映的情况，采取相应的控制和预警方案，集中统一管理各机房的工作环境。

## 二、物联网门禁系统

门禁系统是进出管理系统的一个子系统，通常它采用刷卡、密码或人体生物特征识别等技术。在管理软件的控制下，门禁系统对人员或车辆出入口进行管理，让取得认可进出的人和车自由通行，而对那些不该出入的人则加以禁止。因此，在许多需要核对人车身份的处所中，门禁系统已经成了不可缺少的配置项目。

### （一）门禁系统的应用要求

1. 可靠性

门禁系统以预防损失、犯罪为主要目的，因此，必须具有极高的可靠性。一个门禁系统在其运行的大多数时间内可能不会遇到警情，因而不需要报警，出现警情需要报警的概率一般是很小的。

2. 权威认证

门禁系统在系统设计、设备选取、调试、安装等环节上都严格执行国家或行业上的相关标准，以及公安部门有关安全技术防范的要求，产品须经过多项权威认证，并且有众多的典型用户，多年正常运行。

3. 安全性

门禁及安防系统是用来保护人员和财产安全的，因此，系统自身必须安全。这里所说的高安全性，一方面是指产品或系统的自然属性或准自然属性应该保证设备、系统运行的安全和操作者的安全。例如，设备和系统本身要能防高温、低温、湿热、烟雾、霉菌、雨淋，并能防辐射、防电磁干扰（电磁兼容性）、防冲击、防碰撞、防跌落等。设备和系统的运行安全包括防火、防雷击、防爆、防触电等。另一方面，门禁及安防系统还应具有防人为破坏的功能，如具有防破坏的保护壳体，以及具有防拆报警、防短路和断开等功能。

4. 功能性

随着人们对门禁系统各方面要求的不断提高，门禁系统的应用范围越来越广泛。人们对门禁系统的应用不再局限于单一的出入口控制，还要求它不仅可以应用于智能大厦或智能社区的门禁控制、考勤管理、安防报警、停车场控制、电梯控制、楼宇自控等，而且可以应用于与其他系统的联动控制。

5. 扩展性

门禁系统应选择开放性的硬件平台，具有多种通信方式，为实现各种设备之间的互联和整合奠定良好的基础。另外，系统还应具备标准化和模块化的部件，有很大的灵活性和扩展性。

### （二）门禁系统的功能

1. 实时监控功能

系统管理人员可以通过计算机实时查看每个门区人员的进出情况、每个门区的状态（包括门的开关及各种非正常状态报警等），也可以在紧急状态下打开或关闭所有门区。

2. 出入记录查询功能

系统可储存所有的进出记录、状态记录，可按不同的查询条件查询，配备相应考勤软件可实现考勤、门禁一卡通。

3. 异常报警功能

在异常情况下，可以通过门禁软件实现计算机报警或外加语音声光报警，如非法侵入、门超时未关等。

4. 防尾随功能

在使用双向读卡的情况下，防止一卡多次重复使用，即一张有效卡刷卡进门后，该卡必须在同一门刷卡出门一次才可以重新刷卡进门，否则将被视为非法卡拒绝进入。

5. 双门互锁口

双门互锁也叫 AB 门，通常用于银行金库，它需要和门磁配合使用。当门磁检测到一扇门没有锁上时，另一扇门就无法正常打开。只有当一扇门正常锁住时，另一扇门才能正常打开，这样就隔离出一个安全的通道来，使犯罪分子无法进入，以达到阻碍、延缓犯罪行为的目的。

6. 胁迫码开门

当持卡者被人劫持时，为保证持卡者的生命安全，持卡者输入胁迫码后门能打开，但同时向控制中心报警，控制中心接到报警信号后就能采取相应的应急措施。胁迫码通常设为 4 位数。

7. 消防报警监控联动功能

在出现火警时，门禁系统可以自动打开所有电子锁，让里面的人随时逃生。监控联动通常是指监控系统自动将有人刷卡时（有效或无效）的情况记录下来，同时将门禁系统出现警报时的情况记录下来。

8. 网络设置管理监控功能

大多数门禁系统只能用一台计算机管理，而技术先进的系统则可以在网络上任何一个授权的位置对整个系统进行设置监控查询管理，也可以通过网络进行异地设置管理监控查询。

9. 逻辑开门功能

简单地说，就是同一个门需要几个人同时刷卡（或其他方式）才能打开电控门锁。

### （三）门禁系统的分类

按进出识别方式，门禁系统可以分为以下几类。

1. 密码识别

通过检验输入密码是否正确来识别进出权限。这类产品又分为两类：普通型和乱序键盘型（键盘上的数字不固定，不定期自动变化）。

2. 卡片识别

通过读卡或读卡加密码方式来识别进出权限，按卡片种类它又分为磁卡和射频卡。

3. 生物识别

通过检验人员的生物特征等方式来识别进出权限，有指纹型、掌形型、虹膜型、面部识别型、手指静脉识别型等。

4. 二维码识别

二维码门禁系统大多用于校园，它结合二维码的特点，给进入校园的学生、教师、后勤工作人员、学生家长等发送二维码有效凭证，这样家长在进入校园的时候只需轻松地在识读机器上扫一下二维码即可进出，便于对进出人员进行管理。作为校方，需要登记学生家长的手机号及家人的身份证，家长手机便会收到学校使用二维码校园门禁系统平台发送的含有二维码的短信。这种门禁系统同时支持身份证、手机进行验证，从而确保进出人员的安全。

### （四）无线门禁系统的设计

1. 组成部分

由于传统的门禁系统在施工和维护上存在烦琐、费用高等问题，基于物联网的门禁系统开始出现，并最大限度地将门禁系统简化到了极致，尤其是无线的门禁系统。它主要由平台与终端两部分组成。

（1）平台

门禁云平台基于云部署，平台通过管理后台连接各社区网络，做业务数据的汇总及转发；通过前台门户，为物业管理者提供登录访问和管理操作服务。

（2）终端

门禁系统的终端包括门口机和电信终端。门口机是安装在小区入口或楼宇入口的楼宇对讲及门禁终端，访客可以通过门口机呼叫业主或住户，与之进行音频对讲，并接收远程指令开门。门口机融合门禁模块，可为业主或住户物业提供 IC 卡或手机刷卡开门。电信终端是中国电信或其他电信运营商的固定电话终端，用于接收来自门禁云平台的呼叫，实现远程对讲及开门；手机包括智能手机与普通手机，用于接收来自门禁云平台的呼叫，实现远程对讲及开门。

2. 关键技术

（1）手机远程控制门禁

针对现有社区的楼宇对讲及门禁系统只能在本地内部网络实现语音视频对讲及控制门禁的问题，我们通过门禁平台与电信网相连，同时改造现有门禁系统中门口机的软件系统，增加双注册软件模块及触发的逻辑机制，在实现门口机呼叫房间室内机的同时无人应答时，将门口呼叫送往门禁平台，门禁平台的后台管理系统将接通与室内机绑定的手机、固话或多媒体终端等设备，实现远程语音或视频对讲及辅助控制门禁的功能。

（2）基于 RFID 带抓拍功能的门口机

传统基于 RFID 的门口机主要支持两种卡：ID 卡（Identification Card，身份识别卡）与 IC 卡（Integrated Circuit Card，集成电路卡）。对于这两种卡，大多数门禁装置只读取其公共区的卡号数据，根本不具备卡数据的密钥认证、读写安全机制，因此，卡极容易被复制、盗刷，给出入居民带来了严重的安全隐患。同时，传统的基于 RFID 的门禁装置仅提供最基本的刷卡开门功能。因此，基于社区、出租屋实现创新管理，提高安全保障的需要，RFID 门禁装置要求不仅可以实现刷卡开门及记录存储，还能在开门时进行图片或视频的抓拍，存储带抓拍图片或视频的开门记录，以增强安全管理。

在原有刷 RFID 卡开门功能的基础上，扩展实现了以下功能：①门禁装置的红外感应模块感应到有人靠近门禁时，即启动抓拍，抓拍可以是一张图片，也可以是一段视频；②门禁装置的读卡模块，在有人刷卡时，无论刷卡成功还是失败，都启动抓拍，抓拍可以是一张图片，也可以是一段视频；③门禁装置将红外感应抓拍的图片或视频以及刷卡时的刷卡记录与抓拍的图片或视频通过 IP 数据通信模块，上传至门禁管理平台，进行实时记录。

3. 安全性与可靠性

无线物联网门禁系统的安全与可靠主要体现在以下两个方面：无线数据通信的安全性保证和传输数据的稳定性保障。在无线数据通信的安全性保证方面，无线物联网门禁系统通过智能跳频技术确保信号能迅速避开干扰，同时通信过程中采用动态密钥和 AES 加密算法，哪怕是相同的一个指令，每一次在空中传输的通信包都不一样，让监听者无法截取。但是，对于无线技术来讲，大家能理解并接受数据包加密技术，而无线的抗干扰能力却是始终绕不开的话题。在传输数据的稳定性保障方面，针对这一问题，无线物联网门禁专门设计了脱机工作模式，这是一种确保在无线受干扰失效或者中心系统宕机后也能正常开门的工作模式。以无线门锁为例，在无线通信失败时，它等同于一把不联网的宾馆锁，仍然可以正常开关门（和联网时的开门权限一致），用户感觉不到脱机和联机的区别，唯一的区别是脱机时刷卡数据不是即时传到中心，而是暂存在锁上，在通信恢复正常后再自动上传。无线物联网是一个超低功耗产品，这样会使电池的寿命更长。

无线物联网门禁系统的通信速度达到了 2 Mb/s，越快的通信速度就意味着信号在空中传输的时间越短，消耗的电量也越少，同时无线物联网门禁系统采用的锁具只在执行开关门动作时才消耗电量。无线物联网门禁系统可以直接替换现有的有线联网或非联网门禁系统。对于办公楼宇系统，应用无线物联网门禁能显著降低施工工作量，降低使用成本；对于宾馆系统，能提升门禁的智能化水平。但任何新生事物出现在市场上都难免一些质疑声，如何打消用户对无线系统稳定性、可靠性、安全性的担忧是目前市场推广面临的最大难题。

# 第三节　EPCglobal 网络安全技术应用

EPCglobal 网络是实现自动即时识别和供应链信息共享的网络平台。EPCglobal

网络能提高供应链上贸易单元信息的透明度与可视性，使各机构组织更有效地运行。通过整合现有信息系统和技术，EPCglobal 网络将为全球供应链上的贸易单元提供即时、准确、自动的识别和跟踪。

EPCglobal 起初由美国麻省理工学院（MIT）的 Auto-ID 中心提出，2003年 10 月后，Auto-ID 中心研究功能并入 Auto-ID 实验室，总部设在 MIT，与其他 5 所大学（这 5 所大学分别是：英国剑桥大学、澳大利亚阿德莱德大学、日本庆应大学、中国复旦大学和瑞士圣加仑大学）通力合作研究和开发 EPCglobal 网络及其应用。

# 一、EPCglobal 物联网的网络架构

## （一）信息采集系统

信息采集系统由产品电子标签、读写器、驻留有信息采集软件的上位机组成，主要完成产品的识别和 EPC 的采集与处理。

## （二）PML 信息服务器

PML（Physical Markup Language）信息服务器由产品生产商建立并维护，储存着该生产商生产的所有商品的文件信息，根据事先规定的原则对产品进行编码，并利用标准的 PML 对产品的名称、生产厂家、生产日期、重量、体积、性能等详细信息进行描述，从而生成 PML 文件。一个典型的 PML 服务器包括四个部分。

1.Web 服务器

它是 PML 信息服务中唯一直接与客户端交互的模块，位于整个 PML 信息服务的最前端，可以接收客户端的请求，并对其进行解析、验证，确认无误后发送给 SOAP 引擎，同时将结果返回给客户端。

2.SOAP 引擎

它是 PML 信息服务器上所有已部署服务的注册中心，可以对所有已部署的服务进行注册，为其提供相应组件的注册信息，将来自 Web 服务器的请求定位到相应的服务器处理程序中，并将处理结果返回给 Web 服务器。

3. 服务器处理程序

它是客户端请求服务的实现程序，包括实时路径更新程序、路径查询程序和原始信息查询程序等。

4. 数据存储单元

它用于 PML 信息服务器端数据的存储，主要用于客户端请求数据的存储，存储

介质包括各种关系数据库或者一些中间文件，如 PML 文件。

### （三）ONS

ONS 的作用是在各信息采集节点与 PML 信息服务器之间建立联系，实现从 EPC 到 PML 信息之间的映射。读写器识别 RFID 标签中的 EPC 编码，ONS 则为带有射频标签的物理对象定位网络服务。这些网络服务是一种基于 Internet 或者 VPN 专线的远程服务，可以提供和存储指定对象的相关信息。实体对象的网络服务通过该实体对象的 EPC 代码进行识别，ONS 帮助读写器或读写器信息处理软件定位这些服务。ONS 是一个分布式的系统架构，它的体系结构主要由四部分组成。第一，映射信息。映射信息以记录的形式表达了 EPC 编码和 PML 信息服务器之间的一种映射，它分布式地存储在不同层次的 ONS 服务器里。第二，ONS 服务器。如果某个请求要求查询一个 EPC 对应的 PML 信息服务器的 IP 地址，则 ONS 服务器可以对此做出响应。每一台 ONS 服务器拥有一些 EPC 的授权映射信息和 EPC 的缓冲存储映射信息。第三，ONS 解析器。ONS 解析器负责 ONS 查询前的编码和查询语句格式化工作，它将需要查询的 EPC 转换为 EPC 域前缀名，再将 EPC 域前缀名与 EPC 域后缀名组合成一个完整的 EPC 域名，最后由 ONS 解析器发出对这个完整的 EPC 域名进行 ONS 查询的请求，获得 PML 信息服务器的网络定位。第四，ONS 本地缓存。ONS 本地缓存可以将经常查询和最近查询的"查询—应答"值保存于内，作为 ONS 查询的第一入口点，这样可以减少对外查询的数量与 ONS 服务器的查询压力。

### （四）Savant 系统

Savant 系统在物联网中处于读写器和企业应用程序之间，相当于物联网的神经系统。Savant 系统采用分布式结构和层次化组织管理数据流，具有数据搜集、过滤、整合与传递等功能。因此，它能将有用的信息传送到企业后端的应用系统或者其他 Savant 系统中。

## 二、EPCglobal 网络安全

### （一）EPCglobal 网络的安全性分析

关于 EPCglobal 网络本身的安全性的研究目前还不多见，多数文献还是重点讨论在超高频第二代 RFID 标签上如何实现双向认证协议。

EPCglobal 网络的安全研究主要分为两大类：一类主要研究 RFID 的阅读器通信安全与 RFID 标签的安全；另一类主要研究 EPCglobal 的网络安全。相关文献研究认为，ONS 架构存在严重的安全缺陷。

在 RFID 的标签与阅读器研究方面，有学者设计出了一种 RFID 标签和读写器之间的双向认证协议，并且该协议可以在 EPCglobal 兼容的标签上使用。该协议可以提供前向安全（Forward Security），还提出了一种 P2P 发现服务的 EPC 数据访问方法，该方法比基于中央数据库的方法具有更好的可扩展性。

在 EPCglobal 的 1 类 2 代（Class-1 Generation-2）RFID 标签中，标签的标识是以明文的形式进行传输的，很容易被追踪和克隆。通过对称和非对称密码加密的方法在廉价标签中可能不太可用。虽然一些针对第 2 代标签的轻量级的认证协议已经出现，但这些协议的消息流与第 2 代标签的消息流不同，因而存在的读写器可能不能读新的标签。相关研究文献提出了一种新的认证协议，被称为 Gen2+，该协议依照第 2 代标签的消息流，提供了向后兼容性。该协议使用了共享的假名（Pseudonym）和循环冗余校验（CRC）来获得读写器对标签的认证，并利用读存储命令来获得标签对读写器的认证。论证结果表明，Gen2+ 在跟踪和克隆攻击下更加安全。

在 EPCglobal 的 RFID 标签安全研究的相关文献对第 2 代标签的安全缺陷进行了分析，包括泄露、对完整性的破坏、拒绝服务攻击及克隆攻击等。广义上来说，泄露威胁指的是 RFID 标签信息保存在标签中和在传递给读写器的过程中被泄露。拒绝服务攻击就是当标签被访问时，被攻击者的读写器阻止了，即当一个读写器需要读标签信息时，被另一个攻击者的读写器阻止了这种访问。这种阻止可能是持续的，将会导致标签信息总是无法被读取。破坏完整性威胁是指非授权地对标签存储的信息或者传递给读写器的信息进行修改。克隆攻击就是指某个非法标签的敌对行为欺骗读写器，使读写器以为自己正在与某个设备进行正确的信息交换。在这种攻击中，仿真程序或硬件在一个克隆标签上运行，伪造了读写器期望的正常的操作流程。为了应对这些威胁，可采用的方法包括使用会话来避免泄露，引入高密度（Dense）读写器条件来避免拒绝服务攻击，组合安全协议和空中接口、Ghost Read 及 Cover coding 方法来克服破坏完整性攻击。对于克隆攻击还没有好的防御方法。

针对供应链中可以检索的研究分析，相关文献给出了一种在基于 RFID 的供应链中进行检索和分析分布式的 EPC 事件数据的方法，组合这些数据可能导致商业机密的泄露。相关研究文献还给出了一个基于证书（License）的访问控制原型系统来保护商业方的隐私。该方法依照欧盟提出的隐私保护设计（Privacy-by-Design）原则，可以减少暴露的数据。

（二）EPCglobal 网络中的数据清洗

由于读写器异常或者标签之间的相互干扰，有时采集到的 EPC 数据可能是不完整的或错误的，甚至出现多读和漏读的情况。漏读（False Negative）是指当一个标签在一个阅读器阅读范围之内时，该阅读器没有读到该标签。多读（False Positive）是指当一个标签不在一个阅读器阅读范围之内时，该阅读器仍然读到该标签。如果将源数据直接投入到实际应用中，得到的结果一般都没有应用价值，所以在对 RFID 源数据进行处理前，需要对数据进行清洗。Savant 要对读写器读取到的 EPC 数据进行处理，消除冗余数据，过滤掉无用信息，以便把有用信息传送给应用程序或上级 Savant。

冗余数据的产生主要有以下两个原因：第一，在短期内同一台读写器对同一个数据进行重复上报，如在仓储管理中，对固定不动的货物重复上报，在进货、出货过程中，重复检测到相同的物品；第二，多台临近的读写器对相同数据都进行上报。读写器存在一定的漏检率，这和读写器天线的摆放位置、物品离读写器的远近、物品的质地都有关系。通常为了保证读取率，会在同一个地方摆放多台相邻的读写器，这样，多台读写器将监测到的物品上报时，就可能出现重复检测的情况。

在很多情况下，用户希望得到某些特定货物的信息、新出现的货物信息、消失的货物信息或只是某些地方的读写器读到的货物信息。用户在使用数据时，希望最小化冗余，尽量得到靠近需求的准确数据。解决冗余信息的办法是设置各种过滤器进行处理。可用的过滤器有很多种，典型的过滤器有四种：产品过滤器、时间过滤器、EPC 过滤器和平滑过滤器。产品过滤器只发送与某一产品或制造商相关的产品信息，也就是说，过滤器只发送某一范围或方式的 EPC 数据；时间过滤器可以根据时间记录来过滤事件，如一个时间过滤可能只发送最近 10 分钟之内的事件；EPC 过滤器可以过滤符合某个规则的 EPC 数据；平滑过滤器可处理出错的情况，包括漏读和错读。

对于漏读的情况，需要通过标识之间的关联度（如同时被读到）找回漏掉的标识。基于监控对象动态聚簇概念的 RFID 数据清洗策略，通过有效的聚簇建模和高效的关联度维护来估算真实的小组，这里所谓的"小组"就是常常会同时读取的具有某种关联度的标签，然后在估算真实的小组基础上进行有效的清洗。由于引入了新的维度，在有小组参与的情况下，无论数据量的大小还是组变化的程度，与考虑时间维度的相关工作相比，该模型都可以有效地利用组间成员的关系提高清洗的准确性。

# 第十章　物联网安全技术发展

随着物联网技术的快速发展，物联网的安全问题成为制约其全面发展的重要因素。前几章分析了物联网的安全威胁，并提出了物联网安全技术要求，本章在对我国物联网发展现状和存在的问题进行深入研究的基础上，提出了我国物联网安全发展的相关建议。

## 第一节　我国物联网安全技术发展的策略

针对我国物联网安全发展中存在的问题，本节提出了我国物联网安全发展的几项建议。

第一，提高物联网关键设备和产品的技术研发实力。通过财政补贴、税收优惠等政策促进一批掌握物联网关键设备和产品技术的国内企业的成长，提高物联网关键自主知识产权技术的研发实力，增强国内企业综合竞争力，全面保障我国物联网系统安全可靠地运行。

第二，推进物联网安全的相关技术和管理标准的制定和落实工作。目前，物联网安全功能和管理方面欠缺相关标准，各企业均根据自身经验及实践摸索开展安全建设工作，安全规划和建设、管理程度参差不齐。建议大力推进物联网安全相关技术标准的建立工作，促进物联网安全相关管理规范的建立，明确管理制度及职责分工，提高物联网安全管理的有效性。另外，有效推进物联网安全相关技术的部署和落实工作，各行业都要照安全标准规划、建设和运维物联网应用，推进物联网安全应用发展。

第三，加强物联网系统和应用的信息安全风险评估工作。组织国内专业企业、科研机构进行研究，建立一套指导物联网系统的信息安全风险评估和管理的标准、流程和方法。技术成熟后，选择重点领域的物联网系统开展试点并适时推广。

第四，开展物联网系统和应用安全试点工作。选择安全意识较强、物联网安全技术典型、具有一定工作基础的企业或项目，开展物联网系统和应用安全试点工作。通过试点验证方法，发现问题，总结经验，建立物联网系统和应用安全风险评估、安全检查等工作流程，以点带面，提升物联网系统和应用安全保护水平。

第五，加强物联网系统和应用安全保障的专业力量建设。针对物联网新领域、新技术的信息安全问题，培养技术和管理人才，加强专业技术机构的力量建设，支撑物联网安全相关工作的开展。

# 第二节  我国物联网安全技术发展的趋势

## 一、新的信赖模型

5G 与过去的移动通信系统相比，在提供网络连接服务上的流程相对复杂许多。之前的系统有比较简单的信赖模型。例如，用户手机可能先连接浏览网络，再连到本地网络，然后透过本籍用户服务器（HSS）管理密钥，唯一需要管理的是这些网络间的连接信任关系。

然而，在 5G 时代下，有更多的角色在网络里面，包括异质网络解决方案，有的未必是第三代合作伙伴计划（3GPP）标准连接，可能有其他不同的无线连接技术，包括 Wi-Fi、蓝牙（Bluetooth）、LoRa 等网络连接技术，这使得联网系统的复杂性大大增加，其系统间有更多身份验证和责任归属问题。

## 二、新的服务提供模型

网络虚拟化表示在提供网络服务时，会有别于以往的硬件解决方案上的安全性设定。例如，过去的硬件产品，拥有符合电信级标准的安全性需求，现在则提供软件服务，用在现成商用（COTS）技术或云端环境中。因此，必须非常确定运行虚拟化功能的云端架构是可信赖的，并且需要运用一些技术，如可信赖运算、可信赖平台模块等，确保管理程序足以信赖，并且是风险隔离的环境，只有这样才能把软件安装在平台上运行。

## 三、隐私顾虑日增

移动式的网络终端设备最常见的是智能型手机，相较于普通手机而言，智能型手机能将更多的私人数据传输到公共网络上，但由于经常处于联网状态，智能型手机会让使用者在不知情的情况下将使用数据传送到网络上，因此，个人资料外泄的隐私问题更日益增加。由此可见，5G 系统的隐私安全性需要进一步完善。

## 四、演进中的安全威胁

网络虚拟化将增加黑客攻击的面向范围。云端会将信息存放到网络的存储设备上，然而也因为信息都可以上传至云端，所以黑客能够攻击的面向范围得以大幅增加。当万物皆可联网的时代来临，其产生的大数据将引发黑客的注意，黑客攻击不只是内容被存取而已，更可能影响到企业的品牌声誉，甚至可能扩及公共安全方面。今后，将有越来越多的关键任务型物联网透过 5G 连接，即使目前还没有经历到，但足以影响社会运作。例如，在瑞典冬天常会下雪，因此，雪季时每天街头的自动铲雪机制就很重要。如果这些预报、感测与铲雪装置都相互连接，有一天系统被攻击了，瘫痪了，没有铲雪机制，城市就要停止运行了。

在未来，不仅技术面的攻击会增加，还有可能面临更多的社交性的攻击，因此，必须很小心地设计系统，尽可能自动化，减少人工管理。虽然社交性的攻击比技术攻击要简单，但也需要可衡量的安全保证和合规性。安全功能的存在及其正确性和充分性将是未来 5G 时代下至关重要的一环。

# 参考文献

[1] 李永忠. 现代通信原理与技术 [M]. 北京：国防工业出版社，2010.

[2] 杨刚，沈沛意，郑春红，等. 物联网理论与技术 [M]. 北京：科学出版社，2010.

[3] 李晖，牛少彰. 无线通信安全理论与技术 [M]. 北京：北京邮电大学出版社，2011.

[4] 中国密码学会. 中国密码学发展报告 2010[M]. 北京：电子工业出版社，2012.

[5] 晁世伟，杨元，李静毅. 物联网 M2M 的安全分析及策略 [J]. 计算机科学，2011,38(10A)：7-9.

[6] 雷万云. 云计算：技术、平台及应用案例 [M]. 北京：清华大学出版社，2011.

[7] 雷吉成. 物联网安全技术 [M]. 北京：电子工业出版社，2012

[8] 刘建华. 物联网安全 [M]. 北京：中国铁道出版社，2013.

[9] 施荣华，杨政宇. 物联网安全技术 [M]. 北京：电子工业出版社，2013.

[10] 李联宁. 物联网安全导论 [M]. 北京：清华大学出版社，2013.

[11] 赵兰普. 物联网导论 [M]. 郑州：郑州大学出版社，2014.

[12] 黄玉兰. 物联网传感器技术与应用 [M]. 北京：人民邮电出版社，2014.

[13] 张光河. 物联网概论 [M]. 北京：人民邮电出版社，2014.

[14] 王金甫，施勇，王亮. 物联网安全 [M]. 北京：北京大学出版社，2014.

[15] 张凯. 物联网安全教程 [M]. 北京：清华大学出版社，2014.

[16] 任伟. 物联网安全 [M]. 北京：清华大学出版社，2012.

[17] 胡向东，魏琴芳，向敏，等. 物联网安全导论 [M]. 北京：科学出版社，2012.

[18] 雷玉堂. 安防 & 云计算——物联网智能云安防系统实现方案 [M]. 北京：电子工业出版社，2015.

[19] 余智豪，马莉，胡春萍. 物联网安全技术 [M]. 北京：清华大学出版社，2016.

[20] 王浩，郑武，谢昊飞，等. 物联网安全技术 [M]. 北京：人民邮电出版社，2016.

[21] 肖亮. 基于物联网技术的物流园区供应链集成管理平台构建 [J]. 电信科学，2011(4)：54-60.

[22] 王建强，吴辰文，李晓军. 车联网架构与关键技术研究 [J]. 微计算机信息，

2011(4)；156-158.

[23] 诸彤宇，王家川，陈智红. 车联网技术初探 [J]. 公路交通科技（应用技术版），
2011(5):266-268.

[24] 顾振飞. 车联网系统架构及其关键技术研究 [D]. 南京：南京邮电大学，2012.

[25] 卜莉娜. 高速公路车联网系统安全架构研究 [D]. 天津：天津大学，2012.

[26] 郭伟杰. 车联网中面向安全应用的消息传输问题研究 [D]. 合肥：中国科学技术大学，
2014.

[27] 肖斐. 虚拟化云计算中资源管理的研究与实现 [D]. 西安：西安电子科技大学，
2010.

[28] 薛静. 基于虚拟化的云计算平台中安全机制研究 [D]. 西安：西北大学，2010.